理性生活指南
（原书第3版）

A Guide to Rational Living
(3rd Edition)

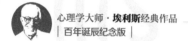

［美］
阿尔伯特·埃利斯
（Albert Ellis）
罗伯特·A.哈珀
（Robert A. Harper）
著

刘清山 译

心理学大师·**埃利斯**经典作品
| 百年诞辰纪念版 |

机械工业出版社
CHINA MACHINE PRESS

图书在版编目（CIP）数据

理性生活指南（原书第 3 版）/（美）阿尔伯特·埃利斯（Albert Ellis），（美）罗伯特·A. 哈珀（Robert A. Harper）著；刘清山译. —北京：机械工业出版社，2019.5（2024.7 重印）

（心理学大师·埃利斯经典作品）

书名原文：A Guide to Rational Living

ISBN 978-7-111-62570-4

I. 理… II. ①阿… ②罗… ③刘… III. 情绪 – 行为疗法 IV. ① B842.6 ② R749.055

中国版本图书馆 CIP 数据核字（2019）第 079374 号

北京市版权局著作权合同登记　图字：01-2018-2887 号。

Albert Ellis, Robert A. Harper. A Guide to Rational Living, 3rd Edition.

Copyright © 1997 by Albert Ellis Institute.

Published by arrangement with Wilshire Book Company, Los Angeles, California USA, www.mpowers.com.

Simplified Chinese Translation Copyright © 2019 by China Machine Press. This edition is authorized for sale in the Chinese mainland (excluding Hong Kong SAR, Macao SAR and Taiwan).

No part of this book may be reproduced or transmitted in any form or by any means, electronic or mechanical, including photocopying, recording or any information storage and retrieval system, without permission, in writing, from the publisher.

All rights reserved.

本书中文简体字版由 Albert Ellis Institute 授权机械工业出版社在中国大陆地区（不包括香港、澳门特别行政区及台湾地独家出版发行。未经出版者书面许可，不得以任何方式抄袭、复制或节录本书中的任何部分。

理性生活指南（原书第 3 版）

出版发行：机械工业出版社（北京市西城区百万庄大街 22 号　邮政编码：100037）

责任编辑：袁　银　　　　　　　　　责任校对：李秋荣

印　　刷：固安县铭成印刷有限公司　版　　次：2024 年 7 月第 1 版第 6 次印刷

开　　本：170mm×242mm　1/16　　印　　张：17.75

书　　号：ISBN 978-7-111-62570-4　　定　　价：59.00 元

客服电话：(010) 88361066　68326294

版权所有·侵权必究
封底无防伪标均为盗版

Foreword 推荐序

我曾在 20 年时间里熬夜阅读各种手稿,直到在多年前发现了《理性生活指南》第 1 版——这本杰作已经成为心理学领域的经典。虽然我之前阅读的书籍自称具有各种优点,但是只有这本书才真正具有这些优点。

如果你觉得你拥有自我分析所需要的极为诚实的性格,那么这本书将成为你所读到的最重要的一本书。对于那些无法为个体治疗支付高昂费用的人来说,这本书似乎是一个福音。

我很高兴地告诉你,到目前为止,我出版的这本书的两个版本已经卖了 110 万册。许多读者感谢我提供了这本书,说这本书对他们的人生产生了非常积极的影响。今天的读者在日常生活中面临着前所未有的挑战,此次得到更新的第 3 版无疑会为他们带来更大的价值。

对于读过许多令人愉快和鼓舞的书籍却无法取得持久成功的人来说,《理性生活指南》是一本特别有用的书。虽然它没有做出任何承诺,但它对读者的帮助可以超过其他所有书籍的总和。

在这个不同寻常的新版本的第 1 章,阿尔伯特·埃利斯博士和罗伯特 A. 哈珀博士指出,他们希望读者不要"草率地认为我们发出了你可能在很久以前就考虑过并认为没有实际价值的盲目乐观的古老讯息"。

他们使用了"创造性""快乐""爱""成熟"和"解决问题"等词语,因此他们担心人们指责他们又写了一本承诺让每个人迅速而轻松地变得富有、快乐、强大并在情绪上成熟起来的书,这样的书已经很多了。

他们无须担心。在这个武断的生活公式大行其道的时代,埃利斯和哈珀博士的谦逊令人耳目一新。他们知道,持续的快乐像月光一样难以捉摸。

作为这种信念的证据，他们将讨论快乐的一章取名为"拒绝感到极度不快乐"。多么现实的态度！

实际上，在同事的劝说下，这两位杰出的心理学家才写出了关于他们所实践的理性情绪行为疗法的第一本书。在他们感到这样做真的可以帮助其他人以后，他们才开始动笔。他们仍然认为高强度的个体治疗是处理严重案例的理想方法，但他们也认识到，一本书可以为一部分能够真诚地进行自我评估的人提供帮助。

同你可能读过的其他书籍不同，这本书完全没有使用心理学或精神病学通常使用的术语，它完全有可能成为面向非专业人员的关于心理治疗的最佳图书。它可以为那些存在情绪困扰的个体提供他们所寻找的许多答案，并且可以帮助每个人对自己感觉更好，更有效地应对生活。

在将他们的解决方案运用到常见问题上的时候，两位作者采用了一种独特的方法。例如，他们认为感到自己能力不足、缺乏安全感的个体拥有**"二号非理性信念：你必须完全做到能干、胜任和有成就"**。

埃利斯和哈珀博士利用十种类似的思想对他们的心理治疗进行了全面的介绍，并且提供了微妙而有帮助的解决方案，这些方案反映了他们作为治疗师的丰富经验。他们从办公室资料中选取了一些培训方法和许多案例，以支持他们的建议。这不仅使本书变得更加有趣，而且可以使读者对于书中提到的方法建立信心。所有这些方法的有效性已经在临床环境中得到了验证。

许多读者也许知道，埃利斯博士是一位性学家，他在这一领域做出了许多有价值的工作，因此评论家常常将他和哈夫洛克·埃利斯进行比较。哈夫洛克是性研究领域的一位先驱。阿尔伯特·埃利斯博士在这一领域的书籍做出了不可估量的贡献，尤其是使人们摆脱了周围环境带来的内疚感的束缚。

哈珀博士拥有类似背景，他还拥有人类学和社会学知识，这些知识对心理学构成了理想的补充。他之前曾与埃利斯博士合作，并且撰写过理性疗法领域的其他书籍。

和《理性生活指南》的以前版本一样，在这个新版本中，埃利斯和哈珀博士剖析了人类常常具有的主要情绪问题。他们以聪明而全面的方式呈现了他们的想法，实际上，由于这种方式非常聪明，因此我相信读者在这里找到的答案比他在一般的面对面治疗中找到的答案还要多，尽管两位作者很有道德地指出了这种"非现场"疗法的局限性。

比如，许多心理学家和精神病学家仍然在倡导非指导性的被动方法，这些治疗方法对所有问题都会给出"你跟我说说"的回答。事实证明，同多次拜访支持这些方法的治疗师相比，读这本书不会使人感到非常恼火。

埃利斯和哈珀博士明确指出，他们与"正统的精神分析师"不同，"我们尊重这些分析师，但我们衷心地反对他们"。两位治疗师不像传统弗洛伊德学派那样保持沉默，他们会在治疗早期指出"存在情绪困扰的个体……看上去有问题"的地方。

他们这种直接而切中要害的方法与大多数正统治疗存在很大的差异，后者只是和那些不太清楚自身处境的人进行没完没了的交谈。在我看来，如果心理治疗想要对全面健康领域做出真正的贡献，那么它显然应该将这里的方法与集体治疗作为方向。

我在这本书中看到了许多优秀的方法，因此我很想继续介绍下去。我之所以停下来，完全是因为作者自己的介绍已经足够精彩了。

自从我出版《理性生活指南》第1版以来，已经有一百多万人阅读了这本书并且获得了很大的帮助。我衷心地希望你也能成为其中的一员。你所选择的这本书为这一领域制定了标准，这种标准可能会持续许多年。

梅尔文·鲍尔斯，出版商
威尔希尔图书公司

序 言 | Preface

我们现在仍然认为《理性生活指南》是一本革命性的图书。当它在1961年首次出现时,它是具有声望和经验的心理治疗师告诉人们如何有效应对个人问题的首批图书之一。是的,《你的误区》(*Your Erroneous Zones*)和《少有人走的路》(*The Road Less Traveled*)等大众图书是在很久以后才出现的。

我们在更早一些的时候就预测到了自助书籍的流行趋势,因为我们中的一个人(埃利斯)在1957年出版了《如何与"神经过敏者"生活》(*How to Live With a "Neurotic"*),在1960年出版了《爱的艺术与科学》(*The Art and Science of Love*)。在撰写《理性生活指南》之前,我们还在1961年共同出版了《成功婚姻指南》(*A Guide to Successful Marriage*)。不过,我们之前的书籍只是从有限的角度讨论了情绪困扰,没有涉及更大范围的内容。此外,它们只是部分介绍了理性情绪行为疗法这一新体系,它是我(埃利斯)在1955年年初创立的。

《理性生活指南》的覆盖范围远远超出了我们之前的书籍。对公众来说,它成了最具权威性、被引用最广泛的关于理性情绪行为疗法的书籍。它和《心理治疗中的理智与情绪》(*Reason and Emotion in Psychotherapy*)(主要面向职业治疗师)共同成为该领域的经典。多年来,数千人通过信件和当面问候的方式证明了这本书的有效性。数百位心理治疗师督促他们的顾客阅读这本书。书中的许多主要建议在经过或未经作者许可的情况下被其他作品复制或复述。很好!这是因为,我们的目标一直是获得关于改变"人类本性"的最佳智慧,并且将各种修改和增补版本广泛地提供给今天遇到困难的人们。

作为理性情绪行为疗法理论和实践的一部分，我们也相信，心理治疗具有教导属性。我们没有完全遵循常见的医学模式，这种模式认为情绪问题是疾病或异常，如果外部人员（治疗师）告诉人们他们的问题在哪里以及怎样做才能好转，他们的疾病或异常就可以得到治愈。另外，我们也没有遵循精神分析师和经典行为主义者主张的条件模式，这种模式认为人类在生命早期受到的影响使他们感到不安，因此他们需要通过像父母一样的外部治疗师重新建立条件，这些治疗师可以通过某种途径推动他们进入新的行为模式之中。

我们遵循的是人性化的教育模式。这种模式认为，人们往往没有意识到他们拥有很多选择，包括他们的童年阶段。他们的许多"条件作用"实际上是自我条件作用。因此，治疗师、教师甚至书籍可以帮助他们认识到健康的替代选项并选择重新对自己进行教育和培训，以减少自己制造的情绪困难。所以，理性情绪行为疗法不断开发许多教育方法，以便向人们展示他们的行为具有怎样的自我破坏性以及他们可以怎样鼓励自己做出改变。理性情绪行为疗法从一开始就使用了个体治疗和集体治疗的常见方法。不过，它也使用了大型讲习班、强化班、讲座、研讨班、公开治疗展示、磁带、电影、故事、书籍、手册以及其他大众媒体呈现形式，告诉人们他们常常会做哪些毫无必要的使自己感到不安的事情，以及怎样做才能使自己在情绪上变得更加强大。

虽然全世界的数千名治疗师正在使用理性情绪行为疗法，这些治疗师在40多年时间里为几万人提供了帮助，但是更多的人似乎通过阅读《理性生活指南》以及关于理性情绪行为疗法的其他小册子和书籍减轻了自己的神经过敏症状。还是那句话：这很好！如果我们和其他作者可以将这种效果保持住，如果我们告诉治疗师如何使顾客获得更快、更好的结果，那当然很好。同时，我们准备不断努力！

回到《理性生活指南》的这个新版本上来。我们为这本书增添了另一个革命性的角度。理性情绪行为疗法从一开始就是"语义疗法"的一种形式。唐纳德·梅肯鲍姆博士和其他研究人员强调了这一点——我们也同意这种观点。只有理性情绪行为疗法会告诉人们，和其他动物不同，人类会向自己讲述各种理智和疯狂的话语。他们的信念、态度、观点和理念常常具有内化语句或自我对话的形式。因此，通过清晰地认识、反驳和反抗内心的理念，他们可以改变自我的破坏性情绪和行为。当我们在《理性生活指南》第 1 版中介绍这种理论时，它还是一种具有革命性的理论。从那时起，这种理论已经得到了数百项研究报告的支持，这些报告几乎全都得出了这样的结论：当人们改变他们对于某事的信念或理念时，他们的情绪和行为也会发生很大变化。理性情绪行为疗法具有开创性，因为它创造了第一个现代认知行为疗法；理性情绪行为疗法和认知行为疗法很可能是目前世界上最受欢迎的治疗方式。

很好！不过，在对理性情绪行为疗法实践了 20 年以后，在吸收了阿尔弗雷德·科日布斯基的一些学说以及一般语义学的一些观点以后，我们在帮助顾客（以及本书读者）的道路上又前进了一步，我们认识到了自我对话的一个尤其令人不安的方面——过度泛化。

让我们列举一些常见的例子，以说明我们是怎样帮助人们停止过度泛化的。

当他们说"我无法停止担忧"或者"我发现节食是不可能的"时，我们努力帮助他们将自己的信念改为"我可以停止担忧，但我到目前为止并没有做到这一点"以及"我发现节食非常艰难，但是并非不可能"。

当人们说"我在社交上总是表现得很糟糕"时，我们努力帮助他们将其改为"我在社交上常常表现得很糟糕"。

当人们坚持认为"如果我丢掉工作，那就太可怕了"或者"被人拒绝是多么可怕啊"时，我们努力让他们将这种观点改为"如果我丢掉工作，那会非常不方便"或者"被人拒绝是一件对我非常不利的事情"。

当人们说"我表现得很无能，因此我是一个无能的人"或者"我以如此糟糕的方式对待史密斯，因此我是一个没有价值的人"时，我们帮助他们将其改为"我表现得很无能，这很不幸，但这并不会使我变成糟糕的人"以及"当我以如此糟糕的方式对待史密斯时，我做出了不道德、糟糕的行为，但我没有理由因为我的任何行为将自己看作有价值或没有价值的人。"

当人们说"我在算术方面一无是处"时，我们帮助他们将其改为："到目前为止，我在算术方面表现得很糟糕。不过，这并不意味着我无法在未来做出更好的表现。"

当人们说"我需要爱"时，我们努力帮助他们将其改为："我非常想要

爱,但我对爱并没有绝对的需要。即使没有爱,我也可以活下去,并且活得比较快乐。"当人们说"我必须拥有很高的生活标准,我无法忍受低下的生活条件"时,我们努力帮助他们相信:"我非常希望或者愿意拥有很高的生活标准,我觉得低下的生活条件非常不便。不过,我显然可以忍受后者!"

当人们认为"我应该具有理性思维"时,我们帮助他们将其改为:"当我具有理性思维时,我很可能会感觉更好。"

当人们说"这使我感到焦虑"或者"你使我感到愤怒"时,我们帮助他们认识到"我使自己对于这件事感到焦虑"以及"我使自己对你的行为感到愤怒"。

在《理性生活指南》第2版中,我们遵循了科日布斯基最重要的追随者小戴维·布兰的观点,使用了精华英语,这种英语省略了动词"是"的一切形式。例如,我们将"我是一个失败者"转换成了"我失败了",将"我的父母是糟糕的人"转换成了"我的父母常常批评别人,他们的表现有时很糟糕"。精华英语可以帮助人们纠正自己过度泛化和绝对化的思想。不过,正如我们在第2版中指出的那样,仅仅使用精华英语并不能阻止一切形式的过度泛化。我们发现,虽然它可以为我们的一些读者提供帮助,但它也会使我们的英语变得过于复杂和拗口。所以,虽然我们没有完全放弃精华英语,但我们在这个修订版里将其转换成了正常的英语。

同时,我们对第3版进行了扩充和更新,希望它可以在未来几十年里继续以有用的自助方式将理性情绪行为疗法的基本原则清晰地呈现出来。祝你阅读愉快,也祝你生活愉快!

罗伯特·A.哈珀博士
华盛顿特区
阿尔伯特·埃利斯博士
阿尔伯特·埃利斯理性情绪行为疗法研究所
纽约东65街45号,NY 10021-6593
(212)535-0822

目 录 | Contents

推荐序

序言

01 第1章
你可以在多大程度上依赖于自我治疗 // 1

02 第2章
你的感觉在很大程度上依赖于你的思考方式 // 9

03 第3章
通过清晰的思考获得良好的感觉 // 17

04 第4章
你是如何创造你的感觉的 // 23

05 第5章
通过思考使自己摆脱情绪困扰 // 35

06 第6章
发现并减少神经质行为 // 45

- 07 | 第 7 章
  克服过去的影响 // 59

- 08 | 第 8 章
  理智永远理智吗 // 71

- 09 | 第 9 章
  拒绝感到极度不快乐 // 87

- 10 | 第 10 章
  解决你对认可的极度需要 // 101

- 11 | 第 11 章
  减少你对失败的极度恐惧 // 115

- 12 | 第 12 章
  如何停止责备，开始生活 // 127

- 13 | 第 13 章
  如何感到失望而不是抑郁或暴怒 // 139

- 14 | 第 14 章
  控制你自己的情绪命运 // 155

- 15 | 第 15 章
  征服焦虑和恐慌 // 163

- 16 | 第 16 章
  实现自律 // 177

- 17 | 第 17 章
  重写你的个人历史 // 187

18	第 18 章 接受和应对人生的严酷事实 // 197
19	第 19 章 克服惯性，形成创造性的专注 // 207
20	第 20 章 过上美好生活的其他理性方法 // 213
21	第 21 章 过上美好生活的其他情绪和行为方法 // 227
22	第 22 章 支持理性情绪行为疗法原则和实践的研究证据 // 241
23	第 23 章 获得深刻的理性理念，明显降低自己的不安以及感到不安的可能性 // 245

参考文献 // 255

Chapter 1
第 1 章

你可以在多大程度上依赖于自我治疗

人们常常说："假设你们关于理性情绪行为疗法的原则的确是有效的；假设你们真的像自己所说的那样，能够让几乎一切聪明的人类个体不再对几乎任何事情感到极为痛苦；如果这是真的，你们为什么不把自己的理论写成一本书，供我们阅读呢？这样一来，我们就可以免去接受心理治疗所花费的大量时间、精力和财富。"

我们通常反对这种观点。我们指出，自我治疗存在明显的局限性。不管我们多么清晰地表述自助原则，人们都常常会误解或歪曲这些原则。他们根据自己希望的方式理解我们的建议，并且忽略我们最好的一部分观点。他们进行过度简化，删掉我们的大多数"如果""并且"和"但是"，并且随随便便地将我们精心陈述的思想运用到任何情形中的几乎任何人身上。

更糟糕的是，许多读者表示，他们强烈相信我们的建议，但是这种赞成仅仅停留在口头上。他们不断以口头和书面方式发表这样的言论："我简直不知道应该怎样感谢你们对这本精彩图书的写作！我一直在反复阅读这本书，它为我提供了最大的帮助。"不过，当我们继续和他们交谈时，我们发现，他们通常几乎没有采取任何行动实践我们在"精彩图书"中的建议，或者，他们的行动实际上和我们的建议背道而驰。

只有常规心理治疗才能以系统性和周期性的方式检查顾客是否真的了解了治疗师传达的消息。积极引导式理性情绪行为疗法治疗师不仅可以清晰地向你展示你的情绪问题，而且可以清晰地告诉你，要想克服这些问题，你最好意识到你的思想和行为对自己不利，并且最好对你基本的非理性进行有力的挑战，开始以更加理性的方式行动。他们会推动你做出改变。

"非常好，"经过理性情绪行为疗法的几节治疗，你说道，"我想，我基本上明白了你的意思。我要努力发现和挑战我所持有的对自身不利的思想，这种思想一直在为我制造情绪困扰。"你的确进行了尝试，并且很快（甚至也许就是在下一次治疗的时候）回来报告你的明显进步。比如，你可能会像汤姆那样报告说："我发现这种方法好极了！我完全按照你的要求进行了尝试。平时，当我的妻子指责我和你见面并为治疗而花钱时，我会做出卑躬屈膝的表现。这一次，我想起了你的话。'她认为她能从自己的愤怒中得到什么？'我自问道，'我敢打赌，正像埃利斯博士说的那样，她真的拥有一些隐藏起来的弱点，也许她试图通过责备我而使自己感到强大。不过，这一次，我不会非常认真地对待她，不会因为她的弱点而使自己感到烦乱。'我这样做了。我完全没有让这件事影响到我。"

"很好！"我（埃利斯）说。我觉得这位当事人也许真的开始了解了如何质疑他所持有的关于自己和妻子的思想，如何做出更加理性的行动。"那么，当你没有让这件事影响到你的时候，你做了什么呢？你是怎样对待妻子的呢？"

"哦，这很容易！"当事人说，"我只是再次对自己说，就像医生你告诉我的那样，'瞧，我不会再让这个神经过敏的女人不受惩罚做出这样的事情了。我已经忍受了很久。我受够了！'我真的对她进行了反击。我没有像平时那样感到害怕。我向她明确讲述了我对她的看法，她的行为多么愚蠢。我还告诉她，你和我都认为她一直对我非常苛刻，如果她继续这样对待我，我就会打掉她的牙齿，让她将其咽下去。哦，我对她进行了有力的反击！就像你告诉我的那样。"

"我说过这样的话吗？"我吃惊地问道。在接下来的几节治疗中，通过小心地使用汤姆能够理解的最简单的例子，我终于帮助他理解了我真正的思想。是的，他最好询问妻子生气的原因，并且不要过于认真地对待她的反对。不过，他也可以学着不去谴责她的极度愤怒，努力接纳她和她的愤怒，设身处地地帮助她消除愤怒（如果可能的话）。如果汤姆的努力在合理的时间长度内没有结果，他需要现实地接受这样一个事实：妻子的糟糕行为可能会持续下去。他需要决定是否还要和她生活在一起。

汤姆最终学会了以更加理智的方式思考和行动。在此之前,他接受了更多理性情绪行为疗法的教导,经历了一些退步,并且重新尝试将他对这些教导的理解应用到实践中。

心理疗法是很有帮助的,因为它具有重复性、实验性和可修正性。任何书籍、磁带或电视节目都无法完全取代心理疗法。因此,作为这本书的作者,我们从事着个体治疗和集体治疗工作,并为其他治疗师提供培训。我们认为,如果不与有能力的治疗师进行深入接触,大多数人都无法解决严重的情绪问题。如果事实不是这样,那就太好了。不过,让我们面对现实:大多数人都无法做到这一点。

现在考虑问题的另一个方面。虽然大多数存在情绪困扰的个体在阅读和收听自助内容时只能获得温和的益处,但是一些人可以获得很大的帮助。举一个50岁工程师斯坦的例子,他在阅读我的《如何与"神经过敏者"生活》以后找到了我(埃利斯)。斯坦的妻子存在明显的问题,他们的28年婚姻生活非常艰难。他报告说,在他读到这本书之前,他一直对她很生气。在把这本书读了两遍以后,他的愤怒几乎完全消失了;他和她生活得很平静,尽管并非完全幸福;他可以更加有效地专注于保护他们的三个孩子不受妻子古怪行为的影响。

"这本书中的一个段落对我的帮助特别大,"他报告说,"我把这个段落阅读了好几遍。随后,我对妻子的愤怒几乎完全消失了,就像变魔术一样。它给我留下了深刻的印象。"

"这段文字是什么呢?"我问道。

"在谈论如何与存在严重情绪困扰的人共同生活的一章里,你说,'好的。所以,琼斯每天晚上都会喝醉,然后开始吵闹。你认为酒鬼能够做出怎样的行为——清醒的行为吗?'这使我深受触动。我扪心自问,'你认为你那疯狂的妻子能够具有怎样的表现——理智的表现吗?'这句话很有效!从那以后,你相信吗,我的行为有了很大的改变,变得更加理智。"

在我看来,在斯坦把我的话记在心里以后,他的行为比之前理智得多,尽管严格来说,他和那本书都存在某种错误。因为世界上并没有酒鬼,只有经常喝酒或者做出醉酒表现的人。而且，没有人是疯狂的，作为人类，我们只会在某些时候做出疯狂的表现。当我们使用"酒鬼"或"疯狂的人"这样的词语时，我们是在进行草率的过度泛化。我们暗示了一个喝酒过多的个体总会并且只会这样做，一个表现疯狂的人未来必然会做出同样的表现。这是错误的！"酒鬼"可以清醒过来，有的人再也不会喝醉。"疯狂的人"常常可以通过自我训练做出不太疯狂的行为。

不管怎样，这位《如何与"神经过敏者"生活》的读者开始清晰地认识到一件事情：不要期待经常醉酒的人时刻保持清醒，不要期待经常做出疯狂表现的人时刻保持理智。我经常提醒我的顾客，通往地狱的道路是由不现实的期待铺就的！

另一个例子更加引人注目。我（哈珀）的顾客之一鲍勃被诊断出偏执型分裂症，在一家州立医院住了一年半。在此之前，他在社区里工作了5年，表现得非常出色。他不仅照顾家人，而且为其他许多存在情绪困扰的个体提供了很大的帮助。

不过，鲍勃还是出了问题。他在一两年时间里一直不和父母说话（他的父母也存在个人问题，这是可以预料的）。他差点与妻子离婚。他急切地避免与许多人接触，因为他害怕和他们讨论"令人尴尬"的个人问题。他的行为在许多方面具有愤怒和自保的特点。

随后，黎明到来了：鲍勃在反传统杂志《现实主义者》（*The Realist*）上偶然看到了一篇题为《对阿尔伯特·埃利斯的不礼貌采访》的文章，并在其他期刊上找到了关于理性情绪行为疗法的其他一些主要论文。几个星期后，鲍勃经历了"我从未感受到的"心理情绪变化。接着，他接受了一个简单的观点："人和事物不会使我们感到烦乱。相反，通过相信它们能够使我们感到烦乱，我们使自己感到了烦乱。"

鲍勃将其称为主要的"对抗不快乐公式"，它极大地改变了鲍勃的生活。鲍勃几乎立即开始和父母说话，与妻子更好地相处，讨论多年来不敢提及的事情。

鲍勃不仅解除了自己在思想和行为上的障碍，而且开始和他人谈话、分发传单、写信，并且从事其他一些与理性生活相关的"连锁反应"事情。在我看到他以后，他仍然在阅读关于理性情绪行为疗法的文字。仅仅三个月后，他开始相信，如果重要的政治家相信他们的烦乱主要是由自己造成的，并且不再认为其他人和其他事情会使他们感到烦乱，那么人类在世界和平方面将会取得不同寻常的进步。不管这种观点是否正确，鲍勃显然通过自助方式实现了清晰的思考，过上了更有成效、更加平静的生活。

你也可以做到这一点。你可以读到或者听到一种新思想，将它有力地运用到你自己的思想和行为上，为你自己的人生带来惊人的改变。当然，不是每个人都可以或者愿意这样做。不过，许多人可以这样做。一些人愿意这样做，你愿意吗？

历史上有一些杰出人物，他们通过冷静的思考改变了自己，并且帮助他人做出了改变，比如季蒂昂的芝诺，他活跃于公元前3世纪，并且创立了希腊斯多葛哲学学派；希腊哲学家伊壁鸠鲁；弗里吉亚人爱比克泰德；罗马皇帝马可·奥勒留；荷兰犹太人巴鲁赫·斯宾诺莎。他们和其他杰出的理性思想家阅读了前代思想家（包括赫拉克利特和德谟克利特）的学说，进行了自己的一些深入思考，然后热情地采取了与最初的信念完全不同的哲学思想。而且，他们开始将这些哲学思想运用到生活中，将其作为行动的依据，这一点对于我们目前的讨论更加重要。

注意，所有这些并没有得到今天我们所说的"心理疗法"的帮助。当然，这些个体在人类历史上非常罕见。不过，他们的确看到了理性的光芒，并且将其运用到了生活中，使自己变得更加理智。

那么，高强度治疗以外的事物真的能够改变基本人格吗？对此大多数现代权威表示了强烈的反对。西格蒙德·弗洛伊德、奥托·兰克、威廉·赖希、卡尔·罗杰斯和哈里·斯塔克·沙利文都认为，要想改变基本人格，必须将个人治疗持续一段时间。不过，他们的观点并不是长期治疗具有必要性的可靠证据。

我们自己的立场呢？存在情绪困扰的人常常具有长期存在的、根深蒂固的问题，需要持续的心理治疗。不过，这并不适用于所有情况。态度和行为的深刻变化来自许多条件和经历。当陷入困境的人通过某种方式遇到重要的人生经历，或者了解了其他人的经历，或者进行了一些诚实的自我分析，或者与一位有益的治疗师进行交谈时，他的情绪可能会得到改善。

虽然自我治疗具有种种局限性，但它仍然可以发挥作用。实际上，要想改变基本人格，你必须进行自我分析。这是因为，即使你获得了合适的治疗帮助，如果你不能加入自己持续而有力的分析，你也常常只能得到无法持续的表面上的改善。正像我们经常向心理治疗和婚姻辅导当事人解释的那样，我们关于理性情绪行为疗法的学说对他们的帮助主要来自他们对于这种学说的运用。

更具体地说，治疗师也许可以帮助你更好地思考，但他们无法真正代替你思考。他们也许可以对你在给定局面下应该采取的行动提出建议，你也许可以从中受益，但他们同时也在努力帮助你学习独立思考，否则，你可能永远离不开对他们的依赖。

特别地，在理性情绪行为疗法中，我们鼓励当事人在两节治疗之间完成大量工作。我们会使用具体的家庭作业，比如冒险、理性情绪想象、反驳非理性信念。我们还会传授自我管理技巧、技能培养和强化方法。因此，理性情绪行为疗法包括了自我治疗。

这就引出了写作本书的一个主要目的。我们希望许多从未接受过治疗的个体能够看到这本书。我们也希望它能为那些接受治疗的人带来额外的帮助。

当我们从事心理治疗以及婚姻和家庭辅导时，当事人不断向我们提出这样的问题："我们还能阅读哪些有帮助的作品？你是否拥有补充这种辅导工作的书籍和磁带？"我们提出了一些合适的材料，并且出于同样的目的将它们包含在了本书结尾的参考文献清单之中。

由于我们从事着一种特定的治疗（理性情绪行为疗法），大多数自助材料只包含一部分原则，因此我们为普通读者写作（和修改）了这本书。对于治疗师，我们在专业作品中对理性情绪行为疗法进行了全面的讨论，比如《心理治疗中的理智与情绪》《理性情绪行为疗法实践》（*The Practice of Rational Emotive Behavior Therapy*）以及《更好、更深刻和更持久的简短治疗》(*Better, Deeper, and More Enduring Brief Therapy*）。

如果你想通过这本书获得具体的个人帮助，让我们再次提出警告：包括这本书在内,没有一本书能够治愈你的所有情绪问题。这是因为,你永远是一个独特的个体,一本书绝对无法替代个人辅导。不过,它也许可以对治疗进行很好的补充和强化。

还有一个警告。别忘了,语言拥有自身的局限性。和心理健康领域的其他作家一样,我们使用了"创造性""幸福""爱""成熟"和"解决问题"等词语。不过,这并不意味着我们发出了你可能在很久以前就考虑过和拒绝过的盲目乐观的古老讯息。我们谈论的一些事情听上去可能像是严格的斯多葛哲学或者其他乌托邦信条,但事实并非如此!读一读本书中的对抗痛苦原则,然后努力思考并将其付诸实践,对它们进行检验。试一试!

所以,请仔细阅读我们的建议。对我们的局限性以及你的局限性做出适当的考虑。不管我们描述的生活规则多么优秀,你都可能觉得它们很简单,但是并不容易做到。不要认为仅仅阅读和理解我们的忠告就可以使你发生神奇的改变。这是不可能的。要想有所改变,你还需要应对一项很大的挑战:认识和积极反驳你的失败模式,学习新的、具有自我实现性的思考、感受和行为方式。

祝你具有愉快的思想和行为!

Chapter 2
第 2 章

你的感觉在很大程度上依赖于你的思考方式

"哈珀博士，从表面上看，你所介绍的理论似乎合情合理。如果人类心理的运转方式真的像你说的那样简单，我会非常高兴。不过，坦率地说，根据你和埃利斯博士对你们的理性治疗理论进行的初步介绍，我觉得这种理论非常肤浅，违背了精神分析原理，像是从教导人们'拉着靴带把自己提起来'的那种华而不实的自助心理学学派的作品中截取出来的文字一样。"

当我向一群教育工作者描述了理性情绪行为疗法的基本原理时，参加讲座的 B 博士发表了上述言论。他的观点有一定的道理。我们关于理性情绪行为疗法的一些思想听上去的确很肤浅。它们显然与正统精神分析学的观点相抵触，尽管它们与阿尔弗雷德·阿德勒、凯伦·霍尼、哈里·斯塔克·沙利文、埃里希·弗罗姆、埃里克·伯恩以及强调"自我心理学"的精神分析学家的学说存在重叠。

不过，我仍然情不自禁地对我的诘问者进行了一定程度的反驳。这不是因为我觉得我可以改变他的思想，没有人能够解除受过培训的心理治疗师的偏见，也不是因为我很想挫挫他的锐气（正像我们在本书后面解释的那样，将自己的脾气发在别人身上的愉悦几乎无法为那些存在理性倾向的人带来任何回报），而是因为我觉得自己也许可以利用他的异议向我的其他听众展示理性情绪行为疗法的一个主要原则。

"你大概不同意我们提出的'人类的感受与思想存在大量重叠'的观点，"我说，"你认为一个人无法以改变自己的思想为主要方式改变自己的感受,就像我刚才说的那样。我是否概括了你的主要观点?"

"是的。我们拥有50~100年的实验和临床发现,它们可以证明相反的结论。"

"也许吧。不过,让我们暂时忘掉这100年的历史,专注于过去一小段时间的历史。就在刚才,在我发表关于理性情绪行为疗法的演讲时,你体验到了一些强烈的感觉,不是吗?"

"当然!我感觉你的行为很愚蠢,我感觉你不应该将这种喋喋不休的胡言乱语继续下去。"

"很好。"我说。此时,我的其他听众发出了一阵愉快的笑声。"不过,就在你站起来反对我之前,你还拥有另一种情绪,不是吗?"我继续说道。

"是吗?你指的是哪种情绪?"

"应该说,从你刚才说话时高昂而不平稳的声调判断,对于在这些同行之中站起来发表反对哈珀的观点这件事,你至少感到有点焦虑。我这么说不对吗?"

"呃……"我的对手犹豫了漫长的几秒钟时间(同时,听众露出了会心的微笑,这是一种对我有利的变化)。"不——我想,你的判断并不是完全错误的。在我发言之前以及最开始发言的时候,我的确有点焦虑。不过,我现在已经不焦虑了。"

"好的。也就是说,我猜对了。当我讲话时,你有两种情绪,愤怒和焦虑。现在,在目前这个时刻,这两种情绪似乎消失了,对吗?"

"完全正确。我不再感到焦虑和愤怒,尽管我也许对于你仍然坚持这种站不住脚的立场感到有点遗憾。"说得好!观众仍然露出了支持他的微笑。

"好的。也许我们稍后会去考虑你对我的遗憾。不过,让我们现在回到焦虑和愤怒上来。我想,你的愤怒背后隐藏着这样一些句子,'哈珀那个白痴,还有他那个傻瓜同事埃利斯,正在胡说八道!应该禁止他们在这场本应具有高度科学精神的会议上用这种极为无聊的内容占用我们的时间。'我说得没错吧?"

"一点不假!你是怎样猜到的?"听众发出了一阵窃笑,他们仍然非常支持他。我继续说道：

"这是我的临床直觉！不管怎样，你的确拥有这样一种思想，并且因此使自己感到愤怒。这正是我们在理性疗法中的论点：你的想法——'哈珀博士在胡说八道，他不应该这样做'，是愤怒的真正来源。而且，我们相信你在目前这个时刻不再感到愤怒，因为你将最初的想法替换成了一种完全不同的想法，即'哦，好吧，如果哈珀博士错误地相信了这种荒谬的观点，这个可怜的同行希望维持这种想法，那就让他留着这个问题好了。'埃利斯博士和我认为，这种新的想法是你目前所处的感觉状态的核心。你将其描述为'遗憾'，我想这是准确的。"

还没等我的对手说话，听众席上的另一个人插了进来："假设你正确地认识到了B博士之前的愤怒感和现在的遗憾感的来源，那么，他的焦虑呢？"

"还是根据理性情绪行为疗法的理论，他的焦虑是这样出现的，"我回答道，"当我讲话时，当他通过告诉自己我的表现多么糟糕（以及我不应该做出这样的表现）而使自己感到愤怒时，B博士还对自己说了这样的话：'我只需要等到哈珀停止讲话的时候！啊，我要发表一些言论，向所有人展示他的表现多么愚蠢。（以及我在所有人面前揭穿他的时候表现得多么聪明！）现在，让我想想，当我获得机会时，我应该怎样让他闭嘴呢？'

"我的进一步猜测是，接下来，B博士在心中试验了几句开场白，迅速否定了其中的一些句子，认为其他句子也许可行，并且继续寻找其他说法，以便更好地驳斥我的观点。不过，他不仅尝试寻找可以用来反驳我的一组最好的短语和句子，而且不断对自己说，'这个群体里的其他成员会怎么想？他们会认为我的表现和哈珀一样愚蠢吗？哈珀会用他的魅力对他们施加影响吗？他们会认为我在嫉妒他和埃利斯在治疗患者和写作方面的成功吗？我对他的反驳真的会给我带来任何好处吗？'

"我的假设是，B博士在脑海中形成的这些句子使他感到焦虑。不是吗，B博士？"

"不完全错误。"我的对手勉强同意道。他的脸上和几乎秃顶的脑袋上显现出了不少尴尬的红润。"不过，我们所有人在站起来公开谈论几乎任何事情之前都会对自己说出类似的话语，不是吗？"

"这是当然的，"我衷心地赞同道，"相信我，我之所以在这里将你的内心思想作为例子，完全是因为它们可以展示几乎所有人都会做的事情。不过，这恰恰说明了我的主要观点：正是因为我们不断向自己讲述这些句子，所以我们在公开发言之前才会感到焦虑。因为我们告诉自己（a）'我可能会犯错误，并在我的这群同行面前栽跟头'；更重要的是，我们告诉自己（b）'如果我的确犯了错误，并在公共场合栽了跟头，这将是一件可怕的事情'。

"正是因为我们向自己讲述了这些小题大做的句子，所以我们才会几乎立即开始感到焦虑。否则，如果我们向自己讲述句子（a），然后不讲述句子（b），而是向自己讲述一个完全不同的句子，我们可以称之为（b'）：'太糟糕了！如果我犯了错误并栽了跟头，我不会认为这是一件好事，但我也不会将其看作可怕的事情。'如果我们相信这一点，我们几乎永远不会感到焦虑。"

"不过，哈珀博士，假设你正确认识到了B博士产生焦虑的原因，你如何根据你的理性情绪行为疗法理论对这种焦虑随后的消失做出解释呢？"就B博士的焦虑向我提问的那位教育工作者再次问道。

"这仍然很简单。虽然B博士为自己制造了焦虑，但他还是鼓足勇气开了口。然后，B博士发现，虽然他在一定程度上栽了跟头，但是世界末日并没有降临，任何真正可怕的事情都没有发生。他所看到的最糟糕的事情就是我仍然在勇敢地面对他的攻击，而且一些听众仍然站在我这一边，尽管另一些听众可能站在他那一边。因此，他的内心想法发生了变化：

"'哦，好吧。哈珀仍然没有真正领会我的思想并且看到他的错误。其他一些人仍然支持他。该死的，太糟糕了！你总是可以愚弄一些人，我完全无法指望这件事发生任何变化。我会等待机会，继续表达我的观点。即使我无法说服所有人，我仍然可以坚持自己的观点。'

"凭借这些不再往坏处想的思考方式，B博士驱散了他之前为自己制造的焦虑。还是那句话，就像他说的那样（这种说法很可能是准确的），他目前感受到的遗憾多于愤怒。不是吗？"

我的对手再次犹豫了片刻，然后回答道："还是那句话，我只能认为你可能说对了一部分。我感觉自己仍然没有被完全说服。"

"我也知道你不会被完全说服。我只是想用你的例子引导你对这件事进行更多的思考，并且鼓励这里的听众做同样的事情。也许就像你说的那样，理性情绪行为疗法很肤浅，华而不实。我只是想让你们这些教育工作者对它进行真诚的尝试，亲自看一看它是否有效。"

在我看来，我一直没有说服我的诘问者相信理性情绪行为疗法的合理性。不过，其他一些听众的确开始认识到，不安的人类情绪并不是独立存在的，而且并不仅仅来自我们的无意识需求和欲望。相反，它们几乎总是包含思想、态度或信念，而且常常可以通过修改我们的思考方式得到明显的改变。

当我们在20世纪50年代的后五年开始对理性情绪行为疗法进行思考和写作时，我们提出了这样一种思想：人类不会自动变得极为不安，他们的不安在很大程度上是由他们自己造成的，他们在B点由衷地让自己相信了关于A点经历（人生中的诱发经历或逆境）的非理性信念。不过，我们可以引用的支持这种思想的研究材料少之又少。当时处于早期阶段的认知心理学领域只有很少的几位心理学家，比如玛格达·阿诺德和鲁道夫·阿恩海姆，他们在20世纪60年代认识到，情绪通常与思想存在紧密的联系。从那以后，几百篇——是的，几百篇研究报告支持了这一结论。更妙的是，目前有1000多份已发布的研究报告显示，如果存在情绪困扰的人被告知如何改变他们对自身不利的非理性情绪，他们的感觉和行为也会得到明显的改善。许多实验者进行了这样的研究，包括阿伦·贝克、霍华德·巴洛、杰里·戴芬巴赫、雷蒙德·迪朱塞佩、温迪·德赖登、艾琳·埃尔金、阿尔伯特·埃利斯、马文·哥尔德弗里德、霍华德·卡西诺夫、阿诺德·拉扎勒斯、理查德·拉扎勒斯、唐纳德·梅肯鲍姆、保罗·伍兹等人。

考虑到这些研究人员的工作，我们目前有大量证据表明，人类的感觉通常依赖于他们的思考方式，他们的思想通常依赖于他们的感受方式。始于1995年的理性情绪行为疗法以及十年后仿效它的其他大多数认知行为疗法的基本理论认为，人类拥有基本的目标和价值观（G），当它们遭到阻碍或限制时，人们常常（而不是永远）根据下列情绪和行为困扰的 ABC 做出建设性和破坏性（对自身不利）的表现：

G（goals，目标和价值观）——**维持生存，保持合理的快乐和满足：**（1）对于你自身而言；（2）在你与其他人的关系中；（3）通过制造和成就；（4）通过保持原创性和创造性；（5）通过享受身体上、情绪上和智力上的活动。

A（activating experiences，诱发经历或逆境）——影响或阻止你完成目标的事件、遭遇、经历或想法。例子：在重要目标上失败，遭到其他人的恶劣对待，快乐被剥夺，生病或伤残。

B（beliefs，关于逆境（A）的信念、思想和理念）。

RB（rational beliefs，关于逆境的理性信念。不想遇到逆境的偏好和愿望）——例子："我不喜欢工作失败。""我讨厌人们以不公平的方式对待我。""我希望雨能停下来，好让我继续打网球。""我讨厌患上流感并经历这么多痛苦。"

IB（irrational beliefs，关于逆境的非理性信念。强烈要求逆境绝对不能发生）——例子："我绝对不能工作失败，否则我就是没有价值的人！""人们永远不能以不公平的方式对待我，否则他们就是坏人！""雨必须停下来，好让我继续打网球！否则，情况就糟透了！""我绝对不应该得流感，并且完全无法忍受这么多痛苦！"

C（consequences，逆境或对于逆境的信念的后果或结果。A 和 B 相互作用产生的感觉和行为）。

HC（healthy consequences，A 和 B 相互作用产生的健康后果或建设性感觉和行为）——例子：工作失败时感到的遗憾和失望；提高技能的决心和行动；当人们以不公平的方式对待你时，你所感到的不快乐和失望；努力让他们以公平的方式对待你，或者远离他们；当降雨阻碍你打网球时，你所感到的失望和遗憾；努力寻找其他有趣的活动；当你患上流感、处于痛苦之中时，你所感到的悲伤和失望；努力缓解疼痛，转移注意力，尽一切可能在痛苦中享受生活。

UC（unhealthy consequences，A 和 B 相互作用产生的不健康后

果或破坏性感觉和行为）——例子：在工作失败时感到的恐惧和自我贬低；拒绝提高技能和寻找下一份工作；当其他人以不公平的方式对待你时，你所感到的愤怒和怨恨；对于这种对待耿耿于怀，计划对他们进行报复；网球运动被雨水打断时感受到的低挫折容忍度和愤怒，诅咒天空，拒绝寻找其他有趣的活动；患上流感时感受到的抑郁和自哀；强烈专注于疼痛的"可怕"，使情况变得更加糟糕。

这使我们回到了这本《理性生活指南》的主要观点上来。为了避免武断，我们可以说，通过认识和修改你的一些误导性思想，你很可能会学着过上更加令人满意、更具创造性、更加平和的生活。让我们在下面的章节中证明理性情绪行为疗法的这个重要观点。

Chapter 3
第 3 章

通过清晰的思考获得良好的感觉

我们的顾客、朋友和同事常常会问："你们所说的'人们对他们的思想进行组织和控制'是什么意思？"

回答："就是这句话本身的意思。"

"不过，当你们说人们可以通过理性和现实地组织与控制自己的思想，过上更能实现自身价值，更具创造性，在情绪上更加令人满意的生活时，你们让他们的'生活'听上去冷静、理智而机械，几乎到了令人讨厌的程度。"

"也许吧。不过，这种生活之所以给我们带来这种印象，难道不是因为我们的父母和老师（还有治疗师！）让我们相信，只有通过非常'情绪化'的经历才能'纵情生活''最大限度地利用我们的人生'吗？小说家和戏剧家难道不是常常通过原谅他们自己的一些'过度'情绪，来传播'如果我们不是像坐过山车一样从深深的抑郁上升到疯狂的快乐，然后再次陷入绝望的泥潭，我们就不能说我们真的生活过'的观念吗？"

"哦，拜托！你们难道不是在夸张吗？"

"是的，很有可能。不过，你们不也是这样吗？"

"不。在你们的个人生活中，你们当然并不总是压抑情绪的冷血个体，不会从未感受到悲伤、痛苦、快乐、得意，或者其他任何感情吧？"

"我们希望如此。我们可以从恋人、妻子、朋友和同事那里获得这件事的书面保证。不过，有人证明过有组织的理性思想与强烈的情绪是不相容的吗？"

"二者现在听上去仍然是不相容的。到目前为止，你们这些理性治疗师还没有说服我们。你们怎样击碎我们持有的'理性会使我们变得过于冷淡'的信念呢?"

"我们不需要反驳你们的假设。你们认为,由于理智可能影响强烈的情绪(我们完全承认这是可能的),因此它一定会阻碍强烈的情绪。你们什么时候能够证明这一点呢?怎样证明呢?"

此时,我们的质疑者常常会承认道:"说得好。推理不一定会对强烈的情绪产生严重影响。不过,这难道不是正常的倾向吗?"

"根据我们的经验,事实并非如此。推理通常会阻碍对自身不利的不健康情绪。实际上,我们认为,由于感觉包含思考,因此人们的思考越理性,他们产生和维持破坏性感觉的可能性就越小。"

此时,我们的质疑者常常会插话道:"这么说,你们实际上承认了我们的指控?你们刚刚承认,理性思考会驱散强烈的情绪。"

"不是这样的!你们刚才将我们使用的词语'不健康'和'对自身不利'替换成了我们没有使用的词语'强烈'。"

"多么愚蠢的诡辩!它们的含义难道不是相同的吗?"

"不一定。强烈的情绪可能来自你们对于一些主要价值观的实施。例如,你可能非常想去爱别人,然后找到一个具有你所偏爱的特点的人,之后强烈地爱上这个人。接着,你可能会建设性地表达你的感情,方法是亲切地对待你的恋人,并且获得他稳定的陪伴。这种爱的感觉可能会使你更加努力地工作、写作诗歌或者从事其他富有成效的事情。然而,对自身不利或者具有破坏性的爱很少能够导致这样的结果。"

"所以,你们的观点是,虽然具有破坏性的情绪在很大程度上与理性思考是不相容的,但是健康的情绪与理性是相容的。没错吧?"

"是的。我们认为理性思考通常会增进愉快的感觉。如果使用得当,人类的理智可以帮助人们最大限度地减少破坏性感觉,尤其是具有破坏性的恐慌和愤怒。接着,令人愉快的情绪和追求往往会出现。即使是令人不愉快的情绪(比如强烈的悲伤和遗憾)也可能帮助我们在生活中获得我们想要的更多事物。因为当我们将它们作为'事情出了问题,最好能够得到纠正'的信号时,它们可以帮助我们最大限度地减少使我们感到悲伤和遗憾的不受欢迎的经历（比如失败和被拒绝）。"

"非常有趣。不过，这仍然是你们的假设。你们最好能证明这种假设。"

"没错。我们将在本书接下来的内容中提供许多临床数据、实验数据、个人数据和其他支持性数据。不过，最重要的证据是你们自己提出来的证据。"

"谁——我们吗？"

"是的——你们。如果你们真的想知道我们的理论是否有价值，就一定要保持你们的怀疑态度。不过，你们也应该试着偶尔将其放在一边，为自己提供一次对我们的理性观点进行试验的机会。针对你们的一些痛苦情绪（持续困扰你们的羞愧、抑郁或愤怒的感觉），真正尝试用我们的一些思考、感觉和行为方式减少这些感觉。不要毫不怀疑地接受我们的观点。对我们的思想进行试验，看看能够得到什么结果。"

"听上去很有道理。也许我们会试一试。"

"那就好。你们可以看看自己能否得到一些证据，以支持我们关于理性思考和合适情感的基本理论。"

在此，我们要从总体上概括理性情绪行为疗法关于思考和情绪的一些主要思想。

人类的感觉在很大程度上来自思考。这是否意味着你可以（或者应该）通过理智控制自己的所有情绪？不一定。

作为人类，四种基本过程辅助着你的生存和幸福：（1）感受或感知：看、尝、闻、感觉、听。（2）感觉或产生情感：爱、恨、恐惧、喜悦或悲伤。（3）移动或行动：走路、吃饭、游泳、爬山、玩。（4）推理或思考：回忆、想象、假设、总结、解决问题。

通常，你会同时经历这四种基本过程。首先考虑感知。当你感受或感知某种事物时（比如看到一个苹果），你往往会对它进行思考（考虑它的用处），产生一些感觉（想要它或不想要它），采取某种行动（把它捡起来或扔掉）。

类似地，如果你移动或行动（比如捡起一根木棍），你往往会感知自己的行为（比如看到自己触摸木棍）。你会对自己的行为进行思考（想象自己对这根木棍可以采取的行动），产生某种感觉（喜欢它或讨厌它）。

同样的道理，如果你考虑某种事物（比如一道纵横填字谜），你往往会同时感知（看到）它，对它产生感觉（对它做出喜欢或讨厌的反应），采取相关的行动（用铅笔在上面填空）。

最后，如果你对某种事物产生情感（比如讨厌别人），你往往会感知（看到或听到）他们，考虑他们（回忆他们，思考如何躲避他们），采取某种相关的行动（从他们身边跑开）。

因此，我们的各项功能是一个整体，我们会同时感知、行动、思考和产生情感。我们与世界相联系的四种基本模式不是相互独立的，不是每一种模式开始于其他模式结束的时刻。它们存在大量重叠，并且表示了同一生命过程的不同方面。

因此，思考不仅仅是大脑中的生物电变化，它不仅涉及回忆、学习和解决问题，还涉及（在某种程度上必须涉及）感觉性、运动性和情绪性行为。

因此，我们可以不像平时那样模糊地说"琼斯对这个谜题进行了思考"，而是更加准确地指出"琼斯对这个谜题进行了感知、行动、感觉和思考"。不过，由于琼斯对这个谜题的爱好可能在很大程度上集中于解决谜题，他对谜题的感知、行动和感觉只是附带表现，因此我们可能只会说他对谜题进行了思考，不会特别提到他也进行了相关的感知、行动和感觉。不过，我们最好不要忘记，除了偶尔的一刹那以外，对于谜题，琼斯（以及其他所有人）无法只是进行思考。

问题：既然我们拥有四种基本的生命过程，无法将思考与感知、移动和感觉真正分开，那么我们为什么要在理性情绪行为疗法中把思考放在最重要的位置上呢？

回答：我们很快就会把原因说清楚。不过，让我们首先指出，人类在当今生活中的主要问题常常是情感而不是思想。之前，在与其他哺乳动物的竞争过程中，我们的任务是在感知、移动和思考上胜过它们，以确保我们的生存。今天，在发明了眼镜、雷达、飞机、计算机以及其他感知、移动和思考的辅助工具以后，我们称霸了地球，并且试图征服其他星球。

不过，在情绪领域中，到目前为止，我们取得的进步相对较小。虽然我们在物理领域取得了惊人的进步，但是同过去那些世纪相比，我们在情绪成熟和幸福方面几乎没有进步。实际上，我们在一些方面表现出了比之前更加幼稚、更加愤怒、更加情绪化的心理问题。

当然，我们取得了一些进步。在诊断和心理治疗领域中，人们已经对情绪困扰有了相当多的理解。在生物化学领域，药物、物理疗法、神经心理学方法以及其他方法的使用，已经增加了我们关于"人类是如何变得不安的以及我们可以采取哪些措施帮助人们重获情绪平衡"的知识。

不过，我们仍然面临着一个理解问题，那就是如何控制或改变我们的情绪，从而减轻广泛存在的情绪困扰。对此，我们不禁要问：我们要如何理解自己的感觉，使之更好地服务于我们的目标和目的？到底怎样做到这一点呢？

Chapter 4
第 4 章

你是如何创造你的感觉的

我们如何理解和管理情绪？

包括图书和文章在内的数千份文献试图回答这个问题，到目前为止，没有一篇文献能够给出明确的答案。现在，在不以完美回答作为目标的情况下，让我们试着对这个令人困惑的问题进行一定的阐释。

情绪是一种生命过程，它包含感知、移动和思考。它是一些看上去相互独立但存在紧密联系的元素的结合。著名神经学家斯坦利·科布指出，情绪包括：

1. 一种内部感觉状态，通常伴随着对于"你正在发生什么"的解释，也就是想法。

2. 一整套生理变化，它们可以帮助你保持与周围环境的接触，并在这种环境中维持正常的平衡。

3. 各种激活的行为模式，它们受到了环境的刺激，并且不断与环境相互作用，它们表达了你激动的生理状态，并且表达了你多少有些不安的生理反应。

由于你的反应主要是针对其他人的，因此你的情绪同时具有生理性、心理性和社会性。

问题：科布博士对情绪的定义是否被所有生理学家和精神病学家接受？

回答：不是。正像贺拉斯·英格利希和阿娃·英格利希在《心理学术语综合词典》（*Comprehensive Dictionary of Psychological Terms*）中指出的那样，我们在定义情绪时必须提到一些互相冲突的理论。情绪没有单一的原因或结果。它来自三种途径：首先，它来自对于大脑特殊情绪中枢（下丘脑）和身体神经网络（自主神经系统）的某种物理刺激。其次，它来自我们的感知和移动过程（术语叫作感觉运动过程）。最后，它来自我们的欲望和想法（我们的意动和认知）。

通常，我们的情绪中枢以及感知、移动和思考中枢的感受能力很强，很容易兴奋。当某种刺激作用于情绪中枢时，它会对其产生影响。我们可以直接将这种刺激作用于情绪中枢（这种情况非常少见），比如用电刺激大脑的某些部分，或者服用作用于中枢神经系统和自主神经系统的刺激性或抑制性药物。或者，我们可以进行间接刺激（更加常见），即通过感知、移动和思考影响我们的中枢神经系统和大脑通道，进而影响我们的情绪中枢（下丘脑和自主神经系统）。

因此，如果你想控制自己的感觉，就可以使用三种主要途径。例如，假设你感到非常激动，希望镇静下来。第一，你可以直接通过电力或生物化学途径做到这一点，比如服用镇静类药物。第二，你可以通过感知－移动系统（感觉运动系统）做到这一点，比如进行放松运动、跳舞、做瑜伽，或者使用呼吸技巧。第三，你可以使用意念－思考过程，想象平静的场景，或者专注于平静的思想。

在这些控制情绪状态的途径中，哪些途径的组合最为有效？这在很大程度上取决于你的感觉有多么不安，以及你希望通过怎样的途径改变或控制你的感觉。

问题：如果我们有三种有效的方法控制情绪，为什么你们在理性情绪行为疗法中只强调其中的一种？

回答：原因有几个。首先，我们没有专门研究医学或生物物理学，因此不会强调医疗方法、生物电方法或其他物理方法。在这方面，我们常常让当事人去找内科医生、理疗师、按摩师以及其他专攻这类治疗模式的人。我们也愿意将其中的一些方法与理性情绪行为疗法结合在一起。不过，它们并不是我们的专业领域。

其次，我们承认一些缓解紧张和改变人类行为的物理途径，比如瑜伽、舞蹈和按摩，可能具有有益的效果。不过，我们对于人们常常提出的这些方法的巨大效果持怀疑态度。它们在很大程度上是在转移你的注意力，帮助你专注于自己的身体，而不是你常常用来折磨自己的那些想法和想象。因此，它们可以使你平静下来，但是无法实现深层次治疗。它们可以帮助你感觉更好，而不是变得更好。它们很少会带来优雅的理念性改变，这种改变包括你的一些核心异常信念（比如自我诅咒以及把事情往坏处想）的深刻变化。如果不和思考－希望方法相结合，那么它们是具有局限性的。因此，你也许可以通过使用药物或放松技巧减轻抑郁。不过，如果你不进行更加清晰的思考，放弃你的一些非理性信念，那么当你停止服药或运动时，你往往会再次变得抑郁。看起来，要想实现深层次的永久性改善，最好做出理念上的改变。

还是那句话，我们常常鼓励顾客使用药物、放松技巧、运动疗法、瑜伽运动或者其他物理方法。我们认为这些方法也许可以起到帮助作用。而且，正像我们稍后展示的那样，我们会传授许多情绪方法、戏剧方法、幻想方法、自我管理方法和行为矫正方法。同其他大多数治疗类别相比，理性情绪行为疗法使用了更加全面、更加综合的治疗方法。

不过，我们仍然认为，如果你想以最充分、最具持久性的方式改变不安的感觉，你最好使用大量推理。因为破坏性情绪的很大一部分（尽管并非全部）来自不现实、缺乏逻辑、具有自我破坏性的想法。

问题： 假设生物疗法和感觉运动疗法的确存在局限性。不过，理性的有意识思维不也同样肤浅吗？精神分析学家难道不是在很久以前就确立了"大部分情绪性行为来自无意识过程"的事实吗？当感觉背后的思想深深地隐藏在我们的无意识心理之中时，我们怎样学着控制和改变这些思想呢？

回答： 说得好！这个问题一言难尽。正像我们在这本书中不断展示的那样，精神分析学家所说的"深层次的无意识思想"，主要是指弗洛伊德最初提出的前意识思想。我们无法直接意识到这些思想和感觉。不过，如果从伴随它们的感觉和行为进行反推，我们可以比较容易地学会发现它们。

不管你拥有怎样的情绪困扰，理性情绪行为疗法都可以告诉你如何找到它们背后的思想，从而成功破译你向自己发送的"无意识"消息。当你开始看到、理解和反驳与不健康的感觉相联系的非理性信念时，你使自己意识到了你的"无意识"思想，并且极大地提高了自己改变这种思想、减少情绪困扰的能力。

让我们再次强调，我们所说的很大一部分情绪来自某种存在偏差和偏见的、具有强烈评价性的思考。我们通常所说的思考包括对于局面的相对平静的评估、对其各个方面的冷静分析以及对其合理的总结。

所以，当你冷静地思考时，你会观察到一块面包，看到它的一个部分发霉了，回想起你曾经由于食用霉菌而生病，因此切掉发霉的部分，将面包的其余部分吃掉。不过，当你激动地思考和产生情绪时，面对同一块面包，你可能会强烈地回想起之前食用发霉面包的经历，使自己感到恶心，因此扔掉整块面包，陷入饥饿之中。

在这个例子中，你在产生情绪时进行的思考与你以合理的方式对面包进行的思考是一样多的。不过，你在此时会进行一种不同的思考——你对之前的不愉快经历产生了极大的偏见，因此以偏颇的、过度泛化的、缺乏效率的方式进行思考。当你平静地思考时，你可以最大限度地运用你所能运用的信息，即发霉的面包很讨厌，没有发霉的面包是好的。不过，当你狂乱地思考和产生情绪时，你只会使用你所能使用的一部分信息——发霉的面包很"恶心"，因此你一口也不能吃。

思考并不意味着没有情绪，情绪化也不意味着不能思考。同你感到"情绪化"的时候相比，当你思考时，你通常不会受到过去的经历和偏见的过度影响。因此，你往往会使用更多的可用信息，减少过度泛化。你在制定决策时也可以表现得更加灵活。

问题：你们的论述是不是应该谨慎一些？你们先是将人类的行为区分成了感知、移动、思考和感觉四种类别，现在又开始谈论"思考的"和"情绪化的"个体，就像你们从未做过之前的区分一样。

回答：没错！世界上并不存在只会思考或只有情绪的人，因为所有人都会同时感知、移动、思考和感觉。不过，用我们之前的术语来说，一些人会感知、移动、**思考**和感觉；其他人会感知、移动、思考和**感觉**。后一种人常常会进行与前一种人不同的思考，因此他们的感觉占主导地位。其他一些人拥有更加冷静、更加不带偏见的认知，因此他们的思考常常占据主导地位。不过，只要不陷入某种昏迷状态，所有人都会思考和感觉。

更重要的是，我们都有感觉，但是许多人在大多数时候拥有不健康的感觉，其他人在多数时候拥有健康的感觉。不管你的感觉是多么真实和强烈，它们都不是神圣的，一些治疗师在这方面误导了我们。他们认为所有真实而强烈的感觉都是"好"的。不一定！这取决于你的目标。

你不是只会产生感觉，你的感觉也不是毫无理由的。相反，你之所以产生感觉，是因为你在大多数时候将事物评价为"好"或"坏"，即对于你所选定的目标有利或不利。你的感觉激励、推动着你去生存并在生存过程中感觉快乐（或不快乐）。

例如，你对于生存感觉良好，对于死亡感觉不好。由于这些感觉，你会避免在海里游得太远，以 95 英里/小时（约 153km/h）的速度驾驶汽车，跳下悬崖，食用有毒食物。如果没有这些感觉，你能生存多久呢？

既然你已经选择了生存，你就会感觉自己**偏爱**不同的快乐类型；你**希望**取得成效而不是无所事事；你选择高效而不是低效；你**喜爱**创造性；你**喜欢**沉浸在长期的追求之中（比如打造一项事业或者写一本小说）；你**希望**与他人建立亲密的关系。注意，所有黑体字都涉及感觉，如果没有它们，你就不会体验到快乐、喜悦、高效、创造性和爱。你的感觉不仅可以帮助你维持生存，而且可以帮助你快乐地生存。

因此，感觉伴随着你的价值观和目的，尤其是你的生存和幸福。当它们可以帮助你实现这些目标时，我们将其称为健康的感觉。当它们阻碍你的基本目标时，我们将其称为不健康的感觉。理性情绪行为疗法可以告诉你如何明确地区分健康的负面情绪（比如你在无法得到自己想得到的事物时感觉到的真正的悲伤或烦恼）与不健康或对自身不利的情绪（比如你在同样的情况下感觉到的抑郁、自我贬低或暴怒）。

同样地，理性情绪行为疗法可以帮助你区分理性和非理性信念。这种疗法认为，理性信念通常会导致健康的情绪，非理性信念通常会导致不健康的情绪。怎样才算理性信念呢？如果一种信念可以帮助你（1）生存，（2）实现你所选择的使自己的生存变得快乐、有趣或有价值的目标或价值观，这种信念就是理性信念。选择？是的，从个体和社会的角度进行选择。

理性情绪行为精神病学家马克西·莫尔茨比博士概括了理性思考的四个

主要特点，我们将其修改如下：

1. 理性信念接受并在很大程度上遵从社会现实——你所选择的生活社区的"事实"和规则。即使你不喜欢大多数"事实"和规则，你也会理智地遵守它们。

2. 如果你根据理性信念行事，它很可能会帮助你保住生命。

3. 如果你根据理性信念行事，它可以帮助你更迅速、更有效地实现自己选择的目标。

4. 如果你根据理性信念行事，它可以最大限度地减少你的内心冲突以及你对周围环境的破坏。

这些理性信念似乎足够理智，但它们在某种程度上具有个人主义特点。理性情绪行为疗法有助于快乐的个人主义，但它（以及阿尔弗雷德·阿德勒）也强调社交。因此，我们添加了下面这一条：

5. 理性信念（以及健康的感觉和行为）与社会有关，有助于保护、保持和提高你所选择的生活群体以及全人类的幸福程度。

因此，我们所说的情绪似乎包括以下几点：一是某种有力的思考，你的生物学状态以及你之前的感受和经历对于这种思考具有强烈的影响。二是强烈的身体反应，比如愉快或讨厌的感觉。三是与你的强烈想法或情绪引发的事件有关的积极或消极行动的倾向。

换言之，情绪伴随着一种强烈、严厉、带有偏见的或者"热情"的想法。"冷静"的思考常常是一种相对平静、不太偏颇的反思性判断。因此，如果你将一个苹果与另一个苹果进行比较，经过思考，你可能认为它更加坚硬，斑点较少，颜色较好，从而对它感觉"良好"。不过，如果你与有斑点的苹果有过非常愉快的经历（例如，你在万圣节派对上成功地咬到了一个有斑点的苹果，作为奖励，你亲吻了一个具有吸引力的异性成员），或者你之前与没有斑点的苹果有过不愉快的经历（你吃了太多苹果，感到不舒服），你可能会激动地、鲁莽地、带有偏见地（即情绪化地）做出完全不同的反应！

"思考"和"产生情感"存在紧密的联系，但是二者有时是不同的，因为我们所说的思考是一种更加平静、不太以活动为导向的判断模式，而我们所说的产生情感是一种不太平静、更加涉及身体、更加以行动为导向的行为模式。

问题：你们是不是认为所有的情绪直接来自思想，在任何情况下都无法脱离思想而存在？

回答：不，我们不是这样认为的，我们也没有这样说。情绪可以在没有思想的情况下短暂存在。例如，当一个人踩到你的脚趾时，你会立即自发地感到愤怒。当你听到一段音乐时，你会立即开始感到温暖和激动。当你听到一个好友去世时，你会开始感到悲伤。在这些情形中，在几乎没有进行相关思考的情况下，你也会感到情绪化。

不过，即使在这些情形中，你也可能在一刹那迅速想到："这个踩到我脚趾的人是个讨厌的家伙！""这段音乐听上去很精彩！""哦，我的朋友去世了，这太糟糕了！"也许，在你产生这些转瞬即逝的"无意识"思想以后，你才开始感觉到自己的情绪。

在任何情况下，假设你在一开始没有产生任何伴随情绪的、有意识或无意识的思想，那么由于没有支持性思想，你几乎永远无法将情绪的爆发维持下来。如果你不是不断地向自己重复"踩到我脚趾的那个讨厌的家伙不应该这样做！"或者"他怎么能对我做出这样讨厌的事情呢？"这样的话语，被人踩到脚趾的疼痛很快就会消失，你的情绪反应也会随着疼痛消失。

当然，你的脚趾可能会不断被人踩到，持续的疼痛有助于维持你的愤怒。不过，假设你的疼痛停止，那么你通常会用某种思考维持你的情绪反应。也许你的情绪反应可以自动持续下去，但这似乎不太可能。

愉快的感觉也是如此。通过持续聆听某段音乐，延续你的兴奋，你所感受到的温暖和激动可能会得到维持。不过，即使在这种情况下，如果你不是不断地向自己重复"我觉得这段音乐好极了！""哦，我是多么喜欢这些和声！""多么优秀的作曲家！"等话语，你也很难将你的感觉维持下去。

对于你的一个好友或亲属去世的情况，你很容易使自己感到抑郁，因为你失去了一个你真正关心的人。不过，即使在这种情况下，如果你不是不断地向自己重复"哦，他去世了，真是可怕！""她怎么会死得这么早呢？"或者类似的话语，你也很难将你的抑郁维持下去。

因此，情绪的维持通常需要评价的重复。我们之所以说"通常"，是因为当情绪回路开始对某种物理或心理刺激做出反应时，它也可以凭借自己的力量不断产生回响。

药物或电脉冲可以不断地直接作用于携带情绪的神经回路（比如下丘脑或自主神经系统的细胞），从而使你维持情绪唤醒状态。不过，产生情绪的中枢通常不会受到持续的直接刺激。相反，你会用激发性思想反复刺激自己，实现同样的效果。

问题：假设思想通常会引导、伴随和维持人类的感觉，那么这些思想是不是必须由人类"说给自己听"的词语、短语和句子组成？所有思想都是由**自我内言**（self-verbalization）组成的吗？

回答：不。你可以通过图像、符号和其他非语言过程进行思考。不过，几乎所有成年人思考和产生情感的大部分过程似乎都是通过自我对话和心中的句子进行的。

人类是唯一创造了语言的动物，我们从幼儿时期就开始学习用词语、短语和句子表达自己的思想、感受和感觉。我们通常觉得这比用图画、声音、触摸单元或者其他可能的方法进行思考要更加容易。

让我们以比尔为例进行说明。比尔接受了工作面试（A点，他的诱发经历）。在面试之前，他常常会对自己说出下面这样的话语（B点，他的信念系统）：

"我不知道自己能否获得这份工作……我希望不必接受面试，因为我不喜欢面试，而且他们可能会拒绝我……不过，如果我不面对这件事，当然就无法获得这份工作……而且，如果他们拒绝我，这对我又有什么影响呢？在这方面，我不会有任何损失……如果我不去争取这份工作，我可能会遭受很大的损失……因此，我最好接受面试，应付过去，看看我能否被录取。"

通过向自己讲述这样的话语，比尔进行了思考。我们可以将他的思想称为理性信念，因为它们可以帮助他获得他所重视或想要得到的东西——他所寻找的工作。因此，他感到了健康的情绪后果（C点）——获得这份工作的决心、参加面试的积极行动、被拒绝时失望或烦恼的感觉。

不过，如果比尔为自己创造了不健康的情绪后果（C），他通常会向自己讲述不同的话语，这些话语包含非理性信念：

"假设我参加这次面试，出了洋相，没有得到这份工作……那就太可怕了！或者，假设我参加了面试，获得了工作，然后发现自己不能胜任这份工作……多么可怕！我将成为一个可怜虫！"

通过向自己讲述这样的话语，包括非理性的负面评价："那就太可怕了！""多么可怕！我将成为一个可怜虫！"比尔将自己关于找工作问题的理性信念转变成了非理性信念。我们可以看到，实际上，他的评价性内心信念导致了他的情绪反应。他用内心和身体去感觉，但是他的感觉在很大程度上是由他的头脑创造出来的。

因此，爱或高兴等积极的情绪常常伴随或来自"这是好的！"等积极的内心信念，不快或失望等健康的消极情绪伴随着"这是令人失望和不好的"等理性信念。类似地，抑郁和愤怒等不健康的消极情绪伴随着"这很可怕！我将成为一个可怜虫！"等非理性信念。如果没有（有意识或无意识地）产生这类强烈的信念，我们就不会产生强烈的感觉。

问题：如果你们的观点是正确的，那么为什么包括心理行业在内，很少有人清晰地认识到思想和情绪相伴而生，并且在很大程度上来自内心信念呢？是他们完全忽略了这件事吗？

回答：在某种程度上，答案是肯定的。包括心理健康的专业人员在内，许多人从来没有想过对情绪进行仔细的考察，因此没有认识到伴随它们的思想。其他人观察得足够仔细，但是他们使用了经典精神分析等存在某种偏见的观察角度。正如埃里克·霍弗所说，除了自己对"现实"的偏执解释以外，一些真正的信徒不会考虑其他任何解释；类似地，一些弗洛伊德的虔诚信徒不会考虑"你可以通过观察和改变自己的信念来理解与改变情绪"的可能性。

我们拥有一个灵活的观点：通过发现和改变你的强烈信念，你可以改变自己的思想及其导致的情绪。更重要的是，我们认为，你常常会毫无必要地创造出不健康的情绪，比如抑郁、焦虑、暴怒和卑微感。如果你愿意改变自己的思想并用有效的行动跟进，你就可以重塑自己的思想。

问题：通过控制你的思想，你可以消除所有负面情绪吗？

回答：这很难。许多强烈的感觉几乎总会伴随着危险或损失而产生，比

如恐惧或悲伤的迸发。例如，如果你的父母或孩子去世，你往往会立即感觉到巨大的悲伤或悲痛。

这些情绪基于对你个人幸福的真正威胁，它们拥有生物学根源，你很难在没有它们的情况下生存。某些负面感觉对于生存具有很大的帮助作用。如果你在饥饿、受伤或失败时感觉不到不快、悲伤、遗憾、烦恼、恼怒、沮丧或失望，你会回避有害的事情吗？你会推动自己获得你真正想要的事物吗？

此外，许多情绪可以增进你的健康和快乐。当你听到一段优美的音乐、看到一次美妙的日落或者成功完成一项艰难的任务时，你的喜悦不一定能够保全你的生命。不过，没有这种感觉的人生将是单调而没有价值的。

因此，消除所有情绪的努力几乎是没有用的。冷漠会使你和你所爱的人失去人性。为了获得健康和快乐，你会在人生中寻找意义——情感意义！

一些哲学家让我们实现只有"灵魂"或理智的状态，摆脱一切"粗俗"的情绪。实际上，这将使我们完全变成机器人。如果我们实现这种"超凡入圣"的状态，我们也许可以有效地解决某些问题，就像一些强大的计算机一样。不过，我们能感到任何快乐或满足吗？不一定！

问题：这么说，摆脱情绪的世界或者将感觉完全替换成理智一定不会使你感到激动，是吗？

回答：完全正确！相反，我们希望帮助受拘束和冷漠的人获得更加真实的感觉和更加高亢的情绪。我们支持富有激情的体验。我们只是反对极其消极的、对自身不利的、极其夸张的情绪化，这种情绪化往往会阻碍你的生存和实现快乐目标。

我们还鼓励你真诚地、包容地、不加判断地了解你的感觉，前提是你不认为自己必须完美地感觉到它们。这是因为，你常常无法精确地判定自己真正的感觉。例如，当一个朋友让你失望时，你对他感到愤怒。接着，你由于怨恨他而感到内疚。接着，你强烈地回想起他对你做过的"错事"，不断激发自己对他的愤怒，从而掩盖或驱散你的内疚。在这个例子中，你真正的感觉是什么？愤怒？内疚？自保性怨恨？悲伤？遗憾？自我仇恨？

谁能完全准确地做出判断呢？是的，作为人类，你很容易受到影响。是的，你很容易隐藏或加强你的感觉。是的，你的情绪容易受到酒精、药物、食物、其他人的语言和情绪以及其他许多因素的影响。这说明，你可以在每时每刻感受到自己选择或没有选择的几乎任何感觉。你的所有感觉都是真实的，这仅仅是因为你真实地感觉到了它们。不过，没有一种感觉具有绝对而当然的"正确性"。

不管怎样，你最好尽量真诚而准确地认识到自己的基本感觉。在某个时刻，你是否感到了爱、恨或冷漠？愤怒或坚决？担忧、焦虑或漠不关心？你怎样判断呢？主要的方法是完全接纳你自己以及你所具有的任何感觉，将这些感觉的"好"和"不好"与你的"好"和"不好"清晰地区分开。

特别地，通过向你展示如何停止由于拥有（或者没有）这些感觉而评价自己，理性情绪行为疗法可以帮助你了解自己的感觉。通过理性思考，你可以首先选择接纳你自己以及你的感觉，包括抑郁和仇恨等有害的感觉。接着，你甚至可以表现出对于个人感觉的兴趣和好奇。你可以对自己说："像我这样一个具有基本理智的人竟然反复做出如此愚蠢和消极的行为，真是有趣（而不是真是可怕）！"你可以看到，你所产生的自我贬低感觉在很大程度上是由你选择的，如果你真想努力改变这种感觉，你可以选择改变它们。

你还可以将健康的（自我实现的）感觉与不健康的（自我诅咒的）感觉相区分。你可以看到自己的建设性感觉（对你的行为感到不快）与破坏性感觉（对你的行为感到害怕）之间的区别。你可以将对他人行为的失望感觉与对他人行为的愤怒感觉和要求他们做出改变的感觉相区分。

换言之，理性情绪行为疗法可以帮助你更加完整、更加包容地观察自己的感觉，承认它们的存在，接纳你自己以及你的感觉，确定它们的有用性，最终选择感觉你希望感觉的、可以帮助你获得自己在人生中希望获得的对更多事物的感觉。这种疗法中的高度理性且极具诡辩性的方法可以使你更好地了解自己的感觉，帮助你做出比你之前允许自己做出的反应更加情绪化的反应！

Chapter 5
第 5 章

通过思考使自己摆脱情绪困扰

在治疗工作中，许多顾客很难应付，其中唐娜特别喜欢滥用自己的特权。我（埃利斯）无数次努力地向她展示，只要她相信她可以控制自己的情感命运，她就可以控制自己的情感命运。不过，唐娜不断提出各种借口和理由。

"我知道你向其他许多顾客展示了如何处理他们的感情，"她说，"但我似乎无法做到这一点。也许我的方法不同，也许我缺少他们拥有的某样东西。"

"是的，也许他们拥有你所没有的某样东西，"我赞同道，"那就是他们最近获得的用于封住大脑漏洞的木塞。我向他们展示了到哪里获得木塞。现在，为什么我在向你展示的时候这么吃力？"

"是的，为什么你没有展示给我？上帝知道，我一直在努力领会你向我讲述的事情。"

"你是说上帝知道你一直认为自己在努力领会。不过，问题也许就在这里，你让自己相信，你试图认识到你是怎样使自己感到烦恼的。在说服自己相信你在努力以后，你觉得自己没有理由真正去努力。所以，你迅速放弃了这件事，并没有付出太大的努力。现在，如果我能帮助你努力寻找和改变你所持有的对自身不利的信念，你对母亲和兄弟的巨大愤怒很可能会得到缓解。"

"不过，我怎样处理这样的事情呢？我觉得自己的信念是无穷无尽的。"

"它们只是看似无穷无尽而已，因为你几乎没有努力将它们掌握在手中，即认识自己的信念并对其进行认真的审视。实际上,探索你的思想和感觉就像弹钢琴或打网球一样,你曾经告诉我,你很擅长这两样事情。"

"哦,但那是完全不同的。打网球是一种体育运动,它与思考和发怒之类的事情没有任何相似之处。"

"啊,我想我知道你的问题了!"我叫道。

"这是什么意思?"唐娜问道。我觉得她很担心我可能知道她的问题,而且担心她可能不得不放弃自己的愤怒。要不是她的经历如此不幸,我几乎要笑出来了。

"你说打网球涉及一些体育元素。从表面上看,这当然是事实。你用眼睛、胳膊和双手进行肌肉运动,使球不断地在球网上飞过。看到肌肉的运动和网球的飞舞,你认为整个过程是一种体育运动,甚至是一种机械运动。"

"这有错吗?"

"是的。假设你的对手把球打给你。你努力将球打过球网,最好是打到她无法轻松够到球并把球打回来的地方。所以,你(用腿)追着球跑,(用胳膊)够球,(用胳膊和手腕)击球。不过,是什么让你跑来跑去,伸出或收回胳膊,将手腕左转或右转的呢?"

"是什么让我……我想是我的眼睛。我看到球飞到这里或那里。我看到我希望把球打到哪里,并做出相应的行动。"

"很好,不过,你的眼睛有魔法吗?你能神奇地用你的目光指导你的腿往这边移动,指导你的胳膊往那边移动,指导你的手腕往另一边移动吗?"

"不,没有魔法。它来自——"唐娜困惑地停住了。

"你有没有可能用思考指导你的击球?你有没有可能看到对手的球飞到这里或那里,然后想到最好把球打回到球场的这个或那个角落?你有没有可能想到通过向这个方向伸出手臂,向另一个方向转动手腕,你可以接到球,等等,等等?"我问道。

"你是说,我并不像看上去的那样仅仅依靠身体以机械的方式打网球?我实际上是在用我的思想指导我的行动?你是说,我在打球时不断地告诉自己这样做或那样做,把我的手臂伸向这边,或者把我的手腕转向那边?你是这个意思吗?"

"这难道不能解释你在从事这项所谓的'体育运动'时真正在做的事情吗？在你打网球的每一分钟里，你难道没有不断地指导你的手臂这样做，并且指导你的手腕那样做吗？这种指导难道不是通过真实而用心的思考实现的吗？"

"仔细一想，我必须承认，我之前从未这样考虑过，我想的确是这样。我从未注意到这一点！整件事情，哎呀，整件事情真的与头脑有关。真是令人吃惊！"

"是的，真是令人吃惊！即使是这种与'身体'关系密切的运动也涉及头脑。你一直在从事这项运动，你不仅要奔跑、伸手、翻手腕，还要对打球时的具体行动进行思考。你的思考对于你的出色表现起到了真正的作用。实际上，你在打网球时的主要实践包括思考实践。不是吗？"

"如果你这样说，我想是的。真有趣！我之前以为我只是在用身体打球。我想，我现在知道你所说的'努力改变我的信念和情绪'是什么意思了。在打网球时，我努力改变我的位置、击球方式以及其他运动。不过，我的努力实际上涉及了思想，它不是完全机械的。"

"正是如此。现在，如果你用你在打网球时使用的方法改变隐藏在你的不安情绪背后的信念，你的人生就可以像你的网球运动一样又快又好地得到改善。"

经过这次突破，我不再像以前那样难以说服唐娜努力改变她的信念和情绪了。

现在回到我们的主题上来。我们已经承认人类的情绪是值得拥有的。不过，还有一个重要问题：你是否需要不断感受到不健康的情绪，比如持续的焦虑或敌意？

答案在很大程度上是否定的。你可以感受到健康而持续的负面情绪，比如当你经受持续的不适或痛苦时，你会为此不断地感觉到悲伤、遗憾或烦恼。在这种情况下，你一定不会使自己产生愉快或冷漠的健康感觉。

不过，你的不适或痛苦可能会带来许多持续的负面感觉。例如，你的孩子去世了，你在几个星期或者几个月的时间里对于她的死亡感受到了健康的悲伤。不过，周复一周，月复一月，年复一年，你可能会不断考虑你的悲伤，不断往坏处想。"我的孩子去世了，这太可怕了！"你不断对自己说，"考

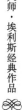

虑到她的年幼和无辜，这个世界太不公平了，太可怕了！她不应该死！我无法忍受她已经不在人世的想法！"

自然，凭借这些想法，你一直不允许自己摆脱孩子的死亡带来的冲击并继续自己的生活。相反，你不断惦念着你的损失，坚持认为你没有其他生活目标，并且悲伤地认为世界不应该这样残忍地对待你。因此，你不仅会感受到健康的悲伤，而且会使自己变得极度抑郁。你毫无必要地夸大了这种不安的负面情绪。它来自你对于"哪些事情绝对应该发生"和"哪些事情绝对不应该发生"的要求。它在某种程度上是由你创造的，你可以通过更加清晰的思考改变它。

我们是怎样得到这种"奇怪"结论的呢？通过扩展我们之前关于思想和情绪的一些概念。这是因为，如果不健康的负面情绪在很大程度上来自你自己的思考，那么你可以对你的思考内容和感觉方式进行选择。这是你身为人类的主要优势之一：你通常可以选择思考一件事或另一件事；如果你的目标是生存和享受，那么你可以用一种思考辅助这个目标，用另一种思考破坏这个目标。自然，你最好选择第一种思考而不是第二种思考。

当然，你可以选择改变、忽略、隐藏或者抑制几乎所有的负面思想。不过，这样你就会变得明智或理性了吗？例如，你可以选择忽略大量没有必要的犯罪、污染和人口过剩问题。通过这种回避，你会选择回避对于这些不幸事件的健康的悲伤和沮丧。不过，如果你拒绝进行这种健康的负面思考，不再对于不幸的状况感到悲伤，你真的能够帮助自己和你所爱的人实现生存和幸福的目标吗？或者，你能帮助社区里的其他人吗？我们对此持怀疑态度。

因此，许多负面思想和感觉可以帮助你保全和享受生命。其他思想和感觉没有这样的效果。学着区分前者和后者，然后做出相应的选择！

如果持续的感觉通常来自有意识或无意识的思考，那么你很少会仅仅由于外部事件而感到快乐或悲伤。相反，你通过对于这些外部事件的感知、态度和想法使自己变得快乐或痛苦。

这个原则是我们通过对数千名患者进行治疗而重新发现的，它最初被一些古代哲学家提及，尤其是著名的斯多葛派哲学家爱比克泰德。公元1世纪，爱比克泰德在《手册》中写道："人们不是因为外部事物而感到不安，而是因为他们对事物的观点而感到不安。"过了若干世纪，威廉·莎士比亚在《哈姆雷特》中重新叙述了这种观点："没有任何事物具有善恶性质，这种性质是思考赋予它们的。"这种说法不完全正确，但足够正确！最近的后现代哲学重新强调了这种观点，指出世上没有绝对的"正确"或"错误"，只有我们眼中的"合适"和"不合适"。即使是"理性"和"非理性"也不能在所有情况下得到完全的定义，它们在某种程度上具有相对性。我们所说的理性信念是指在正常情况下通常有效的（可以带来你所希望的结果的）信念。理性行为绝对不是亘古不变的！

让我们暂时考虑一个例子。33岁的杰拉尔丁是一个非常聪明、高效的人，她在离婚后变得抑郁起来。6个月后，她找到了我（哈珀）。她的丈夫是一个不负责任、依靠她生活的人。虽然她在婚姻生活中感到很痛苦，但是她在离婚以后并没有变得更加快乐。她的丈夫汤姆过度饮酒，和其他女人混在一起，失去了许多工作。不过，当杰拉尔丁前来找我的时候，她不知道自己和丈夫离婚是不是一个错误。

"你为什么认为你离开汤姆是一个错误呢？"我问道。

"因为我认为离婚是错误的，"她回答道，"我认为当人们结婚以后，他们应该将婚姻维持下去。"

"但是你并不属于持有这种观点的宗教团体。你不认为天国会通过某种途径成就和毁坏婚姻，对吗？"

"是的，我甚至不相信天国。我只是感觉离婚是错误的，我为这件事而自责。与我和汤姆共同生活时相比，我现在感觉更加痛苦。"

"不过，你觉得自己关于'离婚是错误的'感觉是从哪儿来的？"我问道，"你觉得自己在出生时就有这种感觉吗？你觉得人类拥有告诉自己如何区分对错的天生的感觉，就像天生的味蕾一样吗？你的味蕾可以告诉你什么是咸的、甜的、酸的或苦的。你的感觉可以告诉你什么是正确的或错误的吗？"

年轻的离异者笑了："你的说法听上去很愚蠢。不，我不认为自己拥有关于对错的天生的感觉。我需要在实践中学着去感觉。"

面对良好的开端，我急忙进入了不太具有指导性的治疗师常常不敢涉足的领域。"完全正确，"我说，"你需要在实践中学着去感觉。和所有人类一样，你拥有天生的学习倾向，包括学习强烈偏见的倾向，比如关于离婚的偏见。而且，你可以忘掉或修改你所学到的东西。所以，即使你无法证明离婚总是不好的，你也很容易接受这种观点，它很可能来自你的父母、老师、故事或者电影。你将这种观点转变成了下面的规则，'只有糟糕的人才会离婚。我离婚了，所以我一定是糟糕的人。是的，非常糟糕！我真是一个无用、讨厌、糟糕的人！'"

"听上去熟悉得可怕。"她露出了明显的苦笑。

"当然，"我继续说道，"你通过某种途径接受或创造出了这样的信念，否则你就不会感到这样不安了。你一遍又一遍地重复这些话语。现在，你加上了这样的内容，'我做了这件可怕的事情，离了婚，所以我应该为此受到诅咒。与我和那个讨厌的丈夫共同生活的时候相比，我理应感到更加痛苦和不快乐！'"

她悲伤地笑了："你又说对了！"

"所以，你当然会感到抑郁，"我继续说道，"任何不断将自己视作烂人、不断认为自己由于糟糕的表现理应遭受痛苦的人几乎一定会感到抑郁。比如，如果我从现在开始对自己说，我没有价值，因为我从未学会拉小提琴、滑冰或者赢下挑圆片游戏，那么我很快就会使自己感到沮丧。

"接着，我还可以像你一样告诉我自己，我理应陷入痛苦的感觉之中；毕竟，我有机会学习拉小提琴或者成为挑圆片冠军，但我没有抓住机会。因此，我真是一个无用的讨厌鬼！哦，天哪，我真是一个讨厌鬼！"

当我不断以讽刺的语气强调我的命运时，我的顾客笑了。"我说得很可笑，"我说，"但这是有目的的，是为了向你展示当你开始责备自己离婚时，你的表现就是这样愚蠢。"

"我开始理解你的意思了，"她说，"我的确向自己讲述了这样的话语。不过，我怎么能停下来呢？你难道没有看到离婚和挑圆片失败之间的巨大差异吗？"

"的确。不过，与没有通过学习成为挑圆片冠军相比，离婚真的会让你变成更加讨厌、糟糕、没有价值的人吗?"

"你必须承认,当我和汤姆这样不负责任的人结婚时,我犯了一个严重的错误。如果我自己表现得更加成熟,我也许可以帮助他成长。"

"好的,我同意。你和汤姆结婚的确是一个错误。你这样做也许是因为你在结婚时还不成熟。好的,所以,你犯了一个错误,一个神经过敏的错误。不过,这是否意味着你应该为这个错误而永远诅咒自己?"

"不,我想不是的。不过,还有妻子对丈夫的责任呢?你难道不认为我应该留在他身边,努力帮助他解决自己的严重问题吗?"

"这是一个非常可爱的想法,有时甚至是可行的。不过,你不是说了吗?你试图帮助他,但他拒绝承认他的问题。而且,他在离婚之前强烈反对你接受治疗,更不要说他自己去寻求帮助了。"

"是的。只要我提到'心理医生'或'婚姻顾问'的字眼,他就会发脾气。他永远不会考虑寻求帮助,当然也不想让我寻求帮助。"

"你主要能做的事情是充当他的心理治疗师。以你的状态,你很难有效地做到这一点。为什么要让自己感到痛苦呢?你在结婚时犯了一个错误,尽了最大的努力改善你的婚姻。你碰壁了,主要原因在于你的丈夫,部分原因在于你自己的烦乱感觉。所以,你最终脱离了婚姻,几乎所有理智的人都会这样做。那么,你犯了什么罪?你为什么不断地责备自己?你错误地认为,不快乐的状态使你感到痛苦。不过,使你感到不安的是这种状态,还是你不断向自己讲述的关于这种状态的话语?"

"我明白你的意思了。你是说,虽然我的婚姻状态一直不理想,但我现在不需要为此而使自己变得如此艰难。你的观点很不错!"

"是的,我自己也很喜欢这种观点,我常常把它运用到自己的生活中。不过,现在让我帮助你把它变成你的观点,这不是因为我持有这种观点,而是因为你觉得它的确可以更好地帮助你。即使经历糟糕的婚姻和艰难的离婚,你也不需要感到不安。实际上,在我看来,如果我真的可以帮助你接受这种态度,那么任何事情都不会使你陷入极度的不安之中。"

"你说的是真的吗?"

"是的,我是认真的,我坚信这一点!"

经过几个月的理性情绪行为治疗，杰拉尔丁在某种程度上相信了这一点。之前，她不断告诉自己没能实现理想的婚姻是多么"糟糕"。现在，她开始用解决问题的想法代替之前的自责。在我和她的一次后期讨论中，她说："你知道，我昨天上午照了镜子，并对自己说，'杰拉尔丁，你表现得像一个快乐、开朗、日益成熟的孩子。我越来越喜欢你了。'接着，我发自内心地笑了。"

"很好，"我说，"不过，不要由于你的表现得到了很大的改善而走上对自己评价过高的'花园小径'。那样一来，如果你表现得比较糟糕，你就会再次批评自己。试着坚持'我喜欢这么好的表现'的想法，而不是'我喜欢自己表现得这么好'。"

"是的，我明白你的意思，"她回答道，"我很高兴你能提醒我这一点。遗憾的是，我很容易评价自己。不过，我会对抗这种习惯！"

杰拉尔丁发现，她的感觉不是来自她不成功的婚姻或离婚，而是来自她根据这些"失败"对自己的评价。当她改变自我诅咒的思想时，她的情绪从抑郁和绝望转变成了悲伤和遗憾，这些健康的负面感觉可以鼓励她改变自己的生活条件。在我们的顾客中，不是所有人都能像杰拉尔丁那样迅速认识到他们关于离婚的抑郁感觉是由自己制造的，并且决定无条件接纳自己。有时，他们在接受这种观点时需要花费更长的时间。不过，他们和治疗师的坚持的确是有用的！

如果你和其他人可以在理论上改变你们不安的思想和感觉，但你们在现实中常常不会这样做，并且不断使自己处于痛苦之中，那么此时的问题是：为什么？是什么在阻止你（和他们）有效地思考并产生健康的情绪？

产生建设性思想和情绪的主要障碍包括：（1）一些人无法进行清晰的思考；（2）他们足够聪明，可以进行清晰的思考，但他们并不知道如何做到这一点；（3）他们足够聪明，受过足够的教育，但他们过于烦乱，无法有效地运用他们的智力和知识。我们在之前的一本书《如何与"神经过敏者"生活》中说过，神经过敏本质上是由不愚蠢的人做出的愚蠢行为构成的。

换一种说法：存在情绪困扰的人具有潜在的能力，但他们没有意识到他们的行为对自己多么不利。或者，他们理解他们对自己的伤害，但是出于一些非理性原因，他们仍然坚持这样做。我们假设，你和我们的其他读者是聪明而非愚蠢的，你们只是不知道如何停止自寻烦恼的状态，或者你们知道如何停下来，但是到目前为止并没有足够努力地让自己停下来。

在这种情况下，你能做什么呢？在下一章中，我们将试着向你展示如何发现并减少你的神经质行为。

Chapter 6
第 6 章

发现并减少神经质行为

我们认为，理智的思考通常会导致健康的情绪。愚蠢、无知和不安会阻碍理智的思考，导致过于情绪化或冷漠的感觉。让我们考虑一些例子。

22岁的艾伦表示，他不想完成牙科培训，因为他不喜欢某些科目，而且在学习上存在困难。因此，他认为他应该离开学校，从事商业。

当我们更加深入地询问艾伦的动机时，我们发现，他真的很喜欢牙科。他之所以回避牙科，第一是因为他的父母不断对他施压，让他成为牙医，他讨厌他们的压力。第二是因为他与同学相处得不太好，感觉自己不受欢迎。第三是因为他相信自己没有成为真正优秀的牙医所需要的手部灵活性和动手能力。

艾伦不断阻碍着自己实现目标，是因为他没有深刻认识到自己的想法，这种想法在某种程度上是无意识的。他首先提出了一个有意识的观念：他"天生"不喜欢某些牙科科目，不过，经过一些直接询问，他很快承认，他对父母的支配感到愤怒，他需要同学的尊重，他对于最终没能成为牙医的结果感到恐惧。他对于某些科目的"天生"反感主要来自他极为"不自然"的潜在理念："哦，天哪！如果我没有取得巨大的独立、人气和能力，我就会成为一个极为弱小的人！"

当艾伦在理性情绪行为疗法的课程中发现这些非理性信念时，当他质疑和挑战这些信念时（这一点更加重要），他完全有可能决定返回学校，从他自己制造的对于父母、社交和能力问题的恐惧中走出来。比如，他可能会问自己："如果我拒绝让父母支配我，他们怎么能支配我呢？为什么这是一件可怕的事情呢？为什么我认为如果我继续让他们支配我，我就是一个懒虫呢？"

他可以反驳他的恐惧:"为什么如果我在学校里不受欢迎,或者无法被视作史上最优秀的牙医,情况就会很可怕呢?当然,这样一来,事情会很不方便,但它们怎么会变得可怕呢?"通过这样反驳、挑战和质疑对自身不利的信念,他可以改变愚蠢的想法及其引发的过度泛化的反应,比如毫无必要的焦虑和逃离牙医行业。

女性顾客内奥米拥有类似的问题,但她拥有更深的洞察力。她知道自己希望教书,她还知道自己没有努力学习教书,因为她相信自己无法把这件事做好。她还常常由于一年前的滥交而试图惩罚自己。她也许在某种程度上认识到了"她认为自己毫无价值"这一点,但她仍然在进行自我挫败,做出神经质的表现。

内奥米没有意识到她的自我贬低和愧疚来自无知和错误的思想。她最初感到痛苦是因为她接受了姐姐非常挑剔的观点。由于嫉妒,内奥米的姐姐不想让内奥米高度评价她自己。接着,她不加怀疑地接受了自己几乎没有教育能力的假设,并且开始逃避功课,从而向自己"证明"她没有能力,这就强化了她最初在姐姐的帮助下形成的自我贬低思想。

进一步说,内奥米的滥交在很大程度上来自这种自我批评。她感觉自己没有价值,并且"知道"男生们不会关心她,因此她选择了最为便捷的方式,用她的身体换取他们的关注。她对于滥交的内疚同样来自姐姐的武断观念:由于她在这方面如此放任,因此她是邪恶的。

内奥米似乎知道她由于自己的性行为而谴责自己,并且正在破坏自己教书的愿望,但她只具有部分洞察力。她没有认识到她的两个基本前提以及它们的非理性:(1)她无法把书教好,因此没有价值;(2)由于滥交,她理应受到谴责。

在更加充分地理解了对自身不利的行为以后,内奥米的思想和行为发生了深刻的改变。首先,我(埃利斯)帮助她对可能的教学不佳与她的个人价值之间的联系提出疑问,让她看到这种联系实际上是不存在的。她开始明白,我们无法评价自己作为人类的整体和本质;在进行这种整体评价时,我们会伤害自己,而不是帮助自己。因此,她可以仅仅由于决定接纳自己而接纳自己,不管她是否在教学上取得成功。即使失败,她也可以过得很开心。

具有讽刺意义的是，和往常一样，在这种无条件自我接纳的帮助下，她更好地专注于功课，取得了更好的成绩，并且开始参加教育课程。

其次，我帮助内奥米挑战了所谓的"滥交邪恶性"，并且帮助她认识到，她也许会犯错误（与她并不想当作情人的男性有染），但是这些错误几乎不会使她成为值得谴责的讨厌的家伙。通过放弃认为自己很讨厌的理念，她不再对自己的努力进行自我妨碍，并且努力朝着教学目标迈进。

这位顾客以及大多数寻求治疗的个体证明了我们所说的"一号洞见""二号洞见"和"三号洞见"的区别。一号洞见是弗洛伊德提出的比较常规的理解：知道你有一个问题，并且知道在这个问题出现之前发生了某些事件。例如，我们在本章开头介绍的艾伦知道他的职业生涯存在一个问题，但他认为这个问题来自他对某些科目的反感，而不是他对社交失败和职业失败的焦虑。由于不知道问题背后的信念，他并没有充分的"洞见"。

内奥米拥有更多的洞见，因为她不仅认识到了自己在选定的职业上的失败，而且知道或怀疑自己：（1）缺乏信心；（2）由于之前的滥交而不断试图惩罚自己。她知道自己无效行为的一些动机，因此拥有相当程度的"洞见"，也就是我们所说的一号洞见。不过，她只有模糊的一号洞见，因为她知道自己缺乏信心，但是没有清晰地认识到这种信心的缺乏具体来自她对自己讲述的话语："我那非常挑剔的姐姐认为我能力不足。如果她的看法是正确的，那就太可怕了！也许她是正确的。实际上，我感觉她一定是正确的，我永远无法胜任这份工作！"

这个年轻女性还知道，她对于之前的婚前性行为感到内疚，想要惩罚自己。不过，她没有具体认识到，她的内疚和自我惩罚来自她的内心信念："许多人认为滥交是邪恶的。我进行了滥交。因此，我的确是一个邪恶的人！""人们常常认为行为恶劣的人应当因他们的罪恶而受到惩罚。我与自己并不关心的男性进行了滥交。因此，我必须惩罚自己！"

因此，虽然这位顾客拥有相当一部分的一号洞见，但是这种洞见很模糊，只能算是部分洞见。至于二号洞见，她几乎没有。这是因为，二号洞见是清晰地认识到，你在人生早期创造和获得的非理性信念仍在持续，这在很大程度上是因为你在不断地向自己重新灌输这些信念，你以有意识或无意识的方式"非常努力"地将它们保持下来。因此，内奥米一遍又一遍地告诉自己："我绝对不应该滥交！现在，为了清除我的罪恶，过上快乐的生活，我必须不断地惩罚自己，不断地对自己进行净化。"如果没有这种持续的自我强化，她的早期思想（包括来自姐姐的思想）很可能会消失。所以，二号洞见（内奥米在治疗开始时只有模糊的二号洞见）应该是她清晰地认识到自己没有努力消除伤害自己的信念，并且仍然"积极"坚持着这些信念。

三号洞见远远脱离了内奥米的视野范围。它应该是这样一种真诚的信念："既然我已经发现了一号洞见和二号洞见，并且完全承认我对于非理性信念的自我创造和持续强化，我最好稳定地、持续地、努力地着手改变这些信念，并在行动中对抗它们，以减少我的不安。"

更具体地说，当内奥米获得一号洞见和二号洞见时，她可以继续走向三号洞见："我不断使自己相信，我绝对不应该滥交，我必须由于自己的错误而不断惩罚自己，这种做法真是有趣。只要我不断相信这种谬论，我就会感觉到自我贬低和抑郁。我最好坚持对这些古怪的信念进行有力的反驳和挑战，直到我放弃这些信念！"

我和内奥米进行了合作，以便帮助她获得这三种重要的洞见。在接下来的一年里，在其他严格治疗方法的配合下，通过使用和遵守这些洞见，她最终解决了自己的主要问题。她不仅获得了一份教学工作，并在这段时期里取得了不错的表现，而且与几个合适的伙伴维持着没有婚姻的性关系。她很享受这种关系，而且没有感到任何内疚。

换一种说法，我们认为许多神经质行为（自我破坏行为）来自基本的无知或缺乏洞见。人类可能由于某些生物学状况（比如严重的激素失衡或神经递质不足）而做出神经质行为，但是这种行为常常不仅仅具有生物化学原因。通常，他们的不安在很大程度上是他们用自己有意识和/或无意识持有的思想创造出来的。即使他们有过儿童虐待、乱伦、强奸等痛苦经历，致使他们感到不安并导致创伤后应激障碍的也不只是这些极为恶劣的事件，还有他们可怕的反应——他们把这些创伤往坏处想的思维。

因此，就像艾伦和内奥米一样，人们也许知道他们抵触上学是因为他们在对抗父母的压力。或者，他们可能在无意识地抵触上学，而没有清晰地认识到他们在反对父母的支配。他们可能意识到他们由于性愧疚而惩罚自己。或者，他们可能没有意识到，他们惩罚自己是因为这种内疚。

无论如何，不管人们是否意识到自己的非理性信念，他们都很少会在没有这种信念的情况下做出神经质行为。比如，在本章给出的例子中，如果年轻的牙科学生艾伦没有使自己对于父母的支配和职业失败产生非理性恐惧并放弃学习，我们就不会认为他离开学校的想法是不健康的，而且会认为他清晰地认识到了人生中的事实，并且做出了明智的行为。如果师范学生内奥米理性地接受姐姐的两性观，她可能会认为虽然她的滥交是"糟糕"的，但这永远不会使她成为"糟糕的人"。

我们无法证明，明显的失败感、认为自己毫无价值的信念以及对于其他人的谴责倾向于不假思索地接受是正确的。这不是因为它们绝对是错误的，或者它们与宇宙法则相矛盾，仅仅是因为从实践角度看，它们几乎总是对我们不利的，会毫无必要地阻止我们获得自己健康地希望获得的许多事物。

此外，自我贬低的信念和情绪通常来自我们在科学上无法认同的不现实的过度泛化。它们包含神奇的妖魔化理念，这些理念是定义出来的，无法被证实和证伪。例如，如果你对自己说，"我在这项任务上（比如赢得某人的爱或某项工作的成功）失败了，我觉得这很令人遗憾"，那么你做出了一项可以被证实或反驳的陈述。这是因为，你（和其他人）可以看到你是否真的失败了，你的失败可能对你的某些个人目标带来哪些不利影响。当你希望成功时，失败是"糟糕"或"缺乏效率"的。

不过，如果你对自己说，"我在这项任务上失败了，所以这很可怕，它使我成了一个糟糕的人"，那么你做出了一项无法被证实或反驳的陈述。这是因为，"可怕"实际上是一个无法定义的词语，它并不意味着非常不利，它意味着百分之百的不利、不幸、讨厌或不便。而且，"你认为失败很可怕"意味着你认为自己无法忍受失败，因此你一定不能失败。不过，你当然可以忍受失败，这个世界几乎不会认为你不应该或者一定不能失败！

同样地，"失败使你变成了一个糟糕的人"的观点意味着：（1）你不幸失败了；（2）由于你拥有内在而本质的糟糕性，所以你总会并且只会失败；（3）由于失败，你应当受到诅咒（比如永远的惩罚）。你可以证实上述三种含义中的第一种，因为你希望取得成功，但是除了武断的定义以外，你无法为第二种和第三种含义提供支持。

因此，我们可以证实你在某件事情上的失败，但我们无法证明你在整体上是一个失败者。你可以由衷地将自己称为真正的失败者，但是这个标签是一种对自身不利的过度泛化。

换一种说法，不健康的、自我毁灭性的情绪（比如愤怒、抑郁、卑微或焦虑）主要来自你有意识或无意识持有的带有偏见的、愚蠢的思想，而且几乎总会导致低效的自我破坏性行为（我们称之为神经过敏）。当你神经过敏时，你可以使用一些临时方法减轻不安。比如，你可以改变工作或婚姻状态，休假，培养对于某一领域的强烈兴趣，为职业追求或其他追求的成功而努力，服用大量酒精、镇静剂、抗抑郁药或者其他药物，投入到某种狂热之中，或者尝试其他各种分散注意力的事物。

上述几乎所有分散注意力的事物都可以暂时发挥作用。这是因为，当你非理性地沉浸于一组引发不安的思想（我们可以称之为 x）时，上述事物实际上可以引导你将注意力转移到另一组思想（我们可以称之为 y）上。只要你不断考虑 y 思想而不是 x 思想，你可能就不会感到非常苦恼。

遗憾的是，这种分散注意力的事物很少能够解决你的根本问题。这是因为，不管你多么努力或频繁地将注意力转移到 y 思想上，你仍然深深地相信 x 思想，你并没有放弃 x 思想。所以，你不断地强烈倾向于回到与 x 思想有关的神经质行为上。

以 J 太太为例。人们认为 38 岁的 J 太太是一个美丽而有天赋的女人。当她没有由于可怕的偏头痛而整天卧床，并恶毒地同她的丈夫和两个十几岁的孩子打架时，她是一个迷人的同伴、女主人和俱乐部女会员。所以，为了避免愤怒，相对远离偏头痛，J 太太大量饮酒，服用大量镇静剂，并且热情地投身于一个新唯灵论组织中，该组织相信转世说，认为这个充满悲伤和泪水的人生只是未来没有尽头的"真正人生"的序幕。

J 太太几乎成功了。她在大多数时候处于半醉半醒之间，并且热情地向其他人传授她的唯灵论观点，因此她相对来说很少有时间使自己感到不安，对他人感到愤怒，陷入偏头痛之中。不过，当酒精消退时，当关于后世人生的图景几乎无法解决这个世界的问题时,她的神经过敏症状又回来了,而且火力十足。实际上,她很难抑制对于周围人的愤怒,因此就连她的唯灵论朋友也开始反对她的行为,他们剥夺了之前兴奋地授予她的一些高级职位。认识到就连这个新组织也抛弃了她,J太太变得更加愤怒,她完全崩溃了。

  黎明终于来了。通过粗暴的逼迫而非温柔的劝说,J太太的丈夫把她拉进了治疗之中。他告诉她,如果她不能采取一些措施帮助自己,他和孩子就会收拾行李离开她。仅仅经过了几次治疗,我们就发现,她有一个深刻的信念:由于她的父母在她小的时候惩罚了她,因此其他人应当以极为友好的态度对待她。她认为,所有和她关系密切的人(尤其是她的丈夫和孩子)都应该无条件地尽最大努力使她的生活变得轻松,从而补偿她过度艰辛的童年。

  当J太太在正常的人际交往中发现,她的亲人和朋友在对于她的迎合上似乎持有不同的观点时,她感到了愤怒,并且尽最大努力让他们认识到自己"极端的不公正"。当一切符合她的意愿时(这种情况当然很少),她感觉不错。不过,在遇到阻碍或挫折时,她感到很痛苦,试图通过使其他人感到同样的痛苦来转移自己的注意力。

  酒精和镇静剂常常使J太太在短暂的时间里"感觉良好",此时生活中的一切不公平似乎变得没有那么不公平了。承诺为她带来最美好来世的唯灵论观点可以使她暂时远离招致不公平的行为。不过,这种注意力的转移无法持续。而且,它们无法改变她衷心持有的"世界必须成为一个更加友好、更加轻松的地方,她身边的人现在必须通过对她的迎合弥补她过去经历的恐怖"的信念。

  在根据理性情绪行为疗法进行个体和集体治疗的一年半时间里,我(哈珀)首先帮助J太太获得了一号洞见,即她的极端敌意和偏头痛困扰在很大程度上来自她自己的行为,而不是仅仅来自其他人的"糟糕"。这些问题伴随着这样的非理性思想:"因为我过去受过苦,所以人们现在必须以绝对的友好对待我。"

  在帮助J太太认识到她的神经质行为背后的一些主要信念以后,我(在她的治疗小组成员的帮助下)引导她获得了二号和三号洞见:"既然我认识到，我的不安在很大程度上是由自己经常重复的关于所有'可怕的不公平'的内心信念所导致的，那么我最好不断地反驳、质疑、挑战和改变这些信念。这是因为，我不仅不断地使自己相信人们以不友好和不公平的态度对待我（他们有时的确有可能这样做），而且认为这种不公平不应该存在，否则就太可怕了。什么事情使它如此可怕呢？当然，什么也没有。是的，这很令人遗憾，因为我无法不断得到自己想得到的事物。但是可怕？完全谈不上，除非我把它定义成可怕！

为什么人们一定不能以他们平时对待我的不友好方式对待我呢？我找不到他们不以这种方式对待我的理由，尽管我可以想到我希望他们不以这种方式对待我的许多理由！如果人们不以我所偏爱的方式迎合我，我会很难受！不过，我最好说服自己相信，我仍然可以过上快乐的生活，尤其是通过迎合自己的方式！"

当J太太开始获得二号和三号洞见（她不断重复着苛刻的思想，她最好不断努力改变这种思想及其导致的愤怒感觉）的时候，她把饮酒量减少到了每天一两杯鸡尾酒，扔掉了镇静剂，明显减少了对丈夫、孩子和朋友的愤怒，包括他们（作为容易犯错误的人类）行为不公正的时候。她越是接受社会现实，拒绝再次对其进行"妖魔化"，对唯灵论就越不虔诚。正如她在一次治疗结束时所说："当我知道如何使这个人生变得如此快乐的时候，我为什么还要为非常可疑的后世而操心呢？"

关于发现和减少神经质行为的补充观点

作者：罗伯特·H.摩尔博士

（《理性生活指南》第2版的贡献者）

通过直觉发现神经质行为或对自身不利的行为不是很难，尤其是发现其他人的行为。不过，关于自己的非理性，我们大多数人至少在某种程度上是看不见的。为了以一致的方式确定某人是否神经过敏，某种具体行为是否属于对自身不利的行为，我们最好采用一些指导标准。小马克西·C.莫尔茨比博士指出，下列人员具有非理性或神经过敏的表现：

1. 经常以不准确的方式感知事物。

2. 严重危害自己的安全。

3. 习惯性地阻碍自己朝选定的目标前进。

4. 常常经历超出自身舒适范围的内心波动。

5. 毫无必要地在自己和他人之间制造冲突。

让我们看一看符合上述每条标准的一些具体行为。

经常以不准确的方式感知事物：实际上，同不准确地感知事物相比，我们大多数人更常见的做法是不准确地对事物进行润色。我们通常会看到能够看到的事物，听到能够听到的言论，不会对其进行过于严重的歪曲。我们之所以走上通往各种"误解"的花园小径，是因为我们对空白进行了正常的填补，以便看到更大的画面。我们常常通过默认、推断、猜测、料想、解释、预测、推测、演绎、外推、假定、揣测、归因、假设、预言和领会言外之意的方式填补空白。

请理解这件事，能够以这些方式"看到"感觉器官能力范围以外的事物是人类的一种智力特权。对非凡大脑能力的运用本身没有任何错误。不过，我们每个人都有责任以尽量合理和公正的方式使用这种能力。许多人在某种程度上没能负起这种责任。神经过敏者在这方面常常表现得很糟糕。

和那些"通过玫瑰色眼镜"看世界的人一样，神经过敏者用他们的非理性信念和预期对感知到的事物进行了染色。他们常常将自己对于所见所闻的最大胆的猜测和毫无根据的假设上升到确定无疑的高度。更糟糕的是，他们的做法违背了理智以及朋友和亲人的宣誓证言。例子："她怀孕了，我可以打赌，孩子不是她丈夫的。""我不相信那个人是这份工作的最佳人选。这里面全是政治。"

在被要求对事件做出更加客观的介绍时，人们常常用道德观和个人观点代替描述，并且做出相应的主观判断和评价。在怀疑的指导下，神经过敏者常常认为其他人怀有奇怪的、不友好的甚至具有敌意的动机和目的，他们还会谴责大到整个种族或性别的群体。例子："我知道她恨我。我最好在她开枪之前离开。""你知道他那种人，他们都一样。"

严重危害自己的安全：伟大的事情有时是由敢于承担预期风险的人完成的。不过，大体上明智而精于计算的人不会沉溺于不加保护的性行为中；不会吞下某人在派对上向他们提供的任何药片；不会用房租的钱进行货物贸易；不会在不戴保护头盔的情况下骑摩托车；不会在患上肺气肿以后继续吸烟；不会过度进食，为心脏和其他重要器官带来负担；不会在开车时远远超过速度限制；不会年复一年地不提交所得税申报单；不会通过诱导自己呕吐以保持苗条；不会为了保持深褐色的皮肤而避免使用防晒霜。

习惯性地阻碍自己朝选定的目标前进：神经过敏者有时允许自己的不安、拘谨或不现实的预期破坏自己的职业生涯和个人生活。下面的案例说明，就连聪明、勇敢的人也会自讨苦吃。

黛比以美国大学优等生的身份毕业于一所重点州立大学，但她之后似乎无法处理好自己在个人和职业上的优先事项。她很想走上社会工作者的职业道路，但她被一种深刻的个人无力感所困扰。在很长时间里，她无法为她所工作的诊所安排面试时间。她被焦虑压倒，无法与同事舒适地交往，而且羞于向治疗师透露她缺乏自我接纳的问题，因此她在某一天突然辞去了工作，完全放弃了她的职业生涯。不久，她把自己的所有个人物品装进了另一个没有工作的家伙的面包车，离开了所在的城镇。

常常经历超出自身舒适范围的内心波动：同那些神经质倾向对职业目标或个人目标造成破坏的人相比，一些拥有勇敢灵魂的人努力前进，完成了人生目标，但在这个过程中，他们在个人压力方面付出了巨大的代价。他们几乎总是错误地认为，他们的焦虑来自巨大的责任、周围人的不理智或者某种特殊的不幸。他们错误地认为自己感到不安的原因完全超出了他们的控制范围，因此他们很少会接受自己本应接受的治疗。

不知为什么，他们没能注意到，他们的许多朋友和同事每天也在应对同样的责任、同伴和不幸，但是这些人并没有感觉到情绪波动。因此，他们在人生中艰难前行，时而愤怒地爆发，时而生气地将自己封闭起来，时而由于自己的痛苦而责备一切人和一切事情。他们常常患上各种身心疾病，比如溃疡、高血压、结肠炎、昏厥、皮疹、头痛、过敏反应以及异常疲劳。更糟糕的是，他们最后常常对一种或多种调节情绪的药物上瘾。

毫无必要地在自己和他人之间制造冲突：在各种非理性情绪的驱使下，一些人形成了与自己和他人做斗争的习惯。他们不会直接让别人愤怒或不耐烦地对待他们，但是他们的态度极具对抗性，或者他们的沟通技巧非常贫乏，因此只有圣人才有耐心和他们维持愉快的对话。下面是这些人无意识地（有时是有意识地）破坏人际关系的一些习惯和策略。

　　a. 告诉你什么是你的"真正想法"，而且常常不顾你的强烈反对。

　　b. 让你以"你所喜欢的任何方式"接受他们的话语。

　　c. 坚持认为你对某事没有产生你所产生的感觉，或者你不应该产生这样的感觉。

　　d. 在他们还没有理解你想说什么的时候结束与你的对话。

　　e. 认为你应该理解或同意他们的观点，因为你"之前这样说过"。

　　f. 故意夸张或歪曲你的观点，以便使其显得可笑。

　　g. 对任何与批评稍有类似的事情做出激烈的反应，就像背后被人捅了一刀一样。

　　h. 认为你应该对他们的快乐、痛苦或整体生活质量负责。

　　莫尔茨比博士的五项标准是一种确定非理性或神经质行为的优秀经验法则。不过，是什么使人们做出这种明显对自身不利的举动呢？

　　对于神经过敏根源的讨论主要是对扭曲思想的讨论。如果将心灵／大脑比作计算机，那么大多数人本质上是糟糕的程序员。他们很少能够做好在不完美的世界中快乐生活的准备。神经过敏者在这方面的表现尤其糟糕。虽然非理性行为有时来自错误的"硬件"，比如神经功能缺损，但它也来自错误的"软件"，来自由自己创造的、对自身不利的非理性信念。

　　在理性情绪行为疗法中我们发现，神经质行为主要来自将个人偏好上升为绝对要求的人类自然倾向。我们指出，人们在实践中往往倾向于将他们的希望和愿望当成"需要"和"必须"。他们频频将个人目标和期望提升为严格的非理性规则，认为包括自己在内的每个人都必须遵守这些规则。这样一来，当某人违反他们的规则或者事情没有按照他们的要求发展时，他们就会变得不安。

　　这种情绪困扰的机制不难掌握。乍一看，它似乎是一种"刺激"和"反应"，似乎是某件不幸的事情发生在某人身上（刺激），这件事本身使他们变得不安（反应）。不过，你之所以产生这种印象，仅仅是因为当某件不幸的事情发生时，唤起情绪的重要元素（非理性思想）几乎立即开始了行动。当然，你在很大程度上没有认识到这一点。

情绪困扰的真正机制是"刺激—信念—反应"，我们在理性情绪行为疗法中称之为"行动—信念—后果"。这是理性情绪行为疗法中著名的情绪唤起 ABC 模型使用的词语。这个模型的关键是，生活中的事件（行动）本身不会直接使我们感到不安（产生令人不快的情绪后果）。相反，这种不安在很大程度上来自我们的非理性要求，来自我们的"应该""理应"和"必须"（信念）。

希望我们的人生没有灾祸地平稳前进，希望我们的朋友、家人和同事表现得客气甚至令人愉快的想法是足够理性的。另外，坚持认为事情应当平稳地前进，灾祸一定不能发生，我们人生中重要的人应该按照我们多次告诉他们的方式行事的想法基本上是非理性的。不过，作为一个物种，我们自然倾向于具有这些对自身不利的扭曲的思想。

幸运的是，我们不需要屈服于这种自然倾向，在我们的余生中维持神经过敏的状态。作为对我们的思考方式负主要责任的人，我们可以纠正自己的错误，"调试"错误的程序，克服这种常见的人性弱点。我们可以努力而认真地做到以下几点：

1. 提高客观性，消除混乱的事实和推测。
2. 摆脱不断使自己陷入危险之中的习惯。
3. 除去与更重要的目标相冲突的事项。
4. 将对自身不利的要求和诅咒替换成现实的偏好与评价。
5. 接受我们和其他人是容易犯错误的人类这一事实。

我们真的可以改变这种习以为常的精神状态吗？当然。这很容易吗？不，但是那些勤奋地使用理性情绪行为疗法中的认知、情绪和行为"工具"的人非常有机会取得成功。

Chapter 7
第 7 章

克服过去的影响

我们的批评者常常说："这些关于'人们通过糟糕的人生理念使自己产生情绪困扰'的说法听上去都很有道理。不过，我们完全无法控制的过去的重要影响如何呢？例如，童年的俄狄浦斯情结或者可能经历过的父母的严重排斥如何呢？这些事情不会开启我们的不安吗？如果我们只关注改变目前的思想，那么我们如何克服这些过去的影响呢？"

这些问题问得很好。不过，根据我们的理性情绪行为疗法理论，解答它们也是比较容易的。

让我们首先考虑俄狄浦斯问题。我们假设弗洛伊德信徒所持有的"一些甚至所有个体在童年时都拥有俄狄浦斯情结，在情感上受到了伤害"的观点至少是部分正确的。我们仍然可以通过理性情绪行为疗法改变这些人目前的思想，克服他们早期家庭罗曼史的严重影响吗？

的确可以。让我们首先看看所谓的"俄狄浦斯情结"是如何产生的。男孩哈罗德贪恋母亲，憎恨父亲，对于自己对母亲的性欲望感到内疚，担心父亲想要对自己进行阉割。因此，他在接下来的人生中惧怕年长的男性，拒绝与他们竞争（比如在商业上竞争），或者极其努力地迎合他们，以便获得他们的喜爱。这种个体拥有非常典型的俄狄浦斯情结吗？是的，很有可能。

让我们进一步假设，根据正统弗洛伊德信徒的观点，哈罗德最初之所以获得恋母情结，是因为他的性本能（他的身份）推动他朝着贪恋母亲的方向发展。接着，他的超我（良心）强迫他对于乱伦思想感到内疚，憎恨自己和父亲。即使发生这种情况（在我们的社会里，这种情况通常不会发生，因为许多男孩子显然不会贪恋母亲或者非常嫉妒父亲），问题依然存在：哈罗德对母亲的依恋是否意味着他一定拥有俄狄浦斯情结？答案是：绝对不是。

所谓的"情结"包括关于一组不幸事实的负面思想。例如，如果约翰在身体上弱于亨利，我们可以说他拥有弱点或者逊于别人。不过，如果我们说约翰拥有自卑情结，我们的意思是：（1）当他与亨利进行比较时，他看到了自己的弱点；（2）他认为拥有这种弱点的自己是弱小或没有价值的人。（1）是对事实的陈述，（2）则是对事实的过度泛化。约翰的情结是他对自己身体的弱点的总结，而不是弱点本身。

俄狄浦斯情结也是如此。哈罗德可能"自然"而"正常"地贪恋母亲，对父亲感到有些嫉妒。不过，如果他在感到贪恋和嫉妒的同时不认为拥有这些感觉的自己是一个缺乏价值的人，那么他将只有对母亲的依恋，不会有俄狄浦斯情结。

如果哈罗德的确拥有充分的俄狄浦斯情结，我们也许可以非常肯定地相信，除了承认他对母亲的贪恋以外，他还相信：（1）他的母亲、父亲和其他人必须认可他；（2）他贪恋母亲是一件可怕的事情；（3）如果人们发现他的贪恋，他们就会严厉地批评他，他们的批评很可怕；（4）如果他和母亲真的拥有性关系，那么他的乱伦罪行是很可怕的，会导致可怕的法律难题和其他难题；（5）即使他从未乱伦，他的这种想法本身也是对父母和人性不可原谅的冒犯；（6）如果父亲发现他对母亲的贪恋，那么父亲无疑将会诅咒和惩罚他，甚至是阉割他；（7）如果发生上述任何事情，他就会变成极为糟糕的人。

只要哈罗德强烈地相信上述关于贪恋母亲一事的想法，那么这些想法是否"正确"并不重要。例如，他可能不需要父母和其他人的认可，他在没有这种认可的情况下也可以过得很好。考虑与母亲发生性关系不一定会使他陷入严重的困扰之中。如果父亲发现他的乱伦想法，父亲不一定会阉割他。这并不重要。只要哈罗德相信和接受这些"真理"，他就会倾向于陷入严重的困扰之中。

因此，虽然哈罗德的恋母情结或愿望可能具有生物学基础，但他的俄狄浦斯情结并非来自这些愿望，而是来自他关于这些愿望的思想和态度。这些思想和态度在某种程度上是他习得的，这取决于他所成长的环境。

因此，如果哈罗德希望克服他的俄狄浦斯情结及其可能导致的神经过敏症状（比如惧怕其他男性），他不需要改变自己的乱伦欲望（他可能几乎无法做到这一点），但他需要改变对于此事的想法。他不需要放弃对母亲的贪恋，但他需要停止认为这种贪恋非常可怕、非常罪恶的想法。

更重要的是，要想摆脱俄狄浦斯情结，哈罗德不需要改变甚至充分理解自己过去对于依恋母亲的想法，不过，他最好获得关于自己目前仍然存在的对待乱伦的态度的一号、二号和三号洞见。例如，假设他曾经贪恋母亲，身体虚弱，无法站起来反对街区里的其他男孩子，并且担心父亲对他进行"阉割"，不是因为他犯下了可怕的乱伦罪行，而是因为他觉得虚弱的自己"应当"受到惩罚。假设他在后来的人生中长得更加高大，不再害怕街区里的其他男孩子，因此不再担心自己由于"没有价值"和"糟糕"而受到父亲的"阉割"。

在这种情况下，如果哈罗德现在获得关于过去的阉割恐惧和俄狄浦斯情结的洞见，他几乎无法获得关于自己的有用信息。因为他最初的情结不再以旧有形式存在，他现在可能会将其详细的来源信息看作冰冷而毫无意义的"土豆"。不过，如果哈罗德到今天仍然保持着过去的俄狄浦斯情结的活跃残余，那么我们可以猜到，他仍然拥有最初使他获得这种情结的一些非理性信念。

我们可以帮助哈罗德发现这些残存的信念并获得关于它们的一号、二号和三号洞见。这样一来，他是否充分记得、理解或解决最初的非理性（根据弗洛伊德理论，他必须通过这种方式"治愈"他的疾病）就变成一件无足轻重的事情。

因此，如果现在的人仍然存在某种情结并且受到了它的干扰，我们可以认为他们现在拥有一些关于这些情结的没有意义的思想。这些思想很重要，不管他们最初的情结来源是什么。这解释了为什么众多非弗洛伊德精神分析学家，比如阿尔弗雷德·阿德勒、埃里希·弗罗姆、凯伦·霍尼、奥托·兰克和哈里·斯塔克·沙利文，强调分析患者目前的问题、思想和关系，而不是沉迷于他们过去经历的残酷细节。此外，治疗师千辛万苦获得的关于患者过去经历的童年"记忆"，常常是这些治疗师通过不当行为创造出来的虚假或失真的故事。

为了说明过去的经历对于理解和解决目前的不安几乎是不重要的，让我们再举一个例子，这个例子涉及父母的排斥。假设你受到了父母的严厉批评和排斥，"因此"感到很讨厌，并且感觉自己能力不足，拒绝尝试某些项目，最终越发感觉自己能力不足。

在这种情况下，你会感到不安。不过，导致这种不安的是父母排斥你这一事实还是你关于这件事的信念？

答案在很大程度上是后者。这是因为，父母的排斥本身不一定是有害的。诺曼·加梅齐博士、劳伦斯·卡斯勒博士以及其他人的研究表明，在我们的社会里，不是所有受到排斥的孩子都会变得很糟糕。有报道指出，在其他社会里，受到母亲严厉批评和排斥的孩子并没有在成长时感到不安。精神分析学家莉莉·E.皮勒在这方面写道：

> 我曾有机会观察巴勒斯坦和埃及农村地区的阿拉伯孩子，那里几乎没有人考虑他们的福利，他们需要经历成人情绪变化的影响，他们的愿望和需要是无足轻重的，他们似乎是一种讨厌的存在。即使他们能够躲过父母的暴行，也躲不过许多兄弟姐妹和不比他们大多少的叔叔阿姨的欺负。不过，这些孩子并没有由于缺乏关爱而变得神经过敏。

儿童受到的伤害不是由父母的排斥直接导致的（尽管这对孩子没有好处），而是由他们习得和创造的关于这种排斥的信念导致的。这些信念常见于童话故事和儿童故事中，包括下列观念：（1）你的父母必须表现出关爱和认可，如果没有，这说明他们的表现很糟糕；（2）如果他们排斥你，你应该感觉自己没有价值；（3）如果你认为自己没有价值，就应该在重要任务上不断失败；（4）如果你的确失败了，就说明你犯下了可怕的罪行，而这又证明了你没有价值；（5）如果你由于担心失败而回避某些任务，从未学会很好地完成这些任务，就说明你永远没有任何能力，并且再次证明了你是没有价值的。

这是否意味着小孩子不需要关爱和认可，并且可以在没有关爱和认可的情况下保持快乐，不会变得神经过敏？完全不是。正像约翰·鲍尔比和其他许多研究人员证明的那样，几乎所有孩子都天生具有强烈的依附愿望，当他们失去爱抚、抚摸和其他关爱时，他们往往会感到非常悲伤和孤独，并且常常感到抑郁。正像哈里·哈洛指出的那样，没有获得足够刺激的小孩子（和猴子）无法实现正常的神经发育，最终通常会在一些重要方面出现功能欠缺或功能不全的问题。

所以，要想拥有正常的功能和情绪，小孩子需要大量的关注、支持和关爱。当他们受到严重忽略、严厉批评、过度限制或身体虐待时，他们通常会陷入情绪困扰之中，很容易形成"自己能力不足、没有价值"的观念。虽然这并不适用于所有情况（因为一些孩子从出生时起就异常坚强），但它通常是事实。

为什么会这样？理性情绪行为疗法理论认为，在最重要的需求被剥夺时，几乎所有人都会感到自然而健康的悲伤和失望，有时这种感觉非常强烈。这很好！因为这样一来，他们就会努力改变他们所经历的糟糕条件，或者让其他人帮忙改变这些条件（尤其是在小时候），以弥补被剥夺的需求。

不过，在遇到"真正"可怕的事情时，几乎所有人（尤其是孩子）都会超越悲伤和失望的感觉。他们坚持认为这种极为可怕的事情绝对不应该存在，而且一定不能存在；他们错误地认为可怕的环境将会永远存在，并且永远不会改善。因此，他们先是"建设性地"让自己感到悲伤，决心改善自己的境遇。不过，他们常常也会"破坏性地"让自己感到抑郁和无望，决定哭泣和放弃，使事情变得更加糟糕。

由于孩子无法很好地应对巨大而持续的逆境（A点），由于他们的应对能力有限，因此他们更容易以绝对的"必须""永远"和"从不"进行思考（B点，即他们的信念系统），从而将他们的情绪后果（C点）从悲伤和遗憾的健康感觉转变为抑郁和无望的不健康感觉。这样一来，抑郁的感觉就会导致更加低效的行为，这通常又会使他们感到更加抑郁。

更糟糕的是，他们常常会经历常见的"习惯化"过程，抑郁的孩子在痛苦的状态中会感到"舒服"，在费力地脱离这种状态时会感到"不舒服"。他们不断告诉自己（还是B点！）："我必须表现良好！我一定不能抑郁！我无法忍受可怕的环境！我的人生将永远保持着痛苦和毫无价值的状态！"就像那些由于在追求目标时不断受挫而获得"习得无助"的马丁·塞利格曼的老鼠一样，孩子们常常故意相信他们"无法"做出改善。因此他们会放弃，从而使自己变得"无望"。

当然，孩子比老鼠或豚鼠聪明。到了大约两岁以后，他们不仅可以用语言帮助自己思考，而且会对自己的思考进行思考，随后对他们针对思考的思考进行思考（元思考）。因此，他们接受了父母的观点——"你必须表现良好，否则你就是糟糕的孩子"，并且添加了自己的要求和自我贬低："'我表现良好和取悦他人'是一件非常令人满意的事情，因此我必须这样做！由于我没有取得必须取得的良好表现，因此这很糟糕，而且我是一个糟糕的孩子！"

我们想说什么呢？第一，孩子会学习什么是"对"和"错"，了解自己的"好"行为的优点和"坏"行为的缺点。第二，他们自然而健康地对他们的"好"行为感到快乐，对他们的"坏"行为感到悲伤，因为他们同意其他人的观点：他们的"坏"行为是不可取的，是一种惩罚，他们最好纠正自己的错误。第三，他们还了解到，他们必须表现良好，否则他们就是糟糕的孩子。这是一种不正确的过度泛化。不过，由于易受影响，生来具有过度泛化的倾向，他们常常会接受这种歪曲的思想，将其坚实地融入他们的基本理念或信念系统（B）之中。第四，孩子自身拥有不现实的从"我希望表现良好，并且喜欢因此获得良好的结果"跳到"我必须表现良好，必须因此获得良好的结果"的内在倾向。他们还很容易从"如果我表现不佳，失去别人的认可，那就太糟糕了"跳到"如果我表现不佳，失去别人的认可，那么我很糟糕"。第五，当他们习惯于这种对自身不利的"必须化"和自我诅咒模式时，孩子、青少年和成人有能力看到这种模式具有多大的破坏性，并且有能力通过挑战和反驳这种模式的思想、感觉和行为改变这种模式。不过，在缺乏帮助的情况下，他们很少能够做到这一点，除非某种明智的学说或疗法帮助他们认识到自己的思想、感觉和行为具有多大的破坏性，并且鼓励他们努力将其改为更加健康的生活方式。

回到我们的主题上来。父母的排斥通常非常有害，它会促使儿童憎恨自己，而且通常是一种严重的逆境（A）。它是残忍而不公平的，也许应该有一部阻止它的法律。不过，它似乎总是伴随着（B）孩子关于 A 的信念，他们同意排斥他们的父母的信念系统，并且添加了自己的"必须"和自我诅咒。逆境对孩子的焦虑、绝望和自我贬低起到了极大的作用。不过，真正使他们感到不安（C）的是 A 与 B 的结合。

同样的道理，如果没有关于自身遭遇的可以给人带来创伤的思想，那么除了身体攻击和极度贫乏以外，人类很难感到严重受伤。这是因为，除了在身体上伤害你或者剥夺你的一些必需品以外，外部的人或事物又怎么能使你产生极度的痛苦呢？

人们当然可以辱骂你，不同意你的观点，告诉你他们不爱你，煽动其他人反对你。不过，除了剥夺你的食物、衣服、住所或者其他身体方面的必需品以外，他们能做的只是用负面的语言、态度或想法批评你。所有这些都要通过你来发挥作用，只有你自己才能让它们影响到你。

假设某人在你背后发表了关于你的不友好言论，或者当面冷落你，煽动其他人反对你，在文章中将你称为骗子。这些都是语言或姿态，而任何语言或姿态都无法自动伤害你，除非你认为它们可以，你允许它们或者让它们伤害你。那么，当某人对你发表不友好的言论时，你是否可以完全不理会呢？或者，当他撰写关于你的恶意文字时，你是否可以完全不在乎呢？

不可以！我们不同意爱比克泰德和其他斯多葛派哲学家经常推荐的那种极度不关心或不参与的态度。为什么？因为关心和参与拥有许多独特的优点，我们不希望你过度恬淡地（麻木地）将其忽略。

关心（以及关切和谨慎）可以帮助你生存。如果你不关心在过马路之前观察车辆，或者在感到饥饿时安排饭食，你能生存多久？

关心可以使你更好地应对讨厌而不公平的逆境。如果你不关心别人对你的恶劣对待，你怎样成功地与同伴或同事相处呢？

关心可以增进你的快乐。如果你不对自己的某些言行保持谨慎，你能建立令人满意的友谊、找到合适的伴侣或者维持良好的爱情吗？

关心有助于你所选择的生活社区的良好发展。如果你不参与社会，你能避免在街道上扔垃圾、鲁莽地开车或者严重地虐待儿童吗？

所以，一定要关心和关注你自己的行为及其对他人的影响。不过，你应该努力对抗过度担忧或焦虑的感觉。二者的含义是完全不同的!

换一种说法:你会经历两种基本的痛苦类型:(1)身体上的痛苦,比如你在头痛、脚趾骨折或者消化不良时感到的痛苦;(2)心理或精神上的痛苦,比如你在受到排斥、经历挫折或者受到不公正对待时感到的痛苦。对于身体上的痛苦,你的控制力相对很小,因为你可能会受到外部力量的伤害(比如某人打你或者某个东西掉在你身上)。在遭到身体攻击时,你通常会在某段时间里感到痛苦和不快乐。

不过,即使是身体上的痛苦,你也常常可以在某种程度上控制你的不适。如果你感到头痛,并且不断告诉自己患上这种头痛多么可怕,你很可能会强化和延长你的不适。不过,如果你拥有同样的头痛,并且不断告诉自己,你无法摆脱这种疼痛,但你完全可以忍受这种痛苦,你只是在经历人类经常经历的某种不幸事件,那么你可能会降低你的痛苦。

身体上的痛苦和不快乐并不具有相同的含义,但它们存在明显的重合。你可能拥有比较严重的疼痛,感到不是很快乐;你可能拥有轻微的疼痛,感到非常不幸。因此,使你感到不幸的不只是痛苦本身,还有你对它的态度。

对于第二种痛苦,即心理或精神上的不适,你拥有更大的控制力。这是因为,你对这种痛苦的态度在一定程度上导致了你的不适以及你因此而感到的不幸。

因此,如果有人不公平地将你称为骗子或懒汉,你可以选择认真对待这些言论,也可以选择不太认真地对待这些言论。如果你选择后者,并且告诉自己,你重视他们对你的看法,但你可以忍受他们对你的批评,那么你往往会对他们的反感感到遗憾。如果你选择过于认真地对待这些言论,坚持认为你必须获得他们的认可,你很可能会使自己感到羞愧和抑郁。如果你完全不把这些言论放在心上,认为你不是骗子或懒汉,而且不在乎他们对你的看法,那么你甚至不太可能对他们的辱骂感到悲伤或恼怒。

当你因为心理或精神攻击而感到受伤的时候,你通过贬低或怜悯自己创造出了这种感觉。假设人们将你称为骗子,由于你希望他们支持你,因此你对于"他们错误地认为你在说谎"一事感到遗憾。如果你认为自己在说谎,并且为这种谎言而谴责自己,你就会感到内疚或抑郁。此外,当你由于说谎而贬低自己时,你可能会"发现"自己的其他糟糕品质,其中一些品质甚至是你所没有的!你感到极为消沉,因此你发现了不存在的缺点或者放大了真实的缺点。

另外,如果你完全接纳自己,避免任何形式的自我诅咒,你很可能会想:"我很少说谎,为什么他们说我是骗子呢?他们错了!现在,让我想想我应该怎样向他们展示我很少说谎。"

或者,在一些情况下,你可能会想:"我相信他们是正确的。我说了一些谎话,我最好承认这一点。如果我想让人们信任我,我最好停止说谎。所以,我可以停止愚蠢的说谎行为,证明我可以诚实地对待别人。"

因此,当你感到遗憾或悲伤的时候,你的经历与你感到受伤时的经历是不同的。悲伤和遗憾属于健康的感觉,受伤则不同。人们可以通过语言、手势或态度为你带来危害或者剥夺你的感情。不过,当你感到受伤时,你"神化"了他们的指控,因此"伤害"了你自己。

假设你多年来一直友好地对待一个亲密的女性朋友,但她突然不公平地指责你不体谅别人,并且刻薄地批评你。你说:"她的行为使我很受伤!唉!"

不过,你的"受伤"主要包括自我贬低和自我怜悯。它是你通过愚蠢的想法创造出来的:"我竟然对她那么好,我真是个傻瓜!我无法忍受她对我的糟糕印象!如果她认为我毫无价值,那么我一定毫无价值!如果其他人看到我曾经的朋友现在这样对我,他们会怎样看待我?我无法忍受他们看到我如此不体面的状态!我真可怜!"

你的想法愚蠢在哪儿呢?答案有几点:(1)你几乎不会由于偶尔表现愚蠢而成为傻瓜;(2)你可以忍受过去的朋友对你的糟糕印象,尽管你永远不会喜欢这一点;(3)即使她现在认为你是没有价值的,你也不需要同意她的观点;(4)如果其他人认为你的朋友现在对你的刻薄态度让你丢脸,那么你可以忍受他们的这种想法。如果你面对并有力地反驳自己现在得出的混乱结论,那么你几乎一定会迅速结束"受伤"的感觉。你只会感到恼怒,感觉自己失去了朋友。

你可以将心理上的痛苦(或负面感觉)分为健康和不健康的痛苦。当你遇到一件讨厌的事情时，你最好产生关心和关切的感觉，即健康的悲伤、失望、遗憾、懊悔、沮丧或恼怒。不过，你最好不要感到过度关心和过度关切，即不健康的恐慌、自我贬低、惊惶、抑郁或暴怒。

强调过去的"巨大"影响的精神分析疗法往往认为，孩子在早期一定要积极地提出要求和哭泣，并在遭到父母的拒绝和忽视时感到极度受伤和自我憎恨。他们不需要这样做，尽管他们常常选择感到受伤，这不是因为他们的父母不公平，而是因为他们不现实地坚持要求他们的父母一定不能做出不公平的表现。大量证据表明，一些很容易感到不安的孩子在早期遭到了许多不公正对待，其他许多人则不是这样。

即使小孩子拥有在被剥夺基本权利和遭受挫折时使自己感到不安、极为受伤和愤怒的强烈倾向，他们在成长过程中仍然可以做出另一个重要选择：在这方面保持或不保持幼稚的状态。这是因为，随着年龄的增长，他们不仅知道了侮辱性语言和手势会使人痛苦（造成名誉损失），而且知道了他们不需要感到受伤（主动贬低自己）。成人基本上可以选择相信伤人的或不伤人的思想。如果你遵循这本书的理论，你可以成功地做出这种选择。

不管你过去的历史是什么，不管你的父母和老师对你的不安感觉起到了怎样的促进作用，你之所以维持着这种感觉，是因为你仍然相信自己最初持有的一些不现实和非理性的思想。因此，要想解除你的不安，你可以研究这些对你不利的信念，努力去除它们的危险性。你对于"自己最初是如何变得神经过敏的"的理解也许可以起到某种帮助作用，但它几乎无法彻底解决你的问题。

总而言之，情绪困扰通常来自你的非理性信念。你可以发现使自己感到不安的基本而不现实的思想，清晰地认识到这些思想具有多大的误导性，并且根据更好的信息和更加清晰的思考改变这些使你感到不安的信念。

Chapter 8
第 8 章

理智永远理智吗

老实说，人类在清晰地思考和良好地表达情绪方面存在困难。不管我们多么聪明，受过多少教育，都极其容易做出愚蠢的行为。这不只是一生中的一两次。相反，这是经常发生的！是的，很频繁！

那么，我们可以将人类称为理性动物吗？答案既是肯定的，也是否定的。人类拥有你所见过的最令人难以置信的常识与愚蠢的混乱组合。当然，我们用我们的头脑创造了奇迹，还将继续创造奇迹，我们远比关系最近的动物邻居（高等猿类）聪明，就连人类中的傻瓜也常常比这些最聪明的哺乳动物更有头脑。

是的，人类是高度理智的动物。不过，他们也具有以最可笑、最偏颇和极为愚蠢的方式行动的强烈倾向。他们天生易受影响，迷信、顽固，并且极为愚蠢，尤其是在与其他人的关系方面。即使他们知道自己正在做损害自己的事情，并且知道如果不这样做，他们就会变得更加快乐、更加健康，他们也很难选择合理而理智的行为，他们常常在短期内表现得合理而理智，然后不断回到不成熟的行为上。

举一个典型的例子。当我（哈珀）在办公室里第一次见到马洛时，我可以将她称为极具魅力、非常聪明的女人。她23岁，是某大公司总裁的优秀秘书。虽然她只受过高中教育，但她从19岁起就开始为这家公司工作。由于她那令人愉快的性格和聪明的头脑，她很快从20名女性速记员中脱颖而出，获得了公司里权力最大的秘书职位。

不过，马洛的爱情生活远远没有这么出色。20岁那年，她遇到了一个

老男人，在认识他几个星期以后开始和他同居。后来，她吃惊地发现，他不想和妻子离婚。她相信，她已经没有活下去的必要了。她服用了大剂量的安眠药。她被朋友发现并及时送到医院。在洗胃以后，她与死神擦身而过。

浪漫的故事发生了。为马洛洗胃的当地年轻医生保罗迅速爱上了她。他们开始约会。她在几个月的时间里一直抗拒他的追求，因为在与第一个情人的经历后，她认为所有男人都很"恶劣"。换句话说，这个非常聪明的女人极其轻松地犯下了所有逻辑教材里最为可笑的错误之一——荒谬的过度泛化。因为一个情人对她说谎，所以她认为所有潜在情人都是这样不负责任。

马洛不合逻辑的思想还不止于此。通过极度的耐心和理解，保罗克服了她的恐惧，最终说服她相信，他的确爱她，想要娶她。她不情愿地同意了。令她宽慰的是，他们需要将结婚日期推迟一年，因为他需要完成学业并通过医学委员会的考核。尽管她知道保罗爱她并且值得信任，但她仍然感觉（即使在面对大量反面证据时仍然强烈相信），他实际上并不关心她。

马洛不仅觉得如果她的第一个情人曾谎称真的爱她，那么保罗也会做同样的事情，而且她告诉自己："我的第一个情人之所以离开我，不是因为他不负责任，而是因为他发现了我在一生中知道的事情，发现了我是没有价值的。由于保罗显然非常有价值，因此他不可能像他认为的那样非常关心我。只要他发现我的本质，就会像我的第一个情人在几个月后做到的那样，他也会认识到我的真正身份，并且离我而去。所以，我们最好把结婚日期推迟一年。在这段时间里，他将发现我的本质，离开我，停止关于结婚和离婚的持续噩梦。"

聪明而高效的女人马洛就是这样"推理"的。带着这种不合逻辑的想法，她秘密等待着与保罗解除婚约。她知道，当他发现她的本质时，这一天就会到来。

接着，这个不合逻辑的思考链条上的下一个"合理"步骤发生了。马洛认为她也许可以稍微相信保罗，并且认为她的确爱着他。此时，她开始感到很强烈的嫉妒和占有欲。如果他在工作日医院关门10分钟以后再来见她，她就会对他进行"三级拷问"。如果他对病人、护士或者前台露出愉快的笑容，她就会指责他调情。

在这里，马洛的非理性思想得到了延伸。由于前一个情人抛弃了她，因此这个情人可能也会做同样的事情。由于保罗看上去真的关心她，她怎么能真正肯定而绝对地知道她值得他关心呢？此外，由于她仍然感到有些犹豫，她怎样知道和确定他对于立即娶她感到犹豫呢？

像这样的种种想法不断在马洛的脑海里盘旋，使她产生了根深蒂固的不安全感，而这经常导致强烈的嫉妒。

保罗认识到马洛的嫉妒说明她自身存在不安全感，因此他耐心地忍受了她的强制性盘问，并且最终说服她在接下来的两年时间里每周三次找人进行精神分析。在大多数分析对话中，分析师和她回顾了过去的经历：虽然她爱她的父亲，而且似乎是他最喜欢的孩子，但她常常担心他会发现自己的缺点，从而更加宠爱她的姐姐。马洛的分析师认为，这种童年思维模式导致了她后来对第一个情人和保罗的大多数行为。马洛没有强烈反对他的观点，她在经历了这些分析对话之后感觉好了一些。不过，对于童年经历的挖掘并没有减轻她的极度嫉妒感。在巨大的反感和绝望中，她终止了分析。

此时，保罗自己感到灰心了，他开始觉得自己不太可能与马洛过上快乐的婚姻生活。不过，他知道她的自杀倾向，因此决定在分手之前让她再次接受心理治疗，他坚持要求她至少在我这里接受几节治疗。她和我交流了五次，并且开始改变基本的非理性思想。这时，保罗告诉马洛，他必须结束和她的关系。他把她留在了我的门口。

可以想见，我们进行了一次漫长的对话。虽然保罗在当天和马洛谈话时让她服用了一些镇静剂，但是当我们开始对话时，她还是做出了歇斯底里的表现。一开始，我几乎一直在努力帮助她镇静下来。15分钟后，她说："我知道我现在必须要做的事情。我必须完成被他推迟了3年的工作。"

"你是说自杀吗？"我问道。

"是的。"

"这当然是你的权利。你是否愿意告诉我，在你可以优雅地活下来并且持续折磨自己半个世纪的情况下，你为什么准备割开自己的喉咙呢？"我以近乎幽默的方式说道。

在与想要自杀的人进行了大量接触后，我发现，以公开、直率并且带有一些轻松幽默感的方式讨论他们的意图常常是有帮助的，在理性情绪行为疗法的治疗中，我在讨论许多非常严重的事情时也是这样做的。我还深深地相信，虽然生活拥有许多令人愉快的地方，但是任何人都有权利决定结束自己的生命，包括我的某个顾客。

因此，当某人威胁说要自杀时，我不会感到惊慌，而是像讨论其他破坏性信念那样讨论他们的非理性信念。我的顾客会认识到，我知道他们在认真地考虑自杀，而且没有否定他们的自杀权利，但我非常希望他们考虑活下去的好处，思考他们是否真的希望死去。

回到马洛的例子。"我知道我有权结束自己的生命，"她说，"我觉得自己已经没有继续存在的必要了，所以我决定这样做。生活就像一种骗人的交易。我无法相信或依靠任何人。事情总是以同样的方式收场。"

"为什么？仅仅是因为两个情人先后离你而去？你通过一个极为渺小的证据得出了一个巨大的结论！"

"正是如此，我发现情况总是一样的。"

"胡说！像你这样聪明的女人怎么会相信这种荒谬的想法呢？你的第一个情人离开你是因为他不想承担与妻子离婚并再婚的责任，保罗离开你是因为你的嫉妒的确令人头疼。我觉得二者之间几乎没有相似之处。如果你真的想与一个男人建立安全的关系，你应该表现得不那么令人讨厌，并且不再要求这个世界上的男人向你做出绝对安全的保证，不是吗？"

"不过，我怎么知道保罗不是从一开始就准备这样做，就像我的第一个情人罗杰在三年前做的那样？我怎么知道他没有故意从我这里得到他想得到的一切，然后在我们结婚之前离开我？"

"你无法肯定这一点。不过，情况看上去显然不像你想象的那样，至少我是这样想的。此外，让我们假设你的观点是正确的，保罗的确像你人生中的第一个男人那样，准备从你这里获得他能得到的性资源，然后丢下等在教堂里的你。那又怎样？这只能证明他和罗杰一样，做出了不道德的行为。不过，为什么要把它变成你的问题呢？它怎么会成为你把大脑丢在你那可爱的波斯地毯上的理由呢？"

"不过，如果我无法相信任何人，我怎么能看到自己幸福生活的希望呢？"马洛呜咽道。

"任何人？"我继续说道，"我看不出你在漫长的人生中暂时遇到的两个人怎么会等同于任何人。为了讨论你的观点，我们甚至可以说，罗杰和保罗是完全不值得信任的。那么，你必须做出巨大的过度泛化吗？如果你聘请两个女人协助你在办公室里的工作，结果两个人都不可靠，你会不会认为你一定无法找到更加可靠的人？"

"不，我想不会。我明白你的意思了。"

"还是为了讨论你的观点，即使我承认你非常不幸，连续遇到了两个表现糟糕的人，这是否证明所有人都会对你说谎，你永远也无法享受生活？"

"你似乎认为保罗和我失去他这件事是不值得考虑的事情。"马洛说（目前已经不那么歇斯底里了）。

"完全不是。更加准确的说法是，你似乎认为你自己和你失去你自己这件事是不值得考虑的事情，不是吗？"

"你是说，通过变得如此不安，通过考虑结束一切，我证明了我认为自己已经没有必要继续活下去了吗？"

"不是吗？你让我想起了一个由于超速而受到审判的女人。法官问，'夫人，你有5个孩子，年龄为1～8岁，但是你刚才告诉我，你唯一的丈夫在3年前去世了。这是怎么回事？''法官大人，'女人回答道，'我的丈夫死了，但我没死！'这个女人显然认为，即使丈夫不可挽回地去世了，生活也是值得继续的。她接纳了她自己。你呢？"

"但是，你可以看到，当人们一个接一个地拒绝你时，似乎没有人能够做到接纳自己，我又怎么能够做到这一点呢？上述事实是否揭示了什么？"

"是的，它揭示了关于你的一件事，你相信在决定接纳自己之前，你必须找到一个你所选择的接纳你的人。它揭示了你在不断评价自己，而这种自我评价取决于别人的认可。你不断以不合逻辑的方式对自己说，'如果一个情人不认可我，我就是没有价值的。而且，连续两个爱我的人都没有娶我，这证明了我最开始知道的事情：我是无足轻重的人！'你没有看到这是一种循环推理吗?"

"嗯。让我现在把思绪理一理。我一直在不断地对自己说,'只有当一个我爱的人真正关心我的时候,我才是有价值的,我才可以认为我的人生是有价值的。'接着,当我发现一个人不像我所认为的那样关心我时,我立即得出了结论,'是的,他当然不关心我。因为我一开始就说过,我没有价值。他怎么会真正关心像我这样没有价值的人呢?'如果我真的对自己说了这样的话,这的确是循环推理。"

"你没这样说吗?"

"看上去是这样的,我要对这件事进行更多的思考。"

"这正是我们所希望的。我们希望你对你的信念进行更多的思考。我们希望你在我们的治疗之外进行更多的思考。当你思考自己作为一个人的价值时,你可以对另一个重要方面进行一些考虑。"

"哪个方面?"马洛问道。她正在以一种解决问题的态度极为认真地考察自己。没有人会想到,就在几分钟之前,她曾考虑从我的办公室的窗户上跳下去。

"如果你愿意的话,考虑你对自己所交往的人(比如保罗)不断施加的巨大要求,"我说,"正是因为你觉得自己实际上是没有价值的,并且相信你需要他们的认可,以便使自己变得'有价值',所以你不是仅仅像你错误地认为的那样请求你的情人忠诚地回应你。相反,你在要求他们这样做。"

"我要求保罗认可我,不管我怎样对待他,不管我做什么?"

"是的。为了满足你自己对于绝对爱情的'需要',你希望他严格遵守你事先形成的关于'情人必须具有的表现'的观念。当他没有完全按照你认为他应该具有的方式行动时(上帝知道,你尝试了书中的所有测验,以便弄清他是否真的在以这种方式行动),你就会找他的麻烦,说他是轻浮而不值得信任的。最后,通过继续做出不理智的要求,通过强迫他,是的,你其实是在强迫他离开你,你向自己'证明'了你无法相信他。当然,你其实只是'证明'了,你是多么依赖他和其他人的全面认可。这又是一种循环思维!"

"我认为自己需要他的支持。接着,我要求他符合我所谓的'需要'。然后，他没有这样做，因为他觉得我非常讨厌。所以，我对自己说，'由于他觉得我非常讨厌，这证明了我是没有价值的，我需要他来支持我，帮助可怜而没有价值的我在这个巨大而糟糕的世界上前行。'哎呀，在这个过程中，我的确在伤害自己，不是吗？"

"的确如此！在我们帮助你相信自己之前，我们怎么能期待你去相信像保罗这样的人呢？在我们帮助你认识到'当被情人拒绝时，你不会感到恐惧，只会感到巨大的不快'之前，我们怎么能期待你与一个人良好地相处，并且不会使他觉得你过于讨厌呢？"

马洛和我就这样不断讨论下去。在谈话结束时，她不仅恢复了镇静，而且开始进行一种关于自己的新型思考，这种思考与"无条件自我接纳"存在密切的联系。我很想告诉读者，通过我们的治疗以及对于个人信念的长期反思，马洛快乐地和保罗结了婚。遗憾的是，这件事并没有发生。虽然她取得了明显的改善，但是保罗觉得他已经无法忍受她了，他只是偶尔和马洛再次见面。不过，不到一年，她找到了一个新的情人，并以更加现实、不那么嫉妒的方式和他进行了交往。

回到我们的主题：由于自身的弱点，马洛很容易把她的爱情生活搞砸，尽管她在其他方面表现得聪明而高效。她毫无困难地对自己的卑微进行了过度泛化，并且创造出了关于自己毫无价值的信念。她认为自己只想从保罗那里获得"正常"的爱，但她实际上要求他给予自己不变的爱。这个异常聪明的女人很容易产生不合逻辑的想法。

为什么？因为马洛是人类。因为人类拥有大约12年的童年，在这段时间里，我们以依赖别人的方式行动，并且无法分清理智的行为与愚蠢的行为。因为当我们脱离童年时，我们在童年时学到的"知识"往往会对我们接下来的人生产生影响。因为不管我们多么"成熟"，都很难明智地看待自己的行为以及与其他人的关系。因为我们拥有使自己感到焦虑、抑郁和敌意的强烈生理倾向，即使这种感觉不利于我们的愿望。因为我们的家人和社区从小时起就鼓励我们相信别人，听别人的话，在许多重要的方面遵守规则。因为我们作为人类，拥有懒惰、寻求刺激、喜怒无常和消极主义的强烈倾向（不是本能，而是亚伯·马斯洛所说的类本能倾向），这些倾向常常会阻碍我们进行富有成效的思考和规划。因为我们常常倾向于沉浸在对我们具有长期危害的短期快乐中，比如暴食、喝酒、吸烟。

即使人们"知道"最好应该怎样做，也常常拒绝这样做，即使人们"知道"最好应该避免哪些事情，也常常沉浸在这些事情之中。在与他人的交往上，我们往往表现得尤其愚蠢。这是因为，聪明的人类有时几乎无法在明智和愚蠢的社交行为之间做出选择。如果你独自生活在荒岛上，你也许很容易在大多数时候做出理智的表现。不过，你并没有生活在荒岛上。而且，不管你是否愿意，你不得不顺应社会的要求。不过，如果你想把握自己的命运，那么你最好同时具有一定的个人主义精神和独立性，成功地保持自己的个性。

你会发现，这两个互相冲突的目标是很难实现的。实际上，你可能会发现，你只能不完美地实现保持自己并与他人良好相处的目标。

例如，考虑你与七八个朋友围坐在一起进行交谈的情形。假设你们这个群体里的其他大多数成员都是聪明而世故的人，假设你没有严重的心事。你仍然处于一种"个体－社交"困境之中。如果你说服群体成员谈论你所感兴趣的事情，其中一些人可能很快就会感到无聊，对你"把持话题"的做法产生反感。不过，如果你完全听任其他人讨论他们想要讨论的事情，你很可能会在这个夜晚的很多时间里痛苦而沉默地坐在那里。

如果你们讨论起了一个你拥有强烈观点的话题，你诚实地说出了自己的感觉，群体里的一些成员很可能会受伤、愤怒或者感觉受到了侮辱。如果你小心地不说话，或者谨慎地表达自己拥有深切感受的一部分观点，你自己又会感到失望。

虽然你试图礼貌地让群体里的其他成员获得发言权，但是他们中的一些人可能不像你那样有礼貌。当你为他们提供开口的机会时，他们会独占对话，而且可能会强迫你对于你认为重要的一些事情保持沉默。不过，如果你断然插话，他们中的一些人可能会充满愤恨地认为他们没有充分地表达自己的想法。实际上，不管你做什么，你都无法取得完全的胜利。即使在这种简单的情形中，如果你按照自己真正希望的方式行动，群体里的一些成员也会感觉受到了约束，他们往往会对你产生反感。如果你任由群体里的成员讨论他们喜欢的话题，你自己的愿望就会受到抑制，你往往会对他们产生反感。除非你喜欢的话题与群体里的其他所有成员恰好重合（这种情况的可能性很小），否则一定会有人经历挫败，不是你就是他们。所以，你们所有人都可能感到极为不悦，更不要说焦虑和愤怒了。

当然，如果你过度关心群体里的其他成员对你的看法，事情就更复杂了。这是因为，如果你对他们的认可过于关心，你就会竭力去做他们想让你做的事情，而不是你自己想做的事情。这样一来，你往往会憎恨自己软弱的表现，并且憎恨看到自己软弱表现的他们。或者，你会做自己大体上想做的事情，并且担心他们是否仍然喜欢这样做的自己。

你对于他人认可的过度关心是一种神经过敏。不过，即使没有这种神经过敏，你对于自己想做的事情以及在群体环境中最好应该做的事情的分辨也很困难，而且这常常使你感到灰心。因为你希望做自己想做的事情，你也希望其他人感到舒服并且认可你，这与你可能具有的关于认可的神经质需求是完全不同的。因此，你可能会经常感到左右为难，无法完全解决这种冲突。

在更加复杂的群体关系中，事情就更热闹了。例如，在高度竞争的群体里，比如学生为进入最喜欢的大学而不断努力的学校，或者员工为获得更高的佣金或薪水而相互竞争的企业办公室，你会发现，做你自己想做的事情并且获得和维持其他人的支持是一件更加困难的事情。

因此，在几乎任何社会群体里，坚持理智而有些中庸的道路，在不放弃个人品位和偏好的情况下不与其他群体成员产生对抗是很困难的。你无法事先完全计算出你最"合理"的行动，你需要随着环境的改变而改变。例如，当你最初进入一个群体时，你最好闭上嘴，让其他成员发表言论。稍后，你可以试着发表个人意见，尽管之前发言的人仍然希望充当谈话的控制者。最后，你可以再次为其他人提供畅所欲言的机会。不过，你永远无法事先精确地判断出何时何处是你"自己积极参与"和"礼貌地接受他人的讨论"之间的分界线，因为这取决于许多不同的因素。

因此，你不妨承认，自我表达和社会认可都很有吸引力。不过，虽然某些形式的享乐主义、追求快乐和开明的自私自利似乎是关于个人生活的良好计划，但是开明的自私自利也包括一定程度的利他。这是因为，如果你只是努力地追求"自己"的利益，无情地对待别人，你会发现，许多不断被你践踏的人迟早会损害你"自己"的利益。因此，在某种程度上，你最好在考虑自己的利益时将其他人的利益包括在内。

类似地，如果你主要专注于努力争取自己的眼前利益，你几乎一定会破坏自己未来的潜在快乐。"为今天而活，因为明天你可能会死去"似乎是一种极为明智的理念，前提是你明天很可能会死去。不过，在这个时代，大多数时候，你会活到80岁以上的高龄。如果你只为今天而活，那么你的明天很可能会很悲惨。另外，如果你只为明天而活，你的今天往往会活得沉闷而过度谨慎。长期来看，这对你自己的目标仍然是不利的。

因此，理智是一个严格的"工头"。你会发现，它不是一种绝对优秀或明确的行为准则。你常常很难在理智和不理智的行为之间划出严格的界限。此外，在极端情况下，你可以把理性变得非常不理性。原因有几点：

1. 一定程度的情绪对于人类的生存似乎是必要的，永远没有强烈而相当偏颇的反应（比如你希望伤害甚至杀掉某个故意袭击你的人）对你来说是不理智的，即对自身有害。

2. 人类的品位或偏好虽然常常是非常"不理性"或"没有根据"的，但它们可以为人生带来大量的快乐和兴趣。从某种意义上说，当你迷上集邮，致力于让你的伴侣快乐起来或者一天听十个小时音乐时，你的行为是"不理智"的。不过，和许多人一样，你可能会通过这些"非理性"或"情绪化"的追求获得大量无害的享受。如果"纯粹的理智"存在的话，它也许很高效，但它是没有乐趣的。过去有一个表示"情绪"的单词（affect）还可以表示"影响"，因为情绪会影响你。在它的影响下，你会继续生存下去，并且享受你的存在。如果没有任何感觉，人类的生命可能会持续，但它似乎会变得极为无聊。

3. 极端的理智有时是低效的，具有自我破坏性。如果你在每次系鞋带或吃面包时都要停下来思考这件事是不是"正确"的做法或"最佳"途径，你的理性思考就会起到更大的阻碍而不是帮助作用，你最后可能会变得极为理性，并且极为不快。极端或强迫性的"理智"常常是非理性的。这是因为，至少根据理性情绪行为疗法，"真正"的理性应该具有辅助或提高人类幸福感的作用。

4. 充斥着理智的生活往往是一种机械的存在，一种过于冷漠、没有感觉、像机器一样的生活。它可能不利于你的创造性表达，尤其是在艺术、文学和音乐领域。

所有这些对于极端理性的反对拥有一定的合理性。不过，它们也可以充当某种"稻草人"，被运用到非理性的极端程度。归根结底，它们常常来自我们对未知的恐惧。虽然许多"非理性主义者"非常焦虑，但是他们至少知道自身情绪困扰的极限。由于不知道自己在理性生活中可能感到的不适程度，并且担心它可能会超过目前的不适程度，他们会想象出关于理性的"可怕"的稻草人，以便为自己提供一个不去尝试理性生活的借口。

换一种说法：存在情绪困扰的人知道目前的非理性状态产生了令人不快的结果，但他们也知道以理智的方式思考和行动是很困难的，需要付出大量的时间和精力。由于懒惰，他们常常更加努力地想出反对理性的观点，而不是尝试将其运用到自己的生活之中。

我（哈珀）的一个当事人罗纳德具有严重的焦虑和强迫性进食问题，他不断抗拒我的理性处理方式，并且坦率地承认了他的抗拒。

"你是不是担心，如果你根据我们讨论的方式重新组织自己的生活，你就会成为某种理性的机器怪物？"我问道。

"在某种意义上，是的。"罗纳德回答道。

"好的。让我们考虑你对于'治疗后获得机器般的行为'的担心，就像我们考虑你的其他任何一种焦虑一样。你是否拥有任何证据支持这种担忧？你是否认识某个像你想象的那样，看上去由于极为理性而无法享受生活、表现得像逻辑机器一样的人？"

"实际上，我不认识这样的人。不过，我必须承认，你有时候就有一点这样的感觉。你看上去的确极为高效，很少对某件事情感到不安。即使当我情绪崩溃、哭喊或咆哮时，你似乎也不会受到影响。我觉得这很奇怪，甚至有点麻木不仁。"

"这证明我获得了冷淡和可怕的结果：无法享受生活或者感到快乐？"

"不一定。不过，我担心，如果我表现得像你那样冷静而客观，我可能会失去享受快乐的能力。"

"啊，这完全是另一回事！现在，由于极度的焦虑和强迫症，你几乎痛苦到了极点。而且，就像你刚才说的那样，我几乎永远不会受到外物的打扰。显然，如果你对我的描述是成立的，那么我并没有感到非常不快乐。不过，你却在担心，如果你变得像我这样冷静，你就会变得不快乐，或者至少失去享受快乐的能力。不是吗？"

"是的。不知为什么，我的确具有这种感觉。"

"你真正的意思是，你的确具有这种想法。不过，我仍然要问：你的这种想法有什么证据？你是否尝试过表现得像我一样镇静，哪怕是几天或者几个星期？你在这种尝试过程中是否满意地，或者不满意地证明了你的感觉比现在更加糟糕、更加不快？"

"不，我无法给出肯定的回答。"

"那么，你为什么不试验性地尝试一下呢？毕竟，你知道，如果这种诚实的试验失败了，你随时可以回到目前的抑郁状态。如果你在尝试更加理性的表现时真的开始转变成一个像计算机一样的丧尸，你总是可以恢复到你所希望的非理性程度，回到原来的生活中。如果你对于合理思考的试验真的朝着那个方向发展，那么你不需要继续做出冷漠而无聊的'理性'表现，因为你没有签订这样的合同。不过，在我看来，由于你还没有对理性进行尝试，由于你目前的非理性生活使你感到极为痛苦，因此你一直在将'自己变成妖怪的前景'作为'改变自己具有危险性'的理由。"

"你是说，像我这样的人由于非常害怕改变自己的行为方式，因此编造出了夸张而虚假的反对理由？"

"正是。你在尝试新道路之前就想出了这么多极为花哨的反对理由，因此你从未为自己提供一个了解这种道路是否令人满意的机会。"

"所以，你认为我目前的情绪困扰不仅在于我的非理性行为，更在于我拒绝尝试理性，坚持认为这样做会把我变成机械而没有感情的丧尸？"

"正是。你为什么不试试看呢？"

罗纳德的确进行了尝试。他努力对抗自己的强迫性进食，并且质疑了导致自己严重焦虑的非理性信念。几个星期后，在取得了相当大的进展以后，他热情地汇报说：

"我不仅停止了之前来看你时所具有的'在不感到饥饿时进食'的行为，而且开始了多年来第一次真正的节食。我已经减掉了8磅（约3.6千克）。我相信自己会坚持下去，因为我已经认识到，我的进食在很大程度上使我忽略了一个愚蠢的想法：如果没有父母、妻子甚至孩子的持续照料，我无法独自面对人生中的危险。

我很想提到另一点。当我的强迫性进食以及我对于独自站立的一些恐惧不断减弱时，我在几个星期前极为担心的机械般的感觉并没有出现。恰恰相反！我感到了更多的积极情绪，我对自己的人生感到极为热情，因此我在每天早上的上班路上都很想唱歌。实际上，今天早上，我在多年来第一次不经意地唱起了歌。我停了一会儿，听了听自己的歌声，说，'哇！那个该死的哈珀，他真的没说错！如果唱着歌上班证明了这种理性疗法会使我变得极为呆板，我想我最好接受更大的剂量，学着像夜莺一样啼鸣！'机械，死机械——我喜欢表现得像这种机器人一样！"

正像这位当事人开始认识到的那样，理性生活方式并不意味着完全的理性。在理性情绪行为疗法中，理性的定义是：显示理智；不愚蠢，不荒唐；明智；导致高效的结果；用最小的花费、浪费、不必要的精力或令人不快的副作用换来理想的效果；有助于实现你所争取的个人和社会目标。

因此，人类的理智包括健康的情绪、良好的习惯和令人激动的生存。理性生活本身不是目的。当你用你的头脑经历更加快乐、更加充实的岁月时，这样的生活是理性的。为了具有理性，你的行为（和感觉）应该更加快乐。

我们所说的理性没有完美主义或绝对主义的含义。我们认为自己非常理性，但我们并不是虔诚的理性主义者。理性主义认为，所有知识的真正来源是理智或智力，而不是感觉。我们并不相信这一点。和大多数现代科学家一样，我们认为人类的感知和思考对知识具有极大的影响。不过，我们也认为知识依赖于感受、感觉和行动。

艾恩·兰德和纳撒尼尔·布兰登等理性的虔诚信徒认为理智是绝对的，它总会导致"良好的"和"健康的"行为。我们不同意这种观点，我（埃利斯）写了一本书，专用于描述兰德那种客观主义哲学的危害。

如果我们不是把理性思想看作"至善"，或者看作一种目的，而是更加理智地将其看作提高人类幸福感（尤其是最大限度地减少焦虑、抑郁、敌意和自我贬低）的一种手段，我们就会避免落入过度理性的陷阱。极端的、夸张的、武断的"理性"是不理性的。当我们把理智推向对自身不利的极端，将其变成教条主义时，它就不再是理智的。绝对的理智很可能是绝对的愚蠢！

有人指责理性情绪行为疗法的一些追随者表现得"过于理性"，鼓励他们的当事人以极度缺乏情感的方式行动。这种指责可能有一定的道理。不过，这说明这些追随者没有很好地将理性情绪行为疗法付诸实践。正像我们之前提到的那样，马克西·C.莫尔茨比将理性思想定义为最有可能保全你的生命，导致最低限度的内心冲突和不安，在你遵循它的时候可以阻止你与他人发生不受欢迎的冲突的思想。

在你遵循这种理性思想时，你不会做出机械的或过度理智的反应。对于不同的人来说，"理性"一词的含义是不同的。我们认为这个词语指的是明智、高效，不会对自身不利。我们认为人类的情绪、敏感性、创造性和艺术性是非常理性的追求，前提是你对它们的追求不会极端到影响你的生活和其他享乐形式。

合理化是理性的吗？完全不是！合理化是指为你的行为、信念或愿望编造看似合理或可信的解释，而且你通常不会意识到这些解释是站不住脚的。因此，"为你的行为合理化或找理由"与"对其进行理性思考"是完全相反的。

类似地，从哲学意义上说，理智化意味着推理或思考，但是从心理学意义上说，理智化意味着过度强调计算机科学等智力追求，轻视戏剧或音乐等情感领域。理智化还意味着以极具强迫性的方式思考你的情绪问题，从而否定和回避这些问题，而不是解决问题。

因此，虽然理性情绪行为疗法强烈支持高度理智的人类生活方式，但它并不支持合理化和理智化。通过推理摆脱情绪困扰是理智和合理的。不过，对你的自我破坏性行为进行合理化和理智化会帮助你将这种行为持续下去。我们不赞成这种做法。如果有人指责我们支持人类疾病的合理化和理智化

"解决方案",这是他们的问题!

下面是关于推理力量的另一个警告。对于自己的问题,大多数人在思考上比在行动上表现得更好,为了帮助他们(还有你)解决问题,我们写了这本书。不过,思考会受到一些学习障碍(比如注意力缺失症)和严重人格障碍(比如强迫症)的影响。如果你或你身边的人很难进行理性思考和有效行动,就一定要对这些可能的病症进行检查。如果发现了这些病症,那么除了在理性思考方面进行自我训练,患者可能还需要接受各种特别治疗,包括康复、技能培训、用药和心理治疗。

Chapter 9
第 9 章

拒绝感到极度不快乐

任何试图为你提供完全幸福规则的人都不是非常理性！不过，我们可以狂妄地宣布：我们可以向你传授（几乎）永远不感到极度不快乐的艺术。

我们的说法前后矛盾吗？不见得。我们无法告诉你怎样才能快乐，因为作为一个独特的个体，你的行为以及你从中得到的快乐在很大程度上取决于你的个人偏好，我们无法非常准确地预测你的偏好。你可能喜欢在乡村漫步，也可能讨厌这样做。你可能对于和伴侣发生性关系非常着迷，也可能觉得这很无聊。因此，我们怎么能告诉你什么会为你带来快乐呢？

我们当然可以告诉你什么使我们感到快乐，但是我们无法预测你会对什么事情感到满意，除非我们鼓励你进行试验。我们有时可以猜测，一些笼统的事情会让你感到快乐，比如吸引人的工作或者对于某项事业的强烈兴趣。不过，我们无法诚实地说出怎样的工作或怎样的强烈兴趣能够起到这种作用。说到底，你只有通过亲自尝试才能回答这个问题。

如果我们无法告诉你怎样才能快乐，我们能否告诉你怎样避免极为痛苦的感觉？在某种程度上，答案是肯定的。这是因为，虽然人们在感到愉快的事情上存在很大的差异，但是当他们变得焦虑、抑郁和自哀时，他们几乎总是很痛苦。作为接待过许多痛苦患者的心理医生，我们常常可以告诉你怎样做会使自己感到极度不快乐，以及怎样停止这种不快乐。

我们是否认为你永远不应该使自己感到心情沉重？不，不完全是。我们只是说，你往往很容易制造大量毫无必要的痛苦、煎熬和不幸。实际上，除了长期的身体疼痛带来的痛苦，你所感到的几乎所有持续而"无法忍受"的痛苦都是没有必要的。它们在很大程度上是你制造出来的。

你可能会抗议说："哦，拜托！埃利斯和哈珀博士，你们难道是说，即使我的母亲去世，即使我的伴侣离我而去，即使我失去一份好工作，我也不需要感到非常抑郁？"

我们正是这样想的。我们认为，除了持续的身体疼痛，不管你遇到什么事情，你都没有必要让自己感到恐惧或抑郁。不过，我们认为失望、沮丧与悲伤的感觉是健康和可取的。

你可能会问："你们的话实在深奥难懂。你们觉得抑郁是没有必要的，但悲伤是健康和可取的？你们是认真的吗？"

是的，我们是认真的！我们希望你承认，你有意识或无意识地产生了这些情绪，或者选择经历抑郁和恐惧。因为你毫无必要地用那些对自身不利的非理性信念产生了这些感觉，所以你可以有意识地选择将它们转变成健康的负面情绪。

"真的吗？真的吗？"

是的，这是真的。不过，在你拼命之前，我们最好对"快乐"和"不快乐"做出定义。这样一来，你可能就不会像一开始那样认为我们非常疯狂了。

词典将"不快乐"一词宽松地定义为：悲伤、痛苦、悲惨、悲痛。不过，这只告诉了我们一半的真理。实际上，"不快乐"似乎至少包括两种有些不同的反应：（1）在没有得到你想得到的东西或者得到你不想得到的东西时感到的悲伤、懊悔、恼怒、烦恼或遗憾；（2）当你认为自己失去某项权利或者受到挫败时你所产生的另一种完全不同的感觉：恐慌、抑郁、卑微感、暴怒，强烈地相信你不应该并且一定不能受到挫折，当你受到挫折时，你感到可怕和糟糕。

换言之，痛苦包括两个存在明显区别的部分：（1）想要、希望或愿意自己实现某个目标或目的，并在无法实现时感到失望和恼怒；（2）要求、坚持、命令和强迫自己实现目标和目的，并在无法实现时使自己感到痛苦、暴怒、恐慌、绝望和自我贬低。

在理性情绪行为疗法中，我们对两种感觉进行了区分，一是当你失去自己想得到的某件事物时所产生的悲伤或恼怒的健康感觉，二是当你拒绝接受挫折并且抱怨挫折绝对不能存在时所产生的抑郁或暴怒的不健康感觉。如果你进行理性的（对自身有帮助的）思考，你会对于自己所关心的人的离去感到非常失望或悲伤。不过，你不需要对这种损失感到彻底的崩溃和抑郁。你可以理智地选择在受挫条件下感到强烈的烦恼或恼怒。不过，你不需要让自己对于这些失败感到巨大的暴怒或自哀。

你的失败感或悲伤感是对重要失败的健康反应，你的恐慌感或抑郁感则不是。为什么？下面是几个重要原因。

1. 当你在 A 点（你的诱发经历或逆境）遇到某件不理想的事情时，你在 C 点（你的情绪后果）感到遗憾或悲伤，因为你通常会在 B 点（你的信念系统）告诉自己："我失去这个人或这件事物是非常不幸的。"这代表了一个符合逻辑或"可以证明"的陈述（一种理性信念），因为你可以用自己的价值系统证明，这种损失的确会带来不幸。例如，如果你失去伴侣或工作，你就会面临一些不利条件，此时认为"我多么幸运！"并感到快乐的做法是愚蠢的。

2. 你的恐慌感或抑郁感是一种完全不同的情绪后果（C 点）。它们在很大程度上来自你的非理性信念（IB）："我失去了这个人或这件事，这太可怕（或恐怖）了。"在这种语境下，"可怕"或"恐怖"的含义几乎永远不会仅仅停留在"不幸"或"不好"上。它们还有更多的含义。如果你仔细思考就会认识到，比"不好"还要不好的事情并不能很好地存在。不管伴侣或工作的离去多么不幸，它仍然仅仅是一种不幸。即使你认为这件事极为不幸或非常不幸，它仍然不会超越不幸。当"可怕"导致恐慌或抑郁时，这个词语真正的含义（请好好想一想这件事，不要仅仅考虑我们所使用的具体词语）远远超出了"不幸"的范围。它往往意味着你的损失和最糟糕的损失一样糟糕，即百分之百的不好。这是非常不可能的！因为事情几乎总会变得更加糟糕。它还意味着你的损失非常糟糕，因此绝对不能存在。不过，它当然是存在的。所以，"可怕"是一种不现实的、粗略的夸张。"可怕化"会使你的悲伤感变得更加严重，降低你应对这些感觉的能力。

3. 不断使用"不幸""不利"和"不便"等词语并且回避"糟糕""可怕"

和"恐怖"等词语的做法看上去似乎是一种诡辩。不过，这远非诡辩！这是因为，如果你相信伴侣拒绝你是一件非常不幸的事，你就会做出一个强烈的暗示：如果你说服他或她回到你身边，你就会变得非常幸运，如果你能够与另一个伴侣良好地相处，你也是幸运的。因此，通过认为这种损失是不幸的，你会受到对此采取行动的鼓励，比如与另一个人建立良好的关系，或者在独自一人时自得其乐。不过，如果你相信这种拒绝是可怕的，你往往不会采取太多行动，除了：（1）不断思索它的可怕之处；（2）由于制造了这种可怕的结果而贬低自己；（3）说服自己相信，你感到极为烦乱，无法与另一个同伴再次相处；（4）愚蠢地做出"你永远无法再次拥有理想的关系"这一预测；（5）全面地诅咒自己，向自己"证明"像你这样的懦弱者不值得受到别人的接纳；（6）说服自己相信，你不可挽回地落入了"可怕恶魔"的手里，你没有力量帮助自己或者应对这种惊人的恐怖。

你认为任何不幸的诱发经历或逆境都是糟糕、可怕、恐怖的，这种想法使你错误地相信，你绝对无法应对这个用此种恐怖折磨你的世界的可怕本质。不管一件事多么不幸或不理想，你都可以应对它。不过，如果你认为它达到了可怕的程度，你就会放弃自己对于这件事（以及对它的感觉）可能拥有的几乎所有控制力，陷入更加糟糕的不幸之中。

4. 如果你诚实地面对自己，你可以承认，当你认为某种损失或挫折很可怕时，你通常认为，由于它非常不利，因此它应该、必须、理应不存在。你不仅认为它是不理想的，而且声称世界不应该把它强加在你身上。你不是认为这个可怕的事件最好不应该发生，而是认为它绝对不应该发生！这种"应该""必须"和"理应"是不现实的、不合逻辑的、对你自身不利的，原因有以下几点：

a. 就我们所知，世界上并不存在绝对的"应该""必须"和"理应"。你可以合理地宣称"如果我想要生存，我必须合理地照顾自己的健康"，因为你没有把这种"必须"绝对化，而是让它取决于你的目标。不过，如果你说"不管我如何照顾自己的健康，我都必须生存"，你就做出了一个绝对主义陈述，认为世界上存在一个专门的法则：你在任何情况下都必须生存。这种法则并不存在，它是你的武断发明。

b. 当你虔诚地相信绝对主义的"应该""必须"和"理应"时,你非常自以为是,宣称了你所没有的上帝般的力量。这是因为,你的陈述"我一定不能被伴侣拒绝,因此他或她离开我是一件可怕的事情",实际上意味着"因为我非常想让伴侣爱我,所以他或她必须爱我"。这句话的道理何在?你真的可以控制伴侣(或者其他任何人)的感觉吗?你真的是万物之王或宇宙之母吗?这需要很大的运气!

c. 如果你说某件事必须存在,那么当它实际上不存在时,你就会让自己陷入自相矛盾的愚蠢境地。如果人们真的必须爱你,这说明世界上有一个无条件的法则:他们没有其他选择,不得不喜欢你。不过,如果你发现他们不再爱你并感到这很可怕,这说明你认为他们真的必须去做他们现在并没有做的事情。这种自相矛盾的陈述怎么可能存在呢?如果他们必须爱你,那么他们显然爱你(因为命运就是这样命令的);如果他们现在不爱你,那么你的"必须"就是不存在的。你不能一边激烈地宣称他们必须爱你,一边承认他们不爱你。任何必须存在的事情都显然是存在的。你的断言"绝对必须是存在的"显然是错误的。否则,你永远不会在获得你"必须"获得的事情上遇到任何问题!

d. 如果你进行思考,就会认识到,对于"绝对必须"的任何虔诚信念都会导致你产生焦虑感。这是因为,你认为必须存在的事情很可能不会存在(尤其是在某些条件下),这样一来,你往往会感到自己被打败了。如果你说"人们必须永远真心爱我",你就设下了一个陷阱。如果他们不爱你,你不仅会感到悲伤和遗憾,而且会感到彻底的绝望。这是因为,你的这种陈述的真正意思是:"如果他们在某个时候不再爱我,我就会成为一个完全不够格的人,我将无法接纳自己或者过上快乐的生活。"如果你真的相信这种胡言乱语,你就不仅押上了自己的一部分幸福,而且可能会在人们不再关心你的时候失去所有幸福。你不仅在和他们的关系上遭遇了失败,而且使自己现在和未来的整个人生陷入了危险的境地。由于知道这件事涉及的严重惩罚(如果你失去他们,你也会执意要求失去你自己),因此你几乎总会对于实现良好的关系感到非常焦虑(而不是健康的担忧)。

更糟糕的是,如果你坚信"人们必须永远真心爱我",那么你不仅在他

们不爱你的时候为自己准备了焦虑的荆棘之床，而且将在他们爱你的时候不断地躺在同一张荆棘床上。这是因为，如果你对自己说："哦！人们现在的确爱我。多么美妙！我是一个多么优秀的人！"那么你几乎一定会在不久之后想到："不过，如果他们明天不再爱我了呢？多么可怕！那样一来，我会变成一个多么卑微的人！"所以，即使你的确得到了你认为自己必须得到的东西，你仍然对于未来失去它的可能性感到恐慌。这是因为，在这个不断变化的世界上，你总是很有可能失去它。例如，现在宠爱你的人可能死去，可能搬到世界上距离你很远的地方，可能遇到严重的身体或情绪问题，可能自然结束对你的关心，或者由于其他原因改变对你的感情。所以，怀着"他们绝对必须爱你"的想法，你怎么能没有焦虑地生活呢？

因此，你可以看到，当你失去自己所爱的人或目标时，你既可以健康地感觉到巨大的损失和悲伤，也可以不健康地感觉到抑郁、恐慌和自我贬低。我们说，涉及前一种感觉的不快乐看上去非常理智和合理。不过，涉及"糟糕化"和"可怕化"的不快乐是没有必要的。抑郁和痛苦在很大程度上不是来自生活中的诱发经历（A 点），而是你通过信念系统（B 点）创造出来的。由于你可以选择自己的信念，认为损失是不幸和令人不快的，而不是可怕和恐怖的，因此你对于自己的感觉拥有很强的控制力。前提是你清晰而准确地认识到你的哪些行为创造了你的感觉，并且愿意运用你的头脑改变这些感觉！

说了这些以后，让我们强调一点：我们并不认为任何人可以在任何时间长度上感到完美或完全的快乐。实际上，你对于任何完美事物的疯狂搜寻几乎注定了你的痛苦。你不是能够在几乎任何事情上取得完美的动物，尤其是完美的快乐。你的经历是不断变化的，因此你会经历数百次的恼怒、疼痛、不适、疾病、压力。所以，你可以克服身体上和情绪上的许多障碍，就像我们在这本书中展示的那样。不过，你无法克服所有障碍！

例如，你通常可以处理和改变深度抑郁感。不过，你之所以能够有效地处理这种感觉，是因为你持续地感到抑郁，你拥有足够的时间对其进行思考，追踪它的起源，对你创造和维持它的想法进行反驳。另外，短暂的负面感觉无法轻易得到跟踪，因为这种感觉转瞬即逝，你可能没有太多机会探索和改变它们。

你很少能够完全战胜心理痛苦。当你由于一些非理性信念而感到痛苦并且发现和改变这些信念时，你很少能够永远远离这些信念，你常常会重拾这些信念。所以，你最好不断改变自己的要求和坚持。例如，你可能会发明"我无法在没有某人认可的情况下生活"的想法，而且可能由于这种想法而不断使自己陷入巨大的痛苦之中。接着，经过大量努力的思考，你最终可能会相信，你可以在没有朋友支持的情况下满意地生活。不过，你很可能会偶尔恢复"没有他、她或其他某个人的认可，你的人生是没有价值的"的观念。所以，还是那句话，你最好积极地反驳和放弃这种对你不利的信念。

让我们抓紧时间补充一句：你通常会发现，"放弃对你不利的信念"这一任务并没有你一直以来想象的那么困难。如果你不断寻找和反驳你的混乱思想，你就会发现，它们的影响力会减弱。最终，其中的一些思想会完全失去干扰你的力量。这不是绝对的。因为未来某一天，曾经使你感到疯狂的思想完全有可能在短暂的时间里再次回归，直到你不断挑战并改变这种思想。

你往往会拥有一些强烈的想法，这些想法常常会导致情绪困扰。从生物学角度说，你很容易产生这些想法。从社会角度说，你所处的文化环境常常鼓励你进行非理性思考。

以"你必须取得突出的成功"的想法为例。你很可能和大多数人一样，拥有一些努力做出优异表现的内在倾向：努力跑得最快，把园艺工作做得最好，或者爬得最高。罗伯特·怀特曾有力地证明，你强烈地希望对问题、人际关系和其他挑战进行控制。考虑到控制冲动对人类生存的优势，我们完全可以认为它们在某种程度上是遗传的。

我们可以在这种内在倾向上添加大多数文化（尽管不是所有文化）强调的竞争精神，从而理解这些文化培养出来的许多人所具有的取得很高成就的驱动力。因此，如果你成长于竞争社会之中，在没有达到社会和你自己对于成功的要求时感到抑郁，那么你可能会在挑战这种要求时遇到困难。这是因为，你需要以理性的方式对抗那些根植于你的"本性"之中的性格或态度。

不过，困难并不意味着不可能。当然，你会发现，在非理性的世界里以理性的方式思考和行动是很难的。当然，你在通过推理摆脱困扰你多年的处境时会遇到困难。没错，这很难。不过，盲人学习阅读盲文，小儿麻痹症患者再次使用肌肉，或者正常人出色地玩吊杠、学习芭蕾舞和弹钢琴也是很难的。这很难！但他们（还有你）仍然可以做到这一点。

许多理性生活方式的批评者还认为，一个人做出持续理性的行动是"不自然"的。他们说，动物的本性不是这样的。这种说法在某种程度上是正确的。这是因为，如果你在出生或成长时带有许多非理性倾向，那么你可能常常觉得运用你的推理力量最大限度地减少这些倾向是"不自然"的。

但是，人们穿鞋、使用避孕药、学外语、开车，做其他许多违背天生倾向和童年生活方式的事情也是同样"不自然"的。不过，我们还可以提出一个问题：如果你将自己严格地限制在"完全自然"的行为上，你又有多理智呢？不太理智！

我将永远记得本应非常吸引人的年轻女人米里亚姆，她的伴侣约翰让她来找我（埃利斯）。她拒绝关心自己的身体和外表，23岁的她已经表现出了超重和肌肉松弛的严重迹象。我问她，她的朋友对她的外表已经非常不满意了，她为什么不照顾好自己（她说过，她关心她的朋友，希望和他结婚）。她说："不过，那样看上去真的诚实吗？我应该用可爱的服装、化妆品等事物装作我比真实的自己更加漂亮吗？那样的话，我对自己或者约翰诚实吗？实际上，他难道不会知道我并不像表面上看起来那么漂亮，并且更加恨我吗？如果他不能接纳没有优雅的服装和不经常化妆的我，如果他不能接纳处于真实状态的我，他对我的爱到底是怎样一种爱呢？"

我尽了最大的努力向米里亚姆证明，除了约翰和他对于她外表的意见，她还可以想到许多理由证明，她应该更好地照顾自己的身体，比如为了她的健康，为了她在照镜子时给自己带来的美感，为了她的漂亮外表可能带来的职业优势。

我的努力是徒劳的。米里亚姆不断地重复着一个主题：如果她试图获得更有吸引力的外表，她会变得多么肤浅，多么不自然。我差一点发怒并告诉她如何运用该死的"诚实"感，比如在修道院里了此一生！

不过，理智占了上风。我第20次提醒自己，我最好不要将米里亚姆看作"真正的疯子",而是仅仅将她看作糊涂而想要自保的女人,这个人由于严重的内在恐惧而固执地坚持着她的"诚实",因为她强烈地感觉自己不能放弃这种"诚实"。我还告诉自己,即使我完全无法帮助她改变对自身不利的思想,我也不需要贬低自己作为治疗师或人类个体的价值。我只会获得另一次努力尝试的经验,尽管这次尝试可能并不成功;我甚至有可能从我的"失败"中获得一些教训。所以,我回到了我们的治疗辩论中。

"瞧,"我说,"你这么聪明,怎么会相信你不断向自己和我说出的胡言乱语呢?"

"你说的胡言乱语是什么意思?"她非常好斗地问道。

"就是这个意思,胡一言一乱一语。你已经在某种程度上知道我的意思了。我可以从你有些虚伪的挑眉毛的动作中认识到这一点。更具体地说,你一直在说,你不能通过任何人工的和不自然的方式让自己获得更好的外表,因为这会使你变得不诚实。不是吗?"

"是的,我一直在这样说。不管你是否这样认为,我就是这个意思。"

"也许吧,不过,我对此不是非常肯定。让我们暂时把你的观点推到逻辑上的极端,看看它是否成立。你不愿意使用化妆品或者具有吸引力的服装,因为你觉得它们不自然。好的。那么水杯、刀子、叉子、勺子以及其他餐具又怎样呢?你觉得它们不自然吗?"

"在某种意义上,是的。不过,这个意义并不是我想表达的意义。"

"应该说,不是你想表达的愚蠢观点。不过,你想表达的是什么'意义'呢?"

当然,她无法回答我。她再次以模糊和逃避的方式表示,她认为让自己获得良好的外表是不正确和不自然的。不过,不知为什么,她觉得使用刀子、叉子、勺子是正确和自然的。我认识到我们两个人都没有取得任何进展,因此我打断了她的话:

"瞧,你为什么不断向我讲述这些胡言乱语呢?我们为什么不能试着发现你为什么不能以一致的方式使用'正确'和'自然'这两个词语,为什么你觉得使用眼镜等装备是可以的,使用合身的衣服等装备却是不可以的?我之前说过,你通常是聪明的。现在,你这种前后矛盾的说法当然有一定的理由。这是为什么呢？"

她起初否认自己的说法前后矛盾。不过，我并不接受这一点，不断向她展示她是多么前后矛盾。我说，我要和她讨论她为什么前后矛盾，而不是她是否前后矛盾。最后，她似乎愿意讨论她的前后矛盾了。所以，我说：

"我不想努力说服你相信你的前后矛盾只有反常理由或病态理由。许多治疗师实际上坚持认为，患者的一切行为一定是病态的。不过，在理性情绪行为疗法中，我们会寻找人们做出对自身不利行为的一些健康理由。"

"所以，如果我以一致的方式拒绝使用辅助工具改善我的外表，你认为我可能有一些健康的和不健康的理由？"

"是的。让我们考虑一个比较明显的健康理由。你之前说过，如果你的男友无法接受你没有使用辅助工具的外表，那么他对你的爱到底是怎样一种爱呢？这种观点在某种程度上是正确的。这是因为，如果他仅仅因为你的外表而爱你，他的爱就是肤浅的，很可能无法持续。你可能会问，谁需要这种爱呢？"

"是的，谁需要呢？"

"是的。所以，你理智地提出了一个问题：你要在使自己获得漂亮外表的道路上走多远，才能使他不至于仅仅因为你的外表而爱你？这种在使用眼镜或刀叉的同时拒绝使用美貌辅助工具的理由看上去是健康的。不过，当你夸大这种理由，拒绝为了自己在美学和健康上的满意度而使用美貌辅助工具时，我们最好为你的这种前后矛盾寻找可能的不正常理由。"

"比如？"

"比如你在潜意识里担心，如果你努力获得良好的外表，你可能仍然会失败，因为你可能认为，不管你怎样打扮自己，都会显得很丑陋。或者，你可能担心，即使你取得成功，获得良好的外表，你可能仍然无法和约翰结婚，因为即使你获得良好的外表，他仍然可能不爱你。"

"不过，'不管我怎样做，我都无法对他产生吸引力'难道没有可能吗？'我在他面前展示出良好的外表，但是最终仍然被他拒绝'难道没有可能吗？"

"哦，当然。当我们试图赢得别人的认可时，我们总是有可能遭遇失败，得不到我们所追求的事物。的确如此。"

"不过,如果我节食,穿上合适的衣服并用其他途径改善自己的外表,但我仍然失去了约翰,这不是很可怕吗?"

"这很可能并不可怕,除非你坚持把它变得可怕。失去约翰当然非常不便,非常令人沮丧和悲伤。不过,它怎么会可怕呢?你会因此而死去吗?大地会裂开并把你吞下去吗?你会一直无法找到另一个男友,或者在一个人的时候完全无法享受生活吗?"

"我不知道。如果我真的失去了约翰,我不知道我会做什么。"

"你现在已经准确地找到了你的不安。你以非常有害的方式相信,失去约翰是很可怕的,如果你失去他,你不知道自己会做什么。通过拥有这些信念,通过将沮丧转变成恐慌,你亲手制造了这种'恐慌'。通过相信自己无法在没有约翰的情况下成功地生活,你实际上确认了自己无法在这种情况下成功地生活。"

"由于我相信失去约翰很可怕,并且知道不管我怎样对待自己的身体,我都有可能失去他,我故意没有采取太多留住他的行动?我提前逃离了他,以免遭受随后那些该死的折磨?"

"正是。你理智地想要获得约翰,因为他大概拥有适合你的性格。接着,你告诉自己,由于你想要他,所以你必须拥有他,否则你就会被毁掉。接着,你'符合逻辑'地提前放弃了对他的争取,以免随后感到受伤。或者,更具体地说,你设置了极为困难的游戏规则,比如拒绝尝试任何美貌工具。你认为,如果他在你的限制性规则下仍然爱你,那么他以后就会永远爱你,永远不会离开你。"

"不过,这听上去难道不是很疯狂吗?"

"是的,因为它实际上永远无法奏效。这就像是担心女仆买回错误的食杂品,因此在雇用她之前要求她拥有家政学博士学位一样。找到一个拥有家政学博士学位并且愿意充当女仆的人是何等艰难啊!"

"我明白你的意思了。我几乎不可能找到这样的女仆。同样的道理,我几乎不可能在对约翰做出这些不合理要求的情况下留住他的爱?"

"是的。所以,你最好不是一边保持着自己对于永恒之爱的神经质要求,一边要求他改变他的偏好,而是改变你对于完全的爱情安全感的古怪需求,不是吗？"

"嗯。我之前从未这样考虑过。"

"情绪困扰通常包括'拥有获得认可的健康愿望''将其转变成不健康的要求'以及'拒绝为了赢得它而采取太多行动'。请考虑这种说法，你很可能会更加清晰地认识到这一点。"

米里亚姆的确考虑了这种说法，她开始节食，关心自己的外表，并且开始赢得约翰的更多注意。她的案例表明，人们常常同时具有理智和不理智的表现。他们的行动既聪明又愚蠢，既有自己的思想，又容易受到别人的影响。他们理性地追求自己想要的事物，但他们也在不理性地为自己搞破坏。和生活中的其他方面一样，理性生活是一个过程，是一种实验。它几乎没有必然性！

换一种说法：成年人常常以不成熟的、幼稚的方式行动。作为人类，他们的本性之一就是容易犯错误。因此，他们很容易进行一厢情愿的草率思考，并且因此而常常得到他们不想得到的结果。

不过，虽然你可能很容易做出幼稚的表现，但这并不意味着你必须这样做。你可以教导自己进行成熟的反省式思考。如果你这样做，你很难做到完全冷静或快乐。不过，你可以训练自己很少产生极度痛苦或抑郁的感觉。还是那句话，这需要你为之努力。

不过，假设任何方法似乎都不起作用。假设你长期患有严重的抑郁症，并且拥有一些患有抑郁症的近亲。你试过了各种治疗方法，但是没有取得成功。你可能拥有生物学或生物化学问题，这些问题促成了你的"非理性"痛苦。调查这种可能性。如果你的抑郁（或者其他严重心理问题）来自你容易产生困扰的内在倾向，那么考虑使用药物、心理疗法以及其他途径解决问题。改变你的非理性思想是很好的。不过，你也应该考虑其他形式的治疗。

Chapter 10
第 10 章

解决你对认可的极度需要

一些强烈的非理性信念常常会阻止你摆脱恐慌和愤怒。其中一种信念是，**你必须（是的，必须）获得生活中所有重要人员的爱或认可**。我们将其称为**一号非理性信念**。

"不过，"你迅速插嘴道，"大多数心理学家难道不是坚持认为人们需要认可并且无法在没有认可的情况下快乐地生活吗？"

是的，他们的确是这样说的。而且，这种说法是错误的！人们强烈地希望获得认可。如果无法获得认可，他们的快乐程度将会大大降低。而且，在现代社会中，如果你无法获得一定的认可，你将很难生存。如果没有人认可你，谁会向你出租或销售住处、提供食物或者陪伴你呢？

不过，成年人并不需要认可。"需要"（need）一词来自中古英语中的nede、盎格鲁萨克逊语中的nead以及印欧语系中的nauto，它表示由于疲劳而崩溃。在英语中，它的主要意思是：必要、强制、义务，生活和幸福的一些完全必要的条件。

由于人们可以单独生活并且不会死去或者感到完全的痛苦，他们可以不必因为社区成员不喜欢他们而使自己感到不安，因此一些人显然不需要社会的接纳。实际上，少数人甚至不希望获得爱。不过，大多数男人和女人的确希望获得某种认可，即使他们辩解说他们不需要认可。他们偏爱或希望获得接纳，并在获得接纳时感到更加快乐。不过，希望、偏好和愿望并不是需要或必需。我们希望实现强烈的愿望，但我们很少会在愿望受挫时死去。

心理学作品常常无法说清人类的需要，因为它们混淆了儿童和成人的要求。由于比较明显的原因，要想健康、快乐地成长，儿童需要帮助，尤其是来自父母的帮助。这并不是说，他们在没有得到认可和关爱时一定会凋零，因为正像哈罗德·奥兰斯基、莉莉·皮勒、威廉·休韦尔、劳伦斯·卡斯勒和其他作家指出的那样，他们不一定会凋零。不过，他们的确依赖于其他人。如果没有成年人照顾他们，他们无法获得食物、衣服、住所和健康保护。

孩子无法非常轻松地保护自己远离其他人的语言批评。如果他们的同伴和监护人不断对他们说他们是没有价值的，那么他们不太容易对自己说："谁在乎他们的看法呢？我知道我是有价值的。"孩子常常会接受其他人对于自己的负面观点，并且因此而伤害自己。

不过，成年人不需要表现得这样幼稚。如果人们不关心他们，他们常常可以自己想办法，通过乞讨、借贷和偷窃获得他们认为必不可少的事物。如果其他人猛烈地批评他们，他们可以停下来问自己："我真的像琼斯说的那样没有价值吗？他对我的意见有多准确？"

即使成年人承认琼斯对自己行为的批评是正确的，他们仍然可以通过下面几种想法保护自己：

1. "也许琼斯觉得我的性格不好，不愿意和我做朋友，但史密斯和罗杰斯似乎非常喜欢我。所以，如果琼斯回避我，我可以和他们在一起。"

2. "也许琼斯和史密斯不喜欢我的行为方式。不过，我仍然觉得这些行为方式很好，我很喜欢它们。我宁可做自己，也不愿意按照他们希望的行为方式行动。"

3. "也许琼斯和史密斯关于我谈话技巧不高的观点是正确的。不过，即使我永远无法进行良好的交谈，我也永远不是没有价值的，我只是一个不健谈的人而已。"

4. "也许琼斯和史密斯认识到我不理解音乐。为什么不承认这一点呢？我可以看看他们能否帮助我更好地理解音乐。如果我认为缺陷使我成了一个糟糕的人，那么这种想法就是一种过度泛化，我不需要过于认真地对待这种想法。"

因此，成年人可以通过许多方式接受其他人的反对，考虑这种反对，对其采取某种行动，并以相对不受伤害的方式结束这个过程。他也许永远无法学会喜欢负面的批评，但他显然可以学会为了自己的利益而容忍和使用这种批评。

以厄尔为例。45岁的厄尔是一个非常能干的人。正像我（哈珀）在理性情绪行为疗法的实践工作中见到他时他所说的那样，为了获得其他人的爱，他投入了大量精力。

厄尔的母亲曾经表扬他、纵容他，并且让他相信，他拥有特别而神奇的才能，因此应当获得人生中最好的事情。由于他能力很强，很有魅力，因此他很容易受到同学、老师以及（后来）公司同事的羡慕。但这只是开始！

随后，问题出现了。在最初赢得人们的认可以后，厄尔发现，他们在生活中拥有其他事情要做（这是当然的），不可能不断表扬他。他们最初对他的热情消退了。他感觉被人排斥，非常痛苦，因此开始展示一些新的成就或智慧，以吸引他们的再次注意。当这些重新获得他人赞美的尝试发挥作用时，它们为他带来了短暂的收获。随着时间的推移，人们对厄尔感到非常厌倦和不耐烦，不再为他提供他母亲不断提供的赞美。当他注意到这一点时，他会愤怒起来，批评他们所有人的愚蠢，并且开始寻找更加同情他的新朋友。

在25～40岁之间，厄尔在田径赛跑方面表现不错，并且遇到了三个妻子和许多支持者。接着，他的母亲死了，为他留下了一笔财富。他开始在商业领域中遭遇失败，并且开始酗酒。他把大部分钱财投入到了高风险交易以及用于提高自尊的慈善捐助上。过去，当人们不再认可他或者事情出问题时，母亲总是可以帮助他，安慰他说，他拥有伟大的才能。现在，他无依无靠，只能用酒精麻痹自己。

当一位专门治疗酗酒者的医生要求厄尔进行心理治疗时，他像平时那样在我面前展现起了自己的魅力。即使在拼命寻求帮助的时候，他也不知道如何以其他方式与人交流。他坚信，他绝对必须获得认可，因此他像对待其他人那样讨好我，重复着翻跟头的幼稚把戏，他已经将这种把戏重复了将近40年。

一些治疗师会按照他的意愿对他这种寻求帮助的表演做出回应，他们会努力为这个可怜的中年男人提供他所"需要"的爱。接下来的5年，他们可能会宠着他，让他感到自己"真正"被人喜爱和认可，以便看看他能否最终克服自己对于认可的极度需要，实现自立。我不知道他们能否取得成功，因为厄尔是一个无底洞，他会接受各种程度的关爱，然后不断要求更多关爱。

我的治疗方法有所不同。我觉得为厄尔提供更多认可只会加强他所持有的自己非常需要认可的信念，因此我采取了更加强硬的立场。我坚定地告诉他人生的事实，坚称他不需要认可，可以在没有认可的情况下生活，并且回顾了他哄骗其他人关心他的长期行动所导致的令人悲伤的结果。

厄尔进行了努力的反抗。他引用了一些心理学家的观点，以"证明"他的确需要认可。他找到了让他来找我的医生，那个医生要求我更加温柔地对待他。他威胁说，他要结束治疗，重新开始喝酒。他以各种方式向我展示我的无情，指出我显然不应该取笑无助的孤儿。这些方法都不管用，我仍然非常坚定。一次，我说：

"没有用！这是没用的。也许我很无情。也许我每天晚上殴打妻子，从小婴儿的手里抢夺糖果。不过，这是我的问题。你的问题是，你仍然认为你需要爱，但你和我们大多数人一样，只是希望得到爱。你认为你需要它，因为你这个懦弱无助的人很可能无法照顾自己。你很软弱，因为你相信自己必须获得爱，你认为只有爱才能使你脱离比死亡更加可怕的懒散。

爱无法做到这一点。我非常希望可以诱导某人，不是我，而是和你一起生活的某人，向你提供你认为自己必须获得的爱，以证明它没有效果。这是因为，在这种情况下，你仍然会觉得自己是一个懒汉。如果不在生活中为自己做任何事情，你永远无法认识到你可以帮助自己，你仍然会感到无助。

不过，不管你是否喜欢，冰冷的事实仍然存在：你很可能永远无法找到一个按照你要求的方式爱你的人。即使你能找到这样的人，你也会害怕她在未来死去或者离开你，或者不像以前那样爱你，所以你仍然会感到非常焦虑。不，你的问题只有一个主要的解决方案——放弃'只有得到认可，你才是优秀的人'的思想。

如果你拒绝放弃这种思想，你只会继续喝酒，把事情搞砸，做其他一些只有非常焦虑的人才会做的破坏性行为。

所以，请做出选择！要么不断地认为你必须获得爱，并且彻底打败自己；要么开始相信，不管拥有其他人的认可是一件多么美好的事情，你都并不需要它。这样一来，你就有了对混乱的生活进行重建的机会。"

厄尔仍然很难应付，在减少对爱的极度需要之前，他又接受了许多次治疗。这很艰难，但我们（他和我）做到了。最后，在我第一次见到他的两年以后，他不再持续地喝酒。他把企业事务管理得很好，并且在人生中第一次找到了一个他所喜爱的而不是仅仅关心他的女人。

厄尔难道不是极度"需要"爱和认可的极端案例吗？是的，他有些极端。他鲜明地展示了塑造数百万人生活的"爱的需要"的主题。即使人们不太极端地经历这种"需要"，它也会导致大量不幸。

当你坚持认为你绝对必须获得认可时，你进行了自我破坏，原因有以下几点：

1. 你要求每一个重要的人爱你，这种要求创造出了一个无法实现的完美主义目标。即使你能让 99 个人爱你，你也总会遇到第 100 个不爱你的人。

2. 即使你只要求有限的几个人爱你，你通常也无法获得他们所有人的爱。由于自身的局限性，一些人几乎没有爱别人的能力，其他一些人会由于你完全无法控制的理由（比如你的眼睛是棕色的而不是蓝色的）而反对你，还有一些人会由于一些对你不利的偏见而永远鄙视你。

3. 当你绝对"需要"爱时，你会对于自己被认可的程度和时间感到担忧。假设你的伴侣、第二代堂表亲和老板关心你，他们的关心是否足够？如果足够，他们是否会在明天以及明年继续关心你？怀着这些想法，你会感到无尽的恐慌！

4. 如果你总是需要爱，你必须总是非常可爱。但是，谁能做到这一点呢？即使你拥有可爱的特点（比如美好的性格），你怎样在所有时候将它们展示给所有人呢？

5. 如果你总是可以赢得你所"需要"的人的认可，你需要为此花费大量时间和精力，没有时间追求其他事情。不断追求认可意味着你将在很大程度上为其他人希望你去做的事情而生活，而不是为你自己的目标而生活。它常常意味着扮演懦夫的角色，以赢得其他人的认可。

6. 极具讽刺意义的是，你越是需要爱，人们越是不会尊重和关心你。即使他们喜欢你对他们的迎合，他们也会鄙视你的需要，认为你是一个软弱的人。而且，在拼命争取人们的认可时，你可能很容易打扰到他们，使他们分心，降低他们对你的满意度。

7. 当你获得爱时，被爱的感觉常常无聊而讨厌，因为爱你的人常常会占用你的时间和精力。主动去爱某人是一件具有创造性和吸引力的事情。不过，对于爱的极度需要很容易影响热情。奇怪的是，它对爱具有破坏性，因为当你要求强烈的感情时，你几乎无法将时间和精力投入到你所要求的人的成长和发展上。

8. 对爱的极度需要常常会提高你的卑微感："我必须获得爱，因为我是一个没有能力的下等人，无法在没有爱的情况下生存。所以，我必须拥有并且需要其他人的爱。"通过这样拼命寻求别人的爱，你常常会掩盖自己的卑微感，因此不会采取任何行动应对和克服这个问题。你越是"成功"地获得大量的爱，就越有可能夸大这个目标，继续向自己灌输"你无法管理自己的生活"的思想。

由于这些原因，你可以理性地放弃获得永恒之爱的目标。相反，你最好接纳自己，保持对外部人物、事情和思想的密切关注。这是因为，你常常可以通过沉浸在外部追求之中而不是仅仅盯着自己的肚脐眼来找到自己，尽管这听起来像是悖论。

一些东方思想鼓励你放弃对于他人认可（以及人间乐事）的极度需要，专注于天人合一。通过与宇宙融为一体（以及不再需要"你自己"和大量关爱）的冥想，你可能会暂时感到放松和平和。不过，你最好不要在这条内省的道路上走得太远，最好不要将其用作逃避生活的途径，应该强调生活中节制和平衡的重要性。

接纳自己与对外部人物和活动的投入可以是相容的而非相斥的目标。这是因为，如果你真的遵循自己的基本愿望，不过度关心其他人对你的看法，那么你几乎不会把时间花在以自我为中心的担忧上，你可能会找到吸引人的外部兴趣。同时，如果你积极参与外部活动，投入到其他人和事情上，你往往会觉得自己不太需要其他人的认可。

还是那句话，如果你投入到长期享乐中，投入到你认为今天和明天都很有趣、都很快乐的活动中，你会在很大程度上做你真正想做的事情，而不是做其他人认为你应该做的事情。

我们的顾客常常会问:"我可以认识到接纳自己而不是极度需要别人的爱对我有利。不过,它怎么能帮助我爱别人呢?当我不太关心其他人对我的看法时,我难道不会不太尊重他们,并且无法和他们良好地相处吗?"

答案是否定的,原因有以下几点。

第一,如果你非常需要爱,你将极度专注于获得他人的爱,因此几乎无法关心他们。

第二,如果你放弃对爱的极度需要,你通常会保留对于接纳的强烈愿望。不要认为如果你不是非常需要爱,你就会觉得爱是没有价值的。完全不是!你很容易享受优美的故事和戏剧,即使你并不需要这样做。那么,为什么你不能在相信你的生活不依赖于亲密关系的同时享受和寻求这种关系呢?

第三,当你放弃对关注的要求时,你可以更好地爱别人。你可以更加清晰地认识到其他人的可爱性格;不会在他们不直接回应你的时候憎恨他们;知道在与他人的关系中你真正喜爱的地方;冒险投入到爱情之中,即使你知道某段关系可能没有结果;自由地经历与他人的关系,因为你意识到,你可能失去心爱的人,但你永远不会失去自己。

另一个常常被问到的问题是:"假设爱别人比对爱的极度需要拥有更多回报,我应该因此而放弃我对认可和承认的一切愿望吗?"

答案是,当然不应该。完全放弃你对认可的愿望和沉迷于赢得自尊一样有害。原因仍然有几点:

1. 当你希望与他人交换意见,享受亲密关系时,你是非常健康的。如果你不喜欢与他人建立关系,那么你几乎不是人类。

2. 希望获得他人的接纳是一种正常愿望。没有强烈的愿望,你几乎无法生存。根据印度经典《薄伽梵歌》(*Bhagavad-Gita*),最强大的个体"对赞美和侮辱、炎热和寒冷、快乐和痛苦漠不关心,他不依附于任何事物",少数人可能觉得这是一种有价值的理想。不过,我们觉得许多人可能永远无法做到这一点。为了拼命降低心理痛苦而摒弃一切快乐的做法似乎不太明智!如果你愿意,一定要努力消除极端的、不现实的、对自身不利的愿望。不过,不要消除所有愿望!

3. 从实用的角度说，如果你真的想要各种事物（比如物品或更多闲暇）你最好赢得某些人的认可或尊重，比如你的父母、老师或老板。在任何社会群体中，你可能会明智地降低自己对于"其他人必须爱你"的要求，但你最好明智地保留对于他们的认可的一些希望。

假设拥有对于他人关爱的大量需要会使你失败，拥有对于接纳的一些希望则具有帮助作用。接下来的问题是：你如何在这方面通过某种方式创造出一种中庸策略？

首先，最重要的是，承认你对爱的确拥有一些极度需要，密切关注这些需要，不断挑战、质疑和反驳这些需要。

对抗对于爱的过度需要的一个很好的例子来自一次集体治疗对话。这个小组里的三个年轻女人几个月来一直面临着一个问题：当她们的丈夫没有"真正"爱她们的时候，她们常常感到很痛苦。每当她们提到这件事时，第一个人会感到抑郁，第二个人会对丈夫和整个世界感到愤怒，第三个人会开始寻找可能的情人。

在与其他小组成员谈论自己的问题以后，所有这些女人承认，她们对于爱拥有巨大的需要。其中一个名叫杨的人在小组里问道："好的。现在，我怎样做才能克服我对爱的需要，并在这种需要无法得到满足时远离抑郁感？"

一位男士蒂姆说道："哦，这很简单！你只需要看看你做了哪些使你的丈夫讨厌的事情，并且停止这些行动。这样一来，他会比现在更加欣赏你、关心你。特别地，你应该在他恶劣对待你时友好地对待他。"

"哦，不。"菲利丝说道。她就是那个在丈夫没有表现出大量关爱的时候经常感到愤怒的人。"这样根本无法解决问题。如果你只是更加友好地对待那些不爱你的人，即使你成功地赢得了更多的爱，你也没有为自己做任何事情。你仍然需要或者认为自己需要他们的爱。当他们不再回应你的爱时，你会立即像一开始那样陷入困境。所以，这个计划完全不起作用。"

"是的，"杨说，"我曾多次尝试这种方法。通过非常友好地对待乔尼，我常常成功地获得了他更多的爱。不过，这种情况无法持续。他仍然无法一直爱我。因此，我再次陷入了低谷。我同意菲利丝的观点，这个计划不起作用。"

"我明白你的意思了，"蒂姆说，"我想我说错了。以更好的技巧让别人爱你是没有用的。你们必须不再需要他们。"

"这是什么意思？"另一位男士加里问道，"你怎么能不需要别人？"

"让我试着解释一下，"菲利丝说，"你不再告诉自己你需要别人，对吗？"

"你能说得更具体吗？"另一个小组成员约安问道。

"我想我可以，"菲利丝回答道，"让我想想。我之前告诉你们，每当我的丈夫斜眼看我时，我就会难受得要死。接着，我会对他非常愤怒。有时，就像桑德拉在谈论她的丈夫时说的那样，我甚至开始寻找其他男人，尽管我知道我不会真的和他们做任何事情。不过，过去在我需要吉姆爱我的时候，如果他轻蔑地看我或者以其他方式表示他此时不爱我，我就会先是难受得要死，然后感到极为愤怒。现在，这种情况只是偶尔发生。我觉得现在好多了。"

"为了使情况得到改善，你做了哪些事情呢？"杨问道。

"哦，是的。我几乎迷失了自己。我一开始说，过去每当吉姆没有做到永远爱我时，我就会备受折磨。接着，当他在某些时候明显不太关心我时，当我感到恶心时，我开始对自己说，'好的。尽管他在这一分钟里并不非常爱我，那又怎样？世界会走到尽头吗？我真的在一天中的每一秒都需要他的爱慕和关心吗？当然不是！每当我真的想要他的时候，如果他总是关心我，这当然很好。不过，我为什么不能在他不关心我的时候快乐地生活？该死，我可以！'我发现我的确可以。不是永远都可以，这很令人遗憾。我之前说过，当我认为我需要他拍我的头时，如果他没有立即拍我的头，我有时会愤怒得要死。不过，这种情况远远没有过去那样频繁。我准备在未来进一步降低它的频率！"

"换句话说，"蒂姆说，"你现在不断反驳和挑战你对爱的极度需要。你不是一直这样做，但是至少足够频繁。你是否在以这种方式不断降低你的需要？"

"是的，"菲利丝回答道，"这有点麻烦。不过，我在不断挑战和质疑这种需要。"

所以，你也可以这样做。如果你真的极度需要爱，如果你接受了自己拥有这种需要的事实，如果你不断挑战、质疑和反驳这种需要，它最终常常会迅速消失。记住：它是你的需要，你在不断维持这种需要。

其他对抗和减少你对爱的极度需要的方法包括以下几点：

1. 问问自己你真正想做什么，而不是其他人想让你做什么。不断问自己："我不断这样做或拒绝那样做是因为我真的想要这样吗？或者，我是否仍然不假思索地坚持努力取悦他人？"

2. 在追求你真正想要的事情时，大胆冒险，将自己投入进去，不要拼命回避犯错误的可能。不要毫无必要地蛮干。说服自己相信，当你没能获得你想要的某件事情时，如果人们嘲笑或批评你而不是仅仅指出你是怎样失败的，这说明他们有问题。如果你能从错误中吸取教训，那么他们的看法还有那么重要吗？

3. 更加专注于爱别人，而不是赢得别人的爱。认识到具有活力的生活几乎不在于被动地接受，而在于行动、做事、帮助别人。你可以常常强迫自己爱别人，就像你强迫自己弹钢琴、练瑜伽或者每天上班一样。通过这种做法，你对别人关爱的极度需要很可能会消失。

4. 最重要的是，不要把获得爱与拥有个人价值弄混。如果你将自己评价成拥有内在价值的人类，你最好认为这种价值仅仅来自你的存在、你的活力，而不是你通过任何行动"赚"到了这种价值。不管其他人如何认可你，不管他们如何为了自己的利益而重视你，他们只能为你提供外在价值，或者对于他们的价值，就像罗伯特·S. 哈特曼所说的那样，他们无法通过爱你为你提供内在价值或者自我价值。如果内在价值真的存在（我们强烈怀疑这一点，因为它似乎是无法定义的，是康德哲学中的自在之物），那么你之所以拥有内在价值，是因为你选择拥有它，你决定拥有它。它的存在来自你自己的定义。你之所以"优秀"或"值得赞扬"，是因为你认为自己是"优秀"和"值得赞扬"的，不是因为任何人为你提供了这种"内在价值"。

如果你真的相信这些重要观点，你根本不需要评价自己，不需要评价自己的本质，你可以仅仅因为决定将自己称为"有价值的人"，而选择将自己称为"有价值的人"，你往往会失去对于他人认可的极度需要。这是因为，你之所以需要（或者认为自己需要）他们的接纳，不是因为这可能带来实际利益，而是因为你愚蠢地认为自己只有在获得接纳时才是有价值的人。当你停止这种对自身不利的定义时，你对他人认可的极度需要往往会消退。类似地，如果你降低对他人尊重的极度需要，你会发现，你可以相对轻松地停止对于自己整个人的评价，尽管你会继续评价自己的许多特点。你将实现无条件自我接纳，你之所以重视自己，仅仅是因为你是一个活生生的人，你的存在足以使你获得享受生活的"资格"。

为了强调关于人类价值的最后一点，考虑迈克尔的例子。迈克尔是一个40岁的成功商人。在经过理性情绪行为疗法的几次治疗以后，他意识到，从幼年时期开始，他所做的几乎每件事情都源自他赢得父母、妻子、孩子、朋友甚至员工赞美的极度需要。在第9次治疗中，他问道：

"我觉得你的意思是，如果我不再试图赢得每个人的赞美，而是主要根据自己的意愿行动，我就会爱自己，因为我认为自己更有价值。这种理解是否正确？"

"不，"我（埃利斯）回答道，"作为理性情绪行为疗法的支持者，我们意识到，'有价值'的概念和它的对立面'无价值'几乎一样危险。实际上，当你倾向于考虑个人'价值'时，你几乎立即倾向于考虑个人的'没有价值'。例如，如果你今天进行了有效的工作，或者制定了明智的决策，因此认为自己'有价值'，那么如果你明天的工作不那么有效，并且制定了不明智的决策，你往往会认为自己'没有价值'。"

"不过，如果我永远无法有效地工作，我不就没有价值了吗？"迈克尔问道。

"不，当然不是。如果你存在头脑缺陷，永远无法进行良好的工作，你就会拥有很少的外在'价值'，因为其他人可能觉得你不是一个合适的同伴或同事。不过，你可以认为自己和更加有效的个体拥有同样的'价值'。如果你相信自己有价值，你就可以有'价值'。不过，如果你相信缺乏效率会使你变得'没有价值'（你显然是这样想的），你就会感到自己毫无价值。"

"所以，如果我认为我是'有价值'的，我就是'有价值'的，不管我在生活中的实际表现多么低效？"

"是的，只是我之前说过，'价值'这一概念本身具有危险性，因为它暗示了'没有价值'的概念。这正如天堂的概念暗示了地狱的概念。实际上，我们通常用'有价值'的说法来表示与'天使般的'或'能进天堂的'非常类似的事情。'没有价值'意味着值得诅咒或下地狱。不是吗?"

"在某种程度上,我想是的。我明白你的意思。"迈克尔说。

"而且,如果你使用'价值'和'没有价值'等概念,即使你回避了对自己的妖魔化,也往往会专注于不同程度的'价值'。因此,你往往会对自己说,'我今天很有价值,我昨天的价值没有这么多,我希望并祈祷自己明天拥有更多价值。'你关于'价值'和'没有价值'的思想导致了内疚、羞愧和自我厌恶等不安的感觉。怀着'你不会因为你的有效而变得有价值,也不会因为你的无效而变得没有价值,你只是存在而已'的想法,你可以过得更舒服。大多数人很难认识到并接受这种想法。不过,当你明确赞同这种想法时,你会消除自己具有内在'无价值性'的观念和自我仇恨。"

"我要想一想这种观点,"迈克尔说,"不过,它似乎的确有些道理,而且的确与自我接纳存在联系。"

"是的,它与无条件自我接纳之间存在重要的联系。这是因为,自我接纳意味着充分接纳你自己、你的存在以及生存和尽量追求快乐的权利,不管你有什么特点,不管你做了哪些事情。它并不意味着自重、自信、自尊或自爱。这是因为,所有这些词语都意味着,因为你把某事做得很好,或者因为其他人喜欢你,所以你可以接纳自己。无条件自我接纳意味着因为你是活着的,并且决定接纳自己,所以你接纳自己。只有少数有天赋、聪明、能干、被人喜爱的人能够获得自尊或自信。不过,任何人都可以仅仅因为选择接纳自己而实现自我接纳。"

"自我接纳是否意味着不管我做什么,我都认为自己是有价值的,有资格生活和享乐?"

"是的,但我们并不喜欢'有价值'或'有资格'等词语,因为它们意味着对你本人的评价。它们意味着你需要做某事(或者避免做某事),以便感到'有价值'或'有资格'。当你拥有我们所说的无条件自我接纳时,你对你(和其他人)的内在价值做了最低限度的假设。"

"怎样的最低限度假设?"

"有几点。第一,你存在。第二,通过持续存在,你大概可以获得更多的快乐而非痛苦，因此继续生活下去对你来说是一件理想的事情。第三，你可以帮助自己减少痛苦，增加快乐。第四，你决定（这构成了自我接纳的本质）要努力生活，并且尽量使自己的生活变得快乐和不太痛苦。换一种说法，你将短期和长期享受选作你的主要存在目的。你可能会努力追求成就和他人的认可，这不是为了证明你作为一个人的伟大，不是为了进入天堂，只是因为你更喜欢取得成就以及获得别人的爱。"

"所以，我最好不是问自己'我有什么价值''我如何不断提高自己''我如何为其他人留下深刻印象'或'我要怎样做才能使自己变得高贵'，而是问自己'我如何才能避免不必要的痛苦，发现我在人生中真正喜欢的事情并将其付诸实施'，对吧？"

"是的！你把'通过你在试验中发现的任何个人和社会途径进行现在和未来的狂欢'当成了你的存在目的。"

"你是说，我可以期待更加快乐的存在。不过，我仍然不会变得更'有价值'，只会变得更有活力、更快乐？"

"是的。我们希望你不会在做错误或不明智的事情时（你是一个不完美的人类个体）诅咒或惩罚自己。你将接纳拥有愚蠢思想、感觉和行为的自己，用你的'糟糕'经历帮助自己享受生活，在未来做出更好的表现。到那时，你就实现了最大的自我接纳。"

Chapter 11
第 11 章

减少你对失败的极度恐惧

如果你只是用你对爱的极度需要折磨自己，你会创造出足以持续一生的痛苦。如果你希望感到更加痛苦，你很容易添加另一个愚蠢的观念，即**二号非理性信念：你绝对必须完全做到能干、胜任和有成就**。另一种更加明智但仍然很愚蠢的形式是：**你至少必须在一些重要方面有能力或有天赋**。

我们的许多客户受到了对于失败和无能的极度恐惧的严重折磨，这种现象常见于相信上述思想的人，这是一个悲剧。莎拉是一个聪明而有天赋的女人，她擅长个体活动，比如写作和作曲，但她拒绝参与任何群体活动，因为她担心自己的表现不像其他参与者那样好。而且，在写作和作曲时，她很少把任何内容记在纸上，而主要是在头脑里进行创作，以免其他人对她的工作进行仔细检查。

帕特丽夏是一个非常聪明的女人，她担心自己无法在自己的宴会上与宾客进行良好的对话，常常拒绝开口，在整个晚上几乎什么也不说。不过，在其他人的聚会上，当她没有充当优秀女主人的责任时，她可以很好地进行流畅的交谈。

25岁的物理学家克里斯一直无法享受性爱，因为他需要向同伴证明他的"阳刚"。如果他在同一个晚上有了第二次性高潮，他就可以获得很大的享受，因为他觉得他向女伴证明了自己的"雄风"。

30岁的教师卡里觉得如果她出去约会，可能受到侮辱，她的约会对象也不会帮助她有效地抵抗这种侮辱，因此她感到很焦虑。如果发生这样的事情（它当然从未发生），她觉得自己会遭受"可怕的羞辱"，恨不能钻到地缝里。

乔纳森不敢在治疗对话中考虑自己。他担心，如果他不能向治疗师展示出他有多聪明，就连这样的事情也会像他所尝试的其他许多事情一样以"彻底的失败"收场，因此他在治疗过程中很少说话。

上面是我们见过的数百个客户之中的典型案例，它们说明，一些人担心在某个任务或目标上失败，他们常常不会努力争取他们想要的事物，因为他们认为失败是最糟糕的罪行。我们之所以治疗过许多这样的人，不是因为他们来找我们寻求帮助，而是因为各行各业存在许多这样的人。看看你的周围，你很快就会看到这样的人！

"只有当你取得成就时，你才是有价值的人，如果你在一些重要领域中缺乏能力，你最好蜷缩着死去"的观念包含一些非理性：

1. 显然，几乎没有人能够胜任和精通大多数领域，取得完美的成就。就连莱昂纳多·达·芬奇也有许多缺点。我们这些普通人更不能幸免，包括这本书的作者。试图在一个领域中或一件事情上做到优秀是很难的，因为数百万人在同一领域中和你竞争。你在各个领域中取得成功、做到完美的目标注定了你会非常失望，即使你只是偏爱这个目标。如果你必须实现这个目标，就要当心了！

2. 除了通过武断的定义以外，成就不会增加你的内在价值。如果你由于自己在某件事上的成功而认为自己是"更好"或"更伟大"的人，你可能会暂时感到自己"更有价值"。不过，你的成功实际上无法在任何程度上提高你的内在价值，你的失败也不会降低你作为一个人的价值。你也许可以通过实现这个或那个目标获得更大的快乐或更高的效率。不过，感觉"更好"并不会把你变成"更好的人"。你之所以"优秀""有价值"或"有资格"（如果你喜欢使用这些不好的词语的话），是因为你是活着的。通过成就提高你的"自我价值"实际上是一种虚荣，是"你是没有价值的，除非你取得成就"的信念以及伴随它的"由于你取得了成就，所以你有真正的价值"的信念。

3. 准确地说，你不是任何具体的事物。阿尔弗雷德·科日布斯基的学生、研究一般语义学的小 D. 戴维·布兰指出，每当你使用动词"是"的任何形式时，你都会犯下粗心的错误。你不是屠夫、面包师或烛台制造者。相反，你只是一个人，你不仅从事这些职业，也会做其他许多事情。我（埃利斯）不是心理学家，因为我虽然花了许多时间从事心理工作，但我每周也会花费许多时间讲课，前往世界各地，举办讲习班、研讨会和强化班。我（哈珀）也不是心理学家，因为除了从事心理工作以外，我还会从事园艺工作，带着我的狗在树林里跑步，和我的妻子米米度过许多美好的时光，阅读，写作，旅行，发表公开演讲，做其他各种事情。

当你根据自己在某项活动上的表现确定和评价自己时，你创造出了"你这个人拥有和这项活动一样多的价值"这一幻觉。这种观点有多大的合理性呢？

4. 虽然成就可能为你带来利益，但对成功的疯狂投入是有风险的，是令人不舒服的。那些拼命取得成就的人通常会使自己超越身体承受能力的极限，制造更多令人痛苦的环境，很少为自己提供足够的时间休息并享受自己所做的事情，或者过上更加全面的生活，他们还可能过劳死。如果他们真的比其他人更加享受工作，那很好。让他们一天工作14个小时吧——我（埃利斯）喜欢这样做，但我（哈珀）不喜欢这样做。

5. 对于成就的疯狂追求通常反映了超越别人、证明你比他们更好的极度需要。不过，你仍然是你，如果你必须充当领头羊，那么你将无法做"自己"（做你很喜欢做的事情）。其他人和你有多大的关系？如果他们拥有糟糕的品质，这是否会使你在任何程度上变成一个更好的人？如果他们在某种表现上超过你，这是否会使你变成没用的人？只有根据你头脑中的定义，你才能判断其他人比你更好或更差。如果你认为你作为人类个体的"价值"取决于你与其他人在各项特点上的比较，你几乎永远会感到不安全和"卑微"。在你仅有的一生中，你将以他人为导向，远离你想做的事情。你会用自我贬低的话语发誓，比如："只有当我的表现和其他人一样好或者优于其他人时，我才能接纳自己，享受生活。"这怎么会使你感到安全呢？

6. 如果你疯狂地追求成就，你会对失败感到焦虑，你会害怕承担风险，你会由于犯错误而责备自己，你会逃避你真正想要尝试的冒险项目。通过坚持要求自己获得出色的成就，当你犯错误时，你会为此感到抑郁，拒绝"危险"的任务，由于自己的逃避而贬低自己。你的成功"义务"注定了你不仅会失败，而且会惧怕失败——这通常比失败本身更能影响人生。

我们的一些客户拥有性功能障碍问题，他们是"对失败的恐惧比失败更糟糕"的常见而可怕的例子。正像我们在其他书中提到的那样［包括《成功婚姻指南》和《聪明女人的约会和婚姻指导》(*The Intelligent Woman's Guide to Dating and Mating*)］，你起初可能由于许多"正常"的原因失去性功能，包括疲劳、疾病、对业务的担心、缺乏对同伴的吸引力或者对怀孕的恐惧。在这种情况下，你可能会形成根深蒂固的无能感，并且当你失败时告诉自己，"我相信我会不断失败下去，因为我是一个极为无能的人"。

不管性功能障碍的最初原因是什么，你都有可能持续糟糕的表现。你现在对失败产生了恐惧。例如，你可能会不断对自己说："哦，我的天！我之前失败了，而且可能再次失败。如果我的同伴看到我栽跟头，这是多么可怕，多么令人尴尬啊！"

如果你用这种把事情往坏处想的方式对待性，就很容易不再拥有性兴奋和正常的功能。首先，你专注于自己的焦虑，而不是性唤起刺激。其次，你说服自己相信，你很可能不会有反应。因此，你对于希望自己愉快回应的情况产生了恐惧。这就像是向你的生殖器输送了冰水而不是热血！

如果你不断要求自己取得成功，你可以在任何领域中失去能力。我（埃利斯）的一个客户小时候似乎拥有天生的田径能力，而且比群体里的其他孩子拥有更强的棒球能力。不过，当他开始将自己与年龄更大、更有天赋的运动员进行比较时，他对于击球和捕球产生了巨大的担忧，因此失去了对于棒球的所有兴趣，完全停止了棒球运动。接着，他开始惧怕对于几乎一切新事物的尝试。当他来看我时，30多岁的他没有任何强烈的兴趣，无法沉浸于任何追求之中。

下面，让我（哈珀）介绍另一个关于惧怕失败的极端案例。34岁的办公室经理罗伊一直无法勃起。他说："我知道我对失败的恐惧导致我在珍妮面前阳痿，但我怎样才能不再感到害怕呢？我不想失败。我认为不能兴奋是很可怕的。当我试图与珍妮性交时，我感到自己非常无能，甚至无法进入。我的确认为这很可怕。在这种情况上，我还能对自己说什么呢？"

"但它为什么可怕呢?"我问道,"你告诉我,你可以通过触碰珍妮的阴蒂区域满足她。在以这种方式实现性高潮以后,她似乎放松而快乐。不是吗?"

"是的,但是我呢?我从哪里获得满足?"

"等一下,我们很快就会提到你。不管怎样,你的处境的'可怕之处'是你无法通过性交满足自己。是吗?"

"不太对。我不想让珍妮认为我是无能的。该死,我也不想以这种方式看待我自己。"

"啊,所以你不只是在健康地为自己缺乏满足感而遗憾。你在告诉自己,'现在,我不断错过许多性快乐,多么讨厌!'你的自我陈述是准确的,因为你的确错过了一件好事。不过,你还添加了非理性信念,'珍妮无疑会认为我是弱者!也许我的确是同性恋!这不是很可怕吗?我糟透了!'你是否一直在向自己讲述这样的话语?"

"差不多。"

"那么,你的问题难道不是已经有了一个比较明显的解决方案吗?"

"呃——我想是的。不再为自己提供非理性信念,不断相信理性信念。对吧?"

"正是。不再告诉自己没有性功能多么可怕,多么恐怖,这会使你变成同性恋,你认为这也是可怕的。重新感到健康的遗憾,为你不断错过一些性快乐而遗憾。专注于珍妮以及你可以从她那里发现多少快乐。"

"在这样做的过程中,我对珍妮说什么呢?我是否应该和她讨论这件事?"

"一定要和她说。下次你和珍妮决定发生性关系的时候,向她讲述这样的话语,'瞧,亲爱的。我的治疗师告诉我,我的性问题存在于我的头脑之中。它来自我不断告诉自己的愚蠢观点。他说,你和我可以采取更加明智的性态度,忘掉作为最终目的的性交,专注于相互取乐。我们可以寻求各种性快感,而不是专注于我是否勃起。你以你和我认为快乐的任何方式抚摸我,我会以我们两个人似乎都喜欢的任何方式爱抚你。而且,就像我们已经做到的那样,我会确保你以某种方式得到满足。接着,他说,如果我们不再担心我是否勃起，我的身体就会自动运转，我可能会获得比过去更好的功能。不过，重点是：不管我们是否性交，我们都可以非常享受性爱。如果我们专注于此，我们就可以解决我们的大部分问题。'"

"我觉得你说得不错。不过，这些话听上去有点疯狂。如果我和珍妮声称我们不在乎我是否勃起，我们不是在欺骗自己吗？"

"是的，前提是你哄骗自己相信这件事一点也不重要。这件事的确比较重要。不过，它并不是像你一直想象的那样重要。就像珍妮已经证明的那样，和几乎所有女人一样，即使你不勃起，她也可以获得性高潮。我相信，你也可以用不坚硬的阴茎极大地享受性爱。实际上，我的许多当事人在性交很少的情况下不断享受性爱。假设你和珍妮在交配的时候更加快乐。那么，在不交配的时候，你们仍然可以在很大程度上互相满足。

如果你不再专注于性交的必要性，而将它看作一件非常令人满意的事情，你很可能会很快享受它。不过，请记住：当你不相信我的话时，不要试图用'你相信我的话'的想法欺骗自己。如果你对自己说，'我会假装以其他方式取乐，因为这可以帮助我勃起'，这样做是不起作用的。应该真正说服自己，真正相信永不性交的结果并不可怕。它只是一种不利或不便。"

"所以，我可以向自己证明，即使我想要性交，我也不需要它。我可以说服自己相信，最重要的不是交配，而是玩得愉快。"

"是的。如果你专注于取乐，你几乎一定会在这方面取得成功。不过，如果你迷恋性交，你可能不会获得任何快乐！"

当天晚上，罗伊按照我在上面提到的话语和珍妮进行了长谈，然后和她发生了性关系。他只是努力享受快乐，而不是想要实现很好的勃起。几个月来，他第一次感到了快乐，而且第一次将勃起维持了 20 分钟，实现了人生中最好的一次性交。具有讽刺意义的是，珍妮喜欢罗伊的成功性交，但她仍然要求他直接按摩她的阴蒂，以获得自己的性高潮。

这里概括的应对性无能的方法是我们在 20 世纪 50 年代首先提出的，它与马斯特斯和约翰逊开创的方法既有相同点，也有不同点。马斯特斯和约翰逊针对面临性问题的个体进行了多年的实验和临床工作。他们意识到，人们之所以形成这种问题，主要原因不在于幼年时期的训练或者对于和某个家长乱伦愿望的内疚，而是在于他们对失败的恐惧。一个勃起有困难的人常常将他的自我价值或自我评价与"性能力"联系在一起。他不断监视自己，以了解自己的表现如何。因此，他的注意力远离了当前的主要活动——享受性狂欢。

马斯特斯和约翰逊注意到，过度关注失败的"可怕"常常导致性无能，因此他们设计了各种方法，尤其是他们所说的"性感集中训练"，以诱导两个人专注于其他事情：尤其是自己和同伴在身体上的快乐。在有能力的性治疗师的帮助下，之前"无能"的个体不再担心失败，开始享受前戏、性交和后戏。

在马斯特斯和约翰逊开始研究之前，理性情绪行为治疗师经常使用性感集中方法，尤其是我（埃利斯）在1954年出版的《美国性悲剧》中详细介绍的方法。不过，在理性情绪行为疗法中，我们常常使用其他两种方法。首先，如果两个人难以获得性兴奋或性高潮，治疗师会教导他们专注于性感的刺激。其次，他们会学习理性情绪行为疗法对抗"可怕化"的常规方法：如何完全接纳自己，不管自己是否失败。如果他们接受这种观点，学会不再贬低自己，在充分接受他们的表现可能比他们希望的更加糟糕的同时，他们对"成功"的大多数需要消失了，他们的性爱更具实验性、更加有趣（这是经常发生的）。同时，治疗师会帮助他们停止自责，因此他们在其他方面的焦虑也会消退。

"你必须在所有重要方面有能力"的想法可以归结为"你是超人而非人类，否则你就是一无是处的劣等人"的观念。我们的大众媒体不断宣传这种具有破坏性的思想。这种完美主义也是自我膨胀的结果。当你的文化告诉你某种事物令人愉快时，你会因此而强烈地想要得到它，你会将你的强烈愿望提升为绝对的"必须"的"要求"。这样，你就创造出了对失败的"恐惧"。

虽然理性情绪行为疗法有时被指过于理性，即过于机械或缺乏感情，但它实际上是最人性化的疗法之一，因为它的核心理念与上一段提到的观点相反。它不断教导人们，人类只是人类。我们既不是超人，也不是劣等人。如果你充分（我们是说"充分"）接纳你的人性和易错性，如果你放弃超凡入圣的尝试，那么你很难真正使自己对于任何事情感到非常不安。你之所以认为自己必须在重要项目上取得成功，主要是因为你固执而浮夸地坚持认为你应该成为比我们其他人更好的人。怀着这种"必须"，你常常会陷入情绪困境！

如果不相信上述愚蠢的观点，你可以明智地相信怎样的思想？你在能力和成就方面应该怎样做呢？

首先，你可以强调自己最好把事情做到完美，而不是必须把事情做到完美。这并不是说你的良好表现是不令人满意的。事实常常是相反的，因为通过良好的表现，你可以获得更多物质、服务和支持。很好！但它并不是必需的。

因此，你应该寻求快乐，而不是仅仅寻求成就。两者常常是相符的。你的网球打得越好，你就越是可以享受这项运动。不过，如果你只享受自己表现良好的事情，你很可能会对自己说：（1）"我喜欢这项活动，因为我觉得自己天生适合这项活动。"（2）"我喜欢这项活动，因为我不断展示出我的表现多么优于其他人。"

（1）是实用而健康的信念，（2）则不是。你通过优于别人实现的"自我价值提升"来自虚荣，这种虚荣来自"你一点也不优秀，除非你的表现胜过其他人"的想法。这种"自我价值提升"只能在你成功的时候持续。归根结底，它要求绝对优于其他人的完美表现。

要想更加理性，更好地实现自己，你应该努力享受游戏，而不是仅仅享受你在游戏中的成功。应该以艺术的方式努力提高自己的表现，而不是沉迷于超越别人的表现。接受"你可能在一些条件下表现得很好，但你几乎无法在所有条件下做出良好的表现，即使你实现了最初的目标，你也无法取得完美的成就"的事实。维持严格但并非无法实现的目标。如果你没有实现目标，则试着感到沮丧而不是凄凉。承认你的失败，但是不要因此而评价你自己。

如果你明智地对待成就问题，你的表现很可能会比你认为自己极度需要成功时的表现要好。这是因为，你会学着接纳自己的各种错误，而不是对着它们发火，你会运用它们改进未来的尝试。你会意识到，实践比其他几乎任何事情更能减少错误。你也会在不怕犯错误的情况下承担更多风险，并且尝试你本想回避的许多任务。

如果你愿意做好某个项目，并且愿意在失败时无条件接纳自己，你就会努力发挥自己的最佳水平，而不是在所有人之中做到最好，你不会把你的"自我价值"牵涉进来。你会努力做到精通，但你不会用它来证明你是更优秀的人。你是更好的表现者，但你不是伟大的个体！

　　25岁的物理学家本来找我（哈珀），因为他觉得自己在不断失败。实际上，他表现得非常好，远高于平均水平。他不仅早早获得了博士学位，而且参加了大学足球队、棒球队和篮球队。人们认为他高大、健壮、英俊。25岁的他被同事视作顶级物理学家。本几乎拥有了一切，但他却感到自己能力不足。

　　他在早期的一次治疗中说："问题完全在于我的虚伪。我生活在虚伪的炫耀之下。时间越长，人们越是表扬我，对我的成就小题大做，我就越是感到难受。"

　　"你所说的虚伪是什么意思？"我问道，"我想，你在上次治疗中告诉我，你的工作在另一个实验室里得到了检查，那里的一些人认为你的思想具有革命性。在对你的态度上，那些科学家在欺骗自己吗？"

　　"哦，我的数据和我的解释很可能足够合理。不过，我浪费了那么多时间。我可以做得更好！就在今天上午，我坐在办公室里发呆，什么也没做。我经常这样发呆。还有，当我真的解决问题时，我并没有应当具有的清晰和精确的思路。就在前几天，我发现自己犯了一个连大学一年级学生都不会犯的错误。在为下次会议撰写论文时，我花了几个星期的时间做了最多应该在几个小时里完成的事情。"

　　"你对自己是不是过于严格了？"

　　"不，我不这样认为。还记得吗？我跟你说过，我想写一本通俗读物。到现在，在三个星期的时间里，我完全没有花时间完成这项工作。这种东西非常简单，我应该在用右手撰写科技论文的时候用左手把它写出来。我听说，像阿尔伯特·爱因斯坦那样的人可以流利地向报纸记者说出精彩的内容，这些内容比我几个星期以来费力写出来的东西优秀一倍。"

　　"也许吧。也许你现在还不像少数优秀的物理学家那样出色。不过，你判断自己的标准是我在过去一年里听到过的最具完美主义色彩的标准！现在，仅仅25岁的你在一个深奥的领域中拥有了一个博士学位、一份优秀的工作、一份很可能非常优秀的专业论文以及一本正在撰写的优秀科普图书。仅仅由于你还没有达到爱因斯坦的水平，你就严厉地责备自己。"

"我难道不应该做得更好吗？"

"不，为什么你应该做得更好呢？在我看来，你已经做得很好了。你进行自我贬低的主要原因在于你的完美主义。你选择了像爱因斯坦这样以极为优秀的沟通能力著称的物理学家作为对比，悲伤地认为你的表现没有他那么好。你将一生中有些迟钝的时期与最具创造性的时期进行比较。对于爱因斯坦和牛顿等创造者的研究表明，他们的活动并不是均匀的。没有人，我是说没有人，永远都在进行聪明的创造。实际上，当创造者凝视窗外、看似在浪费时间的时候，他可能修改了自己的思想，并且导致了不同寻常的发现。"

"也许吧。不过，这并不能证明我在凝视窗外的时候酝酿了杰作。"

"是的，它不能证明这一点。不过，让我们假设你的确在凝视窗外的时候浪费了一些时间。为什么这是可怕的呢？为什么你必须一直非常完美、非常优秀呢？"

"因为我需要有所产出。我需要充分利用自己的天分，不再感觉自己像个骗子。"

"为什么？为什么这么着急？是什么使你如此强迫自己？假设你的确拥有伟大的天赋，假设你可能成为爱因斯坦。你必须完美地工作吗？你必须成为一台优秀的大脑机器，在放慢速度之前必须产生无数优秀的思想吗？如果这样，也许很好。不过，你为什么必须这样？如果你喜欢发挥自己的创造潜力，这很好。不过，这种自责，这种将自己疯狂地推向极限的做法，你认为这很有趣吗？"

"所以，你认为我没有利用自身潜在能力的义务？"

"是的。相反，对于自己，你拥有真正享受生活的义务，这种享受不是指当下，而是指你的大部分人生。如果最大生产力是你享受长期满足感的最佳途径，这很好。不过，事实真的如此吗？或者，如果你根据自己的潜在能力工作，而不是坚持要求取得完美的表现，这是否更加明智，长期来看更有成效？如果你努力实现自己作为科学家的价值，而不是由于没有超越他人而批评自己，这样做对于你和社会是否更好？"

我们进行了一场艰难困苦的治疗"战斗"。最终，本承认，他在强迫性地追求成就，他可以不那么拼命地努力精通他所选择的领域。正像他在最后阶段的一次治疗中报告的那样：

"我过去常常尽自己的最大努力做事，仿佛我的生命取决于此。现在，我仍然在努力以我所知道的最佳途径完成每个项目，但是不像'如果我失败，我就会变成罪犯'那样努力。如果我的最高水平不太符合标准，那很可惜。不过，我仍然会接纳它，将它作为我的最高水平。自从我不再责备自己以后，我的工作更加高效，我也更加享受工作了。如果我能完成今天想要做的事情，我就会去做。如果我由于某种原因无法完成，我知道还有明天。如果我想做的一些事情从未完成，那很可惜。就像你曾经对我说的那样，我不是被诅咒的天使。我现在真的接纳了自己作为凡人的局限性。"

通过这种理性情绪行为疗法，人类是否失去了一个潜在的天才？完全不是。本开始享受自己的工作，他比过去做出了更有价值的物理学贡献。他失去了什么？他的完美主义和痛苦。

我们当然不反对掌握知识和取得成就的驱动力。拥有优秀大脑细胞的人常常感到自己不得不使用它们创造新的原创性事物。这种感觉可能已经存在很久了！对他们来说，更大的快乐与创造性努力之间存在联系。前提是他们不坚持抱有"永远不能浪费一分一秒"的完美主义观念。

正像我们有时对客户说的那样：你可以出于许多原因攀登最高峰。你可能喜欢爬山，可能喜欢应对这座巍峨的山峰带来的挑战，或者对于山顶的风景感到激动。不过，你也可能拥有不良的登山理由：向下看，朝下面的人吐唾沫。

Chapter 12
第 12 章

如何停止责备,开始生活

我们实际上可以把神经过敏的本质总结成一个词语：责备或者诅咒。如果你真正停止诅咒自己、其他人以及不友好的环境，那么你几乎不可能对任何事情产生情绪困扰。是的，任何事情。

不过，你很可能常常谴责自己和其他人。有时，你可能持有强烈的**三号非理性信念：人们一定不能做出讨厌或不公平的行为，当他们这样做时，你应该责备和诅咒他们，将他们看作不好、邪恶或糟糕的个体**。这种思想隐藏在许多人际关系之中。它是非理性的，原因有以下几点：

1. 我们可以将其他人称为糟糕个体的思想来自自由意志学说。我们不能说人类没有任何自由意志。理性情绪行为疗法也认为，人们常常可以选择使自己感到不安或者不使自己感到不安。不过，人类的自由意志相对较少。许多研究表明，人们拥有以某些方式行动的遗传倾向或天生倾向，包括学习和形成条件反射的倾向。所以，由于他们的内在倾向和习得倾向，当他们选择"好"或"不好"的方向时，当他们持有鼓励他们遵循某些道路的理念时，他们很难做出改变（尽管这不是不可能的）。因此，由于他们的错误行为而谴责他们的做法实际上做出了一个不公平的假设：他们可以完全自由地选择自己的行为。实际上，他们根本做不到这一点。

2. "当人们做出错误行为时，他们是不好和邪恶的"这一想法来自第二个错误观念：我们很容易定义"好的""不好的""道德的"和"不道德的"行为，理智的人很容易看到自己的行为何时"正确"或"错误"。现代思想家证明，道德是一个相对概念，在不同的地点和环境中存在很大的差异。不同社区很少能对"真正的好"和"真正的坏"达成普遍的一致。正像约瑟夫·弗莱彻和其他作家表明的那样，人类道德的条件性强于绝对性。后现代哲学认为，不可改变的绝对主义道德和伦理规则过于严格，无法发挥作用。乔治·凯利等建构主义心理学家和思想家也反对绝对主义。对于大多数人来说，即使"知道"或接受"好"行为的某些标准，他们也很容易无意识地对自己的行为进行合理化，找到做"坏"事的"好"理由。如果我们谴责人类在定义和接受"好"行为上的无能，我们就是不现实和不公平的。

3. 即使我们对于"对"和"错"的标准达成一致，我们也无法公平地谴责人们不遵守这些标准。我们最好帮助做错事的人对自己说：（1）"我做了错误或不道德的事情，我要在很大程度上为此负责。"（2）"我要如何纠正自己，避免未来做出这种行为呢？"不过，我们由于他人的错误行为而攻击他们的做法可以帮助他们相信一组不同的自我陈述：（1）"我做了错误或不道德的行为。"（2）"做出这种行为的我是多么糟糕的人啊！像我这样没用的人怎么能改变呢？"

当你由于一次错误的行为而贬低自己时，你会倾向于认为自己是没有价值和不合格的（而不仅仅是犯了错误或不道德），或者拒绝承认自己的错误，甚至拒绝承认你做了这件事。换一种说法：通过你的罪恶而谴责自己，你往往会感到卑微，对你的错误行为耿耿于怀，或者否认你的不道德。你可能永远无法采取"纠正自己的表现"这一相对简单的行为，因为（由于自我责备）你专注于惩罚自己或拒绝承认你最初犯了错误。责备你自己而不是责备你那愚蠢或不道德的行为常常会导致进一步的不道德、虚伪和逃避责任。

4. 如果你由于自己的错误而严厉斥责自己，你可能会非常害怕犯更多的错误，因此你会回避试验、冒险和投入地生活。

5. 由于自己或他人的"罪恶"而谴责自己或他人的做法可以帮助你回避明智的道德。在正常情况下，你的行为是道德的，不会伤害别人，这不是因为你认为自己在不道德的时候是十足的讨厌鬼或"罪人"，而是因为你意识到，到最后，你会伤害自己和你所爱的人。如果你毫无必要地干预其他人的权利，他和他的亲戚朋友往往会进行反击。即使你本人能够逃离伤害，你也会促成一个不公平的、缺乏秩序的系统，你通常不希望生活在这样的系统里。因此，由于开明的利己主义，你接受了社区的规则。你做出道德的行为，以帮助自己和你所爱的人。这与为了不成为"讨厌鬼"而表现良好是不同的。

6. 责备他人的做法混淆了他们的错误行为和他们的糟糕本质。不管人们做了多少邪恶的事情，他们都不可能具有内在的邪恶性，因为他们可以在今天或明天改变行为，不再做坏事。正如经常失败的人不是失败者，经常做出不道德行为的人也永远不会是完全的罪人。人们（或好或坏）的行为来自他们的存在，但是并不等同于他们的存在。他们的内在价值来自定义。如果这种内在价值存在，那么它实际上与他们的外在价值或对于他人的价值没有任何关系。将一个人称为罪犯、恶棍或坏蛋，意味着由于他过去做过罪恶的行为，因此根据他的本性，他未来一定会继续这样做，没有人能够证明这一点。当我们为他人贴上"罪人"的标签时，我们使他们更加相信自己的无望，自己无法在未来停止做错事。

7. 谴责其他人意味着你使自己对他们感到愤怒或敌意。愤怒的感觉反映了你的自大。当你感到愤怒时，你实际上是在想，"我不喜欢乔的行为"，"因为我不喜欢他的行为，所以他绝对不应该这样做"。在此，你的第二个信念是泛化而不合逻辑的推论，这个结论并不符合你的前提。为什么仅仅因为你不喜欢乔的行为，他就不应该这样做？"你对乔的行为的偏好绝对应该使他改变行为"的想法是不现实的，就像是上帝的想法一样。

8. 责备自己或他人不仅会导致愤怒，就像上面说的那样，而且会导致许多令人不快的暴怒。即使你正确地认识到乔的行为是不道德的，"他一定不能做错事"的想法以及你随后的愤怒也很难阻止他再次做坏事。实际上，这可能会为他提供不断做错事的刺激，因为你恨他，他也要用仇恨来回应你。这几乎总会激起你的仇恨，可能会导致高血压或身心疾病，使你偏离真正的问题：如何有效地说服乔不再做坏事？互殴、决斗、强奸、战争——实际上，你能想到的人们对其他人的几乎所有不人道的暴力行为，都来自我们对于自己所认为的（这种想法也许是正确的）其他人的错误行为的自大的谴责。正如错误加错误不等于正确，对于冒犯者的暴怒很可能是纠正他们的最糟糕的途径。

9. 正像我（埃利斯）在《愤怒——如何在有它和没有它的情况下生活》（*Anger—How to Live With and Without It*）一书中指出的那样，如果你由于自己所认为的其他人的错误行为而全面谴责他们，你往往会对自己施加同样的标准，最终对自己产生很大的厌恶。对于他人缺乏原谅会导致对于自己缺乏原谅。它会促使你对于自己的失败形成完美主义态度。由于他人的错误而贬低他们会促使你贬低自己作为人类的价值。

10. 由于上述所有原因，"我的不道德行为使我成了一个糟糕的罪人"是不合逻辑的结论。你可以说你的行为是"错误的"和"不道德的"，因为它会导致对社会不理想的行为，但你无法证明自己是糟糕的。这是因为，"我是糟糕的人"这一命题不仅仅是说你的一部分行为是糟糕的。包括暗示和潜在含义在内，它真正的意思是：（1）你做出了糟糕的行为；（2）你总会并且只会做出糟糕的行为；（3）由于允许自己做出这样的行为，你应当受到彻底的诅咒。上述第一条陈述也许是准确的，但第二条是无法证明的，第三条来自定义，是无法证明的，并且具有破坏性。

为了说明责备和自我责备的倾向，考虑不断吵架的戴夫和凯伦的案例。我（埃利斯）在婚姻治疗中见到了他们。戴夫是新闻工作者，由于报道南方不同种族之间的紧张关系和斗争在全国范围内获得了声誉。纽约一家大型报社为他提供了一份很光荣、工资也很高的工作。在与妻子进行讨论以后，他接受了这份工作。

戴夫先与家人来到这座大城市寻找房屋，问题由此开始。他发现，即使把预算设置为他们在南部小镇那所房子的两倍价格，他也只能在纽约市最差的地区获得栖身之处。由于没有任何积蓄，他租了一间公寓，"以便在他找房子的时候让家人有一个落脚点"。

对于那些工资很高但所在城市生活成本也很高的人来说，接下来的故事也许很耳熟。租金、食物成本、服装和其他开销很快消耗了戴夫工资的上涨部分。为了让妻子和孩子远离新公寓所在的"拥挤"地段，他们似乎必须在离家很远的地方吃饭和游玩，这又进一步加剧了家庭的财务困境。

除了这些问题以外，戴夫还觉得他对新工作越来越失望。他获得了行政职责，对此他准备不足，而且缺乏兴趣。他在报社里的上司公开支持自由主义，但在实践中，当他的员工想要无所顾忌地报道新闻时，他担心一些大型广告商会产生警觉，对他们的文章进行审查。

当戴夫和凯伦前来接受治疗时，他们已陷入绝望。家庭和职业上的快乐似乎永远消失了。凯伦责备戴夫愚蠢地搬到纽约，对她和孩子没有给予足够的关心。戴夫责备自己误判了新工作，并且无法很好地掌控自己的生活条件。他还感到愤怒，因为凯伦"不配合，没有性吸引力，是一个糟糕的母亲"。

这对夫妇的一次早期对话是这样的。

凯伦：医生，戴夫仿佛觉得事情还不够糟糕，因此他开始在下班后到外面喝酒。他不再是优秀的新闻工作者了，所以他不得不坐在酒吧里，告诉人们他可以多么出色地报道布尔溪战役，以便装出优秀新闻工作者的样子。

戴夫：这些日子，我觉得家里"拥有"比其他地方更多的训斥。为什么我要回到家里听你发表关于我多么讨厌的千篇一律的言论呢？

治疗师：我想，你们两个人已经说清了自己对于对方的抱怨。现在，为了便于讨论，让我们暂时假设戴夫一直在犯一些非常愚蠢、自私、恶意的错误。

凯伦：我没有说过"恶意"。我觉得他的考虑比较周到，没有任何恶意。不过，我接受其他形容词。

戴夫：我就知道她会接受！还有她能想到的其他几个亵渎性词语。她可以毫无困难地想出几千个这样的词语。

治疗师：好的。凯伦，假设你的丈夫犯下了一些非常愚蠢的错误。我们可以为他找到许多借口。例如，我们可以指出，凭借过去的经验，他不可能知道他在纽约会遇到多么糟糕的事情，因此他的错误是可以原谅的。不过，让我们略去所有这些条件，只是简单地说他犯了一系列愚蠢的错误，他还在继续犯下这样的错误，包括他和伙伴们喝酒。好的，所以他犯了错误。现在，你由于他的错误而严厉谴责他的做法有什么好处呢？你的批评有多大的帮助呢？

凯伦：呃，但是……你觉得我应该由于他的这种白痴行为而向他颁发奖牌之类的东西吗？为了把事情变得更加糟糕，他还毫无骨气地在酒精中逃避问题！你觉得我应该像优秀的妻子那样安慰他，鼓励他去犯更多错误吗？

治疗师：不，不是的。如果你真的去尝试，你就会发现，你这些幽默的建议可以起到很大的作用，甚至可能会使你感到吃惊。不过，我们还是不要让你把事情做得那么极端。假设戴夫犯了严重的错误，诅咒他有什么好处呢？你的责备帮助他减少错误了吗？这使他对你更加友好了吗？这使你自己感到更加快乐了吗？

凯伦：不。我无法给出肯定的回答。

治疗师：这种做法未来也无法起到同样的效果。这是因为，通常，你越是诅咒你的丈夫（或者在这种情况下的其他某个人），他就越是会产生自保态度，不太可能承认他的错误，尤其是向你承认。正像我们在一分钟之前看到的那样：当你批评他时，他的主要辩护观点包含了讽刺，这是人类的常见倾向，通过责备攻击自己的人保护自己免受责备。

凯伦：哦，我必须承认，他在这方面做得很好！

治疗师：是的，但谁又不是这样呢？戴夫越是反抗你，你就越不可能面对目前真正的问题，并产生"现在，让我想想。我这次做得不好，下次我如何改变方法，做得更好呢？"的想法。而且，他越是接受你的责备，按照你希望把他打倒的方式把自己打倒，他就越不可能认为自己在面对问题时有能力解决问题。这是因为，他会不断对自己说："凯伦是对的。我怎么能表现得如此愚蠢呢？我是一个多么完美的傻瓜！她绝对是正确的！像我这样的白痴怎么能走出我所陷入的混乱局面呢？我几乎没有希望了。继续努力是没有用的。我会让事情变得更糟。我最好还是喝酒喝到麻木，忘记这件可怕的事情，因为我无论如何都没有能力解决问题。"

戴夫：你说得一针见血！我就是这样对自己说的！当一个人的妻子一遍又一遍地告诉他，他是一个多么无望的蠢货和多么无能的可怜虫时，谁又不会这样做呢？

治疗师：是的。谁不会感到不安呢？在我们的社会里，几乎每个人都会这样。而且，每个人都是错误的。

戴夫：错误的？但你刚才说，当我的妻子不断地这样责备我时，我会自然而然地产生这种感觉。

治疗师：是的，这种自然是统计上的，因为大多数丈夫都会像你一样感到不安。不过，这并不意味着他们贬低自己和前往酒吧的做法是正确的。

戴夫：但我还能做什么呢？你觉得我能做什么呢？

治疗师：我认为你会做你现在所做的事情。不过，当我说服你接受一些新思想时，我希望你不会做你过去所做的事情——接受你妻子的责备，用它来责备你自己。是的，即使大多数丈夫都会这样做。

戴夫：你说的新思想是什么意思？

治疗师：主要是"你不需要接受任何人关于你的负面观点并用它来反对自己，即使这些观点在某种程度上是正确的"的思想。

戴夫：但是，在这种情况下，当你知道自己做了错事时，你怎么能不去接纳这些观点呢？

治疗师：非常简单。只需要遵循我们所说的理性情绪行为疗法的ABC理论。在你的例子中，A（我们所说的诱发经历或逆境）是"你做了很糟糕的事情，你的妻子由于你的错误而贬低你"这一事实。C（情绪后果）代表"你觉得自己像个傻瓜，不断通过喝酒麻醉自己"这一事实。你看看A，它似乎是妻子的合理责备。你看看C，它似乎是你自己的正当羞愧感。你对自己说："A自然会导致C。她正确地认识到我的表现很糟糕，并且由于这种低劣的表现而责备我。这导致了我的酗酒！"

戴夫：在我的例子中，A难道不会导致C吗？我不应该承认我的错误并为此而责备自己吗？我还能做出怎样的改变？

治疗师：不。A并不会像你想象的那样自动导致C。相反，A和C之间存在B——你对A的信念系统。B来自你的一般性人生理念，你（和凯伦）很容易构建这种理念，你在社会上也会学到它。这种理念认为，你应该由于做出错误的事情和犯下严重的错误而责备自己（贬低或诅咒你的整个人）。因此，当凯伦在A点批评你时，你在B点认为她的批评是正确的，你同意她所持有的"你的行为很讨厌，做出这种糟糕表现的你是一个十足的讨厌鬼"的观点。接着，由于你在B点的信念系统，你制造了C点的后果。你感到抑郁，开始喝酒，经历其他对自己不利的结果。

戴夫：但我还是要说，她在 A 点上对我的批评不是正确的吗？

治疗师：不。如果她在 A 点坚定地唤起你对于自身错误行为的注意，她就是正确的。不过，她的批评并不是仅仅起到了这种效果。她先是唤起你对自身错误行为的注意，然后说："但你不应该犯错误，你这个讨厌鬼！你没有权利做出如此愚蠢的行动。"不过，人类有权犯错误。即使你觉得犯错误并不好，人类的易错性也会鼓励你这样做。所以，你的糟糕错误不会使你成为糟糕的人。

凯伦：你是说我最好让戴夫注意到他的错误，然后将主要精力放在"努力帮助他在未来做得更好"上面吗？

治疗师：是的。他的错误属于过去。现在，你在改善当下方面可以做什么？为了让你们的未来与过去不同，你们两个能想到什么解决方案？为了使你们自己和你们的孩子过上更加愉快的生活，你们现在能做什么？

戴夫：我开始明白你的意思了。我想，首先，我可以不再像鸵鸟一样把头埋在街角的酒吧里。

凯伦：如果你做出这样的承诺，我也会做出自己的承诺。我以后不会责备你过去的错误，包括我曾经认为的把我们拉到这里向医生坦白我们的所有不幸的错误。我很高兴我来了。当我更加仔细地考虑问题时，我开始理解你为什么会把家搬到纽约，租到错误的公寓，犯下其他错误。我想，我本人也不是完美的天使！

戴夫：哇！我应该带来一台录音机，录下这段历史性陈述！这段坦白比布尔溪更具历史意义。不过，我也认识到了自己为什么会做出这些愚蠢的举动，还有你为什么会做出如此缺乏"天使性"的反应！如果我们能用一部分自责和责备对方的时间考虑我们真正的问题，我们就可以在解决问题的道路上走得更远！

治疗师：你明白了。当你关掉责备和诅咒的高温开关时，对于自己和对方你已经开始获得了更好的感觉。现在，让我们看看，我们能否让你们两个人在未来更少地责备彼此，更多地解决问题。那样一来，你们仍然会有一些真正的麻烦，但它们看上去不会是无法解决的。

事实证明，这种观点非常正确。几个月后，在戴夫成功地在一座中等规模的城市中获得另一份工作，（在凯伦的充分同意下）买下一所小房子并把饮酒量几乎降低为零以后，我收到了凯伦的来信："'戴夫一世'一直以至高无上的地位仁慈地统治着他的新工作。如果你没有看到他在多家报纸发表的关于北方吉姆克劳主义的系列文章，请告诉我，我会恭敬地把这些文章的副本邮寄给你。新家似乎很精彩。孩子们、戴夫和我交了许多好朋友。孩子们喜欢他们的学校。我喜欢房子和社区。虽然我们似乎存在偏见，但我们都很喜欢对方。你之前关于责备说了什么？我们从未听到过这个词语。谢谢你，我们爱你。"

现在，我们不应该给读者留下这样一种印象：当我们向两个人传授情绪困扰的 ABC，让他们改变自己的 B（信念系统）时，大多数婚姻辅导案例很快就会得到解决。这当然很好！可惜的是，这并不是事实。许多夫妇根本不愿意承认他们使自己感到不安，他们坚持认为是他们的伴侣使自己感到不安。其他一些人承认他们创造了自己的不安感觉，但他们很难改变他们的 B。自然，在这本书以及类似书籍中，我们往往会展示当事人迅速理解理性情绪行为疗法的 ABC 并努力改变自己的案例。不过，如果你很难定位和改变你的非理性信念，不要对自己的情况感到吃惊。几乎所有人都很容易不诚实地考虑自己和同伴。在你自己或你和亲爱的伴侣开始进行更加清晰的思考，采取更加明智的行动之前，你们可能需要大量的治疗和自我实践。

怎样做才能意识到你在诅咒自己和他人呢？怎样做才能应对和挑战你的破坏性责备背后的非理性信念呢？下面是一些答案：

1.每当你感到抑郁或内疚时，你可以认识到，在某种程度上，你很可能正在谴责自己，你还可以发现你用于创造自我诅咒的具体信念。你通常会对自己说：（1）"这件事我做得不好。"（2）"因此我是一个不合格或糟糕的人。"你可以把这些信念改变为：（1）"也许这件事我做得的确不好。"（2）"人类经常会这样做。"（3）"现在，让我在不进行自我诅咒的情况下发现自己的行为具体错在哪里，并且坚决在下次将其纠正过来。"

2.决心纠正你的错误行为常常是不够的，就像决心成为优秀钢琴家无法使你如愿一样。只有通过努力和实践，通过强迫自己走上新道路，你才能弹钢琴，节食，纠正过去的错误。因此，如果你希望做出符合道德的行为，你最好强迫自己做出对他人负责的行为。说服自己相信，你在短期内也许很容易从不负责任的行为中受益，但更好的行为很可能会使你获得长期满足感。

理性的道德来自利己和利他。你在实践道德时不是对自己说："我做了错事，我是恶棍，所以我必须停止我的错误行为。"你之所以遵守道德，是因为你相信"我做了错事；如果我继续做错事，我会不断破坏自己的目标，促成我和其他人不希望在其中生活的世界的形成；所以我最好改变我的做法"。为了放弃自我诅咒，你首先使用一号洞见："我感到自己像个讨厌鬼，因为我常常听到父母对我说我不优秀，而且我愚蠢地同意了他们的观点。"接着，你使用二号洞见："我仍然相信这种蠢话，因为我现在选择相信它。"最后，你使用三号洞见："我最好承认自己的不道德行为，但我应该停止将自己看作值得诅咒的糟糕的人。通过努力反驳我的自我批评性信念，我可以强迫自己表现得更加道德。"

3. 你可以学习区分责任和对于不负责任的自责。你常常要对你的行为负责，因为它是你做的，你在理论上可以避免这样做。不过，不负责任的行为永远不会使你成为没有价值的人。

4. 当你发现自己暴怒时，承认自己的浮夸和完美主义。如果你只是不喜欢别人的反应或者对其感到恼怒，那么你拥有健康的负面感觉。此时，你希望人们做出不同的表现，当他们没有这样做时，你感到沮丧或失望。不过，暴怒来自这样的信念："我不喜欢迪克的行为。所以，他不应该这样做。"你可以持有另一种想法："我不喜欢迪克的行为。现在，让我想想如何说服或帮助他改变行为。"当你暴怒时，应该解决你自己的浮夸问题，强迫自己（是的，强迫自己）接纳迪克和他令人不悦的行为，从而消除你所创造的诅咒和愤怒。不过，如果迪克虐待你，你需要设置界限，远离迪克。

如果你通过使用上述技巧不断挑战和反驳你所持有的责备自己和他人的信念，那么你最终不会变成圣人或波丽安娜。你仍然会在许多情况下完全不喜欢自己或他人的行为。不过，你将拥有更好的机会改变你不喜欢的事情，而不是沉浸在自己的烦恼中。人类会犯错误，原谅他人和自己的糟糕行为是明智而现实的。你接纳罪人，同时仍然认为罪恶是错误的和具有破坏性的。还是那句话，当罪人的恶行非常糟糕时，你应该回避他们。你应该一边接纳自己，一边积极地纠正你的糟糕行为。

不过，假设你试图接受我们（和其他人）友好地向你提供的所有原谅自己和原谅别人的建议，但你发现自己很难做到这一点。你是不是生来具有强烈的诅咒倾向，或者是在这种教养中长大的群体中的一员？坦率地说，这是可能的，尽管这似乎比较罕见。不过，如果你真的拥有这种倾向，你可能需要比其他"善良人"更加努力地减少这种倾向。凭借大量努力和实践，你通常可以做到这一点。是的，努力。是的，实践。

如果你仍然难以减少对自己和他人的诅咒，则应该进行细致的心理评估，考虑接受心理治疗甚至药物治疗的建议。严重的情绪困扰永远不是耻辱，它只是一个需要解决的问题。所以，永远不要因为拥有这种问题而贬低自己或者任何人。换一种说法，不要由于任何事情而贬低自己，包括诅咒和自我贬低！

Chapter 13
第 13 章

如何感到失望而不是抑郁或暴怒

这个世界上99.9%的人常常遵循一种疯狂的观念：当他们失望时，他们必须感到痛苦或抑郁。就连许多心理学家也相信著名的"多拉德－米勒"观点：失望会导致攻击。这是多么荒谬！

"失望－攻击"理论来自**四号非理性信念：当你非常失望或受到不公正对待时，你必须将事情看作可怕的、糟糕的、恐怖的和灾难性的**。这种思想具有误导性，原因有几点：

1. 当你无法在生活中得到你想得到的东西时，你可能觉得很不愉快，但你不会觉得这是灾难性的或可怕的，除非你这样想。当事情变得糟糕时，你可以选择相信"我不喜欢这种局面。现在，让我看看怎样做才能改变这一点。如果我无法改变它，那么我的生活会很艰难，但并不可怕"。或者，你可以相信"我不喜欢这种局面。我无法忍受！它使我疯狂！它绝对不应该是这样的！情况必须改变，否则我就不可能快乐。"上述第二种信念会使你痛苦、自哀、抑郁或暴怒。第一种信念会使你感到失望和遗憾，但不一定会使你感到灰心或愤怒。

2. 儿童通常无法忍受任何程度的失望，但成人显然能够做到这一点。儿童在很大程度上受到环境的摆布。他们无法轻易看到未来，无法认识到即使他们现在失望，他们也不一定永远失望。我们无法指望他们从哲学的角度考虑自己的局限性。成人则不然。成人可以认识到目前的失望存在尽头，他们可以改变自己的环境，可以在暂时无法改变缺陷的情况下从哲学的角度接受自己的缺陷。

3. 如果你让自己（是的，让自己）对于你的失望感到非常不安，你会设置有效消除这种失望的障碍。你越是投入时间和精力哀悼你那悲伤的命运，痛骂令你失望的人，绝望地咬牙，你往往就越是不能积极地应对麻烦。即使你正确认识到其他人对你不公平，这件事为什么可怕呢？是的，它可能的确不道德。不过，谁说过人们一定不能做出不公平的行为呢？只有你！

4. 对于不可避免而又无法改变的失望，比如你的伴侣去世了，你无法让他或她重返人世，你可能仍然不需要由于这种损失而使自己感到不安。生活的确为你带来了损失！你的哭泣和哀悼会把你心爱的人带回来吗？你对无情命运的咆哮会使你感到更好吗？不管无法避免的事情多么令人不快，为什么不成熟地接受它呢？让我们假设它是一件异常糟糕的事情，是一个令人非常悲伤的局面。不过，（除了通过你自己的要求以外）你怎样证明它是可怕的呢？

5. 莱因霍尔德·尼布尔说过一句明智的话：你最好痛快地接受你无法改变的令人不快的条件。理性情绪行为疗法认为，存在的事物是存在的。如果它包括不幸和失望，你可以认为它是不好的。不过，你最好不要将其定义成灾难性的和可怕的！只要你仍然活着，你就是你的情绪命运的主人、灵魂的船长。不佳的条件可能会阻碍或破坏你的目标。有时，它们甚至会使你丧命。不过，它们无法完全打败你。只有你能打败你自己，条件是你相信存在的事物绝对不能存在，或者由于事物对你不利，所以你必须使自己感到严重的抑郁。

让我们看几个说明案例。玛丽一次又一次地来找我（埃利斯）。她一直在抱怨，她的丈夫不爱她，他从未向她提供她想要的事情，所以他是无用的坏蛋。在我看来，她的抱怨至少在一定程度上是有道理的。蒂姆几乎不是世界上最好的丈夫，大多数妻子都会抱怨他的粗鲁和粗心。不过，即使同意玛丽的这种观点，我仍然拒绝接受她的牢骚。接着，她转向了我。

"但是你看，"她愤怒地叫道，"你亲自见到了蒂姆，你承认他常常对我不好，尤其是在我目前怀孕的阶段，此时我需要额外的帮助。你怎么能说我没有权利抱怨呢？"

"哦，我完全没有这么说，"我平静地回答道，"如果你想抱怨，你完全有权利抱怨，正像如果你真的想要自杀，那么你完全有权自杀一样。不过，如果你像过去几个星期那样不断抱怨，那么你还是割破自己的喉咙算了，因为你所做的事情相当于自杀。你一直在提高自己的血压。这对你和你未出生的孩子有什么好处呢？"

"但你似乎并不明白。是他让我不高兴。是他一直在做出糟糕的行为，不是我。"

"的确，他的行为很糟糕。不过，你对自己的行为更糟糕。他几乎没有对你做什么好事，所以你更应该停止伤害自己。同你一直在对自己做的事情相比，他的行为就像天使一样。是谁在不断使你感到不舒服？是你！"

"但我怎样阻止他现在的行为呢？在我看来，这是真正的问题。"

"是的，在你看来。不过，在我看来，第一个问题是：你怎样阻止你目前伤害自己的行为。如果你能解决这个问题，那么你也许有机会帮助他做出改变。"

"这是什么意思？我的不同做法如何能够改变他呢？"

"很简单。你说蒂姆不像你希望的那样爱你，他的行为比你希望的要糟糕得多。我同意这些陈述。通过与他谈话，我也看得出来，他不太爱你，或者对你不太好。"

"瞧！就连你也认为他对我不好。"

"是的，就连我也这样认为。不过，你越是由于他对你这么不好而对他不好，他就越有可能用不好的态度回敬你。你越是由于他不爱你而责备他，他就越不可能爱你。如果你真的想让他表现得更好，你说你是这样想的，但你并没有付出任何努力，你显然可以更爱他，减少对他的斥责，尤其是当他行为恶劣的时候。这是因为，如果你为一个人提供与他的行为不相称的爱和友好，他就会认识到你很可能真的爱他。如果他没有更爱你，没有对你更好，那么恐怕任何事情都无法赢得他的心。"

"但他开始虐待我了，不是吗？"

"不要紧。如果他对你不好，你为此而斥责他，那么他最终就会对你更加不好，就像他之前做过的那样。实际上，他很可能会忘记曾经虐待你，声称他这样做是因为你在不断批评他。"

"他就是这样说的！"

"瞧！所以，你无法通过目前这种策略赢得他的心。不过，如果你采取不同的做法，用更加友好的态度回应他的冷淡，那么你至少有可能获得他的一些真正的爱。"

"但这公平吗？在他做出这样的行为以后，我必须这样做吗？"

"是的，这不公平。的确如此！不过，除了谴责蒂姆以外，你怎样做才能使他更加爱你呢？你什么时候能够停止对公平的坚持，做一些使你的生活更加快乐的事情？"

和以前一样，我在应对这位客户时很吃力。有几次，她很不高兴，差点退出治疗。不过，通过持续的劝说，我最终取得了胜利，玛丽的确在几个星期的时间里努力为蒂姆提供了更多的爱并减少了对他的语言虐待，尽管他的表现很恶劣。接着，近乎奇迹的事情发生了。在4次治疗以后，她向我讲述了一个完全不同的故事：

"我不知道你为什么这么了解蒂姆，"她说，"但你讲得一针见血。在10天时间里，他表现得像世界上最讨厌的人。他拒绝帮助我分担任何繁重的家务活。他几乎每天晚上都会晚归，甚至暗示他和之前的一个女性朋友再次走到了一起。不过，虽然这最初令我非常难受，但我仍然咬着牙想（就像你多次对我说过的那样），'好的，所以，他的行为仍然很恶劣。真遗憾！不过，这件事不会使我丧命。我不喜欢这样。如果他对我的虐待很严重，我总是可以离开他，但我并不需要为此整夜借酒浇愁。'我什么也没有对他说。我做了本职工作以外的事情，以便使情况变得更好。我没有在性爱上退缩，而是决定做出比平时更加积极的表现。你应该能够预料到迅速的改变！他现在每天晚上早早回家，有时甚至给我带花。他的行为非常热情，我几乎无法相信这一点。他几乎变了一个人。仅仅几个星期的时间，他就发生了这么大的变化！我真的很佩服你，医生。我刚开始为我希望从蒂姆那里获得的爱而努力，我就得到它了。这比总是为'可怕'的失望而哭泣好多了！"

如果在合理的时间范围之内，不管玛丽怎样努力，蒂姆的行为都无法得到改善，那么她最终将不得不对自己说："谁需要它呢！"然后做出离开的计划。

迈拉是另一个很好的例子，展示了一种新理念如何帮助她战胜严重的抑郁。迈拉之所以来找我（哈珀），是因为她过去两年的情人结束了和她的关系，找了一个更加年轻的女人。她觉得自己被人遗弃了，坚持认为自己没有继续活下去的必要，她永远不可能找到替代情人的人。我非常同情她，但我坚持说，如果她不再对自己讲述这些愚蠢的话语，那么她很可能会在某个时候爱上另一个人，这种爱就像她对斯蒂芬的爱那样强烈。

"但你似乎不明白，"迈拉哭诉道，"斯蒂芬离开了我。我不仅爱他，而且围绕他规划了我的整个未来。任何事情都没有意义了。没有他，我所尝试的每件事情、我所去过的每个地方、我所产生的每个想法都是没有意义的。"她在那次治疗中第12次抓起了一团舒洁纸巾。

"真遗憾，"我说，"不过，这些事情显然已经过去了。你和他的关系结束了。这毫无疑问。结束了，到头了，没有然后了。你为此使自己抑郁的做法有什么用呢？这当然不会使他回来。"

"我知道，但你不……"

"是的，我似乎不明白。但我是明白的，你倒是很可能不明白。你不明白，或者应该说不愿意明白，事情已经结束了，你怎样做都无法使它再次开始。你尤其不明白，明智的做法是思考其他哪些事情和其他哪些人能够使你产生兴趣，使你高兴起来。不断重复'没有斯蒂芬的人生是空虚的'并把人生变得像你说的那样空虚的做法是没有用的。如果我不断告诉自己，'没有杰奎琳·肯尼迪的人生是空虚的'，并把这句话重复足够多的次数，我就会为她感到非常悲伤，对于离不开她的年老而没有价值的我感到非常悲伤。"

"你一直在取笑我！"

"是的，我对你有所取笑，这比你一直在做的事情（击溃自己）要好得多。我不认为人们为某种损失抑郁多年的事情是我编造出来的。就在前几天，一个54岁的人来到这里。当他谈论他的母亲时，他真的哭了起来。知道他亲爱的老母亲死了多久了吗？25年。对他来说，那就像是昨天发生的事情一样。他显然对亲爱的老母亲怀有真正的感情和深沉的爱。不过，这个可怜的家伙把它保持了25年，他不断对自己说，'母亲死了。多么可怕，多么糟糕！她是一个多么美好、奇妙、具有自我牺牲精神的女人！现在她死了，永远地去了。可怜的母亲！失去母亲的可怜的我！多么可怕！'

"你必须承认，"迈拉挂着眼泪的脸上露出了一丝微笑，"我的表现还不像他那么糟糕。"

"是的，还没有。不过，如果你不断向自己讲述'斯蒂芬是我不可缺少的，没有他，我就无法前进'的胡言乱语，你很可能会变成这样。如果你想效仿我那54岁的顾客和他亲爱的已经离去的母亲（当然，还有我和已经离去的亲爱的杰奎琳·肯尼迪）的高贵例子，我相信，我完全相信，你可以在接下来的25年时间里不断告诉自己，斯蒂芬为你留下了一个多么可恶、可怕和灾难性的耻辱，使你极为可怜的人生变得多么贫瘠。如果你不断向自己讲述这些愚蠢的话语，那么你完全可以做到这一点。另外，如果你不想极度抑郁地坐在那里，而是希望过上有趣且快乐的生活，你可以创造出更加理性的思想，学着相信这些思想并将其作为行动依据。"

"看起来，你真是一个冷酷无情的人。你将我真正的悲伤与一个病态男人对母亲的哀思和你为了嘲讽而虚构出来的对于杰奎琳·肯尼迪的悲伤进行比较，以便取笑我。"

"是的。我之所以取笑别人，是因为我发现，如果我取笑人们的极度需要，那么他们在离开我的办公室以后很难继续往坏处想。你在一段时间里对斯蒂芬的离去感到悲伤和痛苦是合理的。如果你想回顾（在我的帮助下）你的哪些行为可能促成了斯蒂芬的离去，这就更加理性了。不过，如果你坐在那里告诉自己，你不再拥有亲爱的斯蒂芬了，这很可怕，并且具有破坏性和灾难性，这并不比我的两个例子更加合理。是的，斯蒂芬抛弃了你。现在，在没有他的情况下，你可以做哪些享受生活的事情呢？不要再为不公平的局面哭泣了。它们的存在是不可更改的。让我们看看你可以采取哪些做法使情况得到改善。"

当我不断强调迈拉对于这种损失的非理性成见时，她开始改变之前不断使自己感到抑郁的想法。她很快开始获得新的兴趣，参加新的活动。生活不再空虚了。不是生活本身发生了变化，而是她开始以不同的方式解读生活。这使她发生了巨大的改变。

面对真正的失望，包括可能的不公平以及不同寻常的不幸，你可以采取哪些做法呢？下面是应对真正困难的一些主要方法：

1. 面对令人失望的局面，你可以首先确定它们真的是不同寻常的困难，还是你把它们定义成了不同寻常的困难。你的不完美外表真的会阻止你吸引合适的伴侣吗，或者你是不是由于"成为镇上最好看的人"的愚蠢需要破坏了你们的关系？你的父母对于你从事某项职业的反对真的会阻止你走上这条道路吗，或者你是不是过于轻松地放弃了它，没能在父母的反对下勇往直前，甚至将这种反对作为借口来掩盖你自己对于失败可能具有的恐惧？当你消除自己的"可怕化"思想时，你的挫折还有那么可怕吗？去挑战，去质疑，看看吧。

2. 如果你面对巨大的挫折，而且似乎没有办法改变它们，那么你最好优雅地接受它们。是的，不是痛苦而绝望地接受，而是优雅而有尊严地接受。正像爱比克泰德在两千年前指出的那样："那么，谁是无法征服的人？是无法被不可避免的事情战胜的人。"西德尼·史密斯是这样说的："如果我需要匍匐，我会安心匍匐；如果我需要飞翔，我会快活地飞翔；只要可以避免，我永远不会使自己感到彻底的痛苦。"你可以把接纳的理念拓展到非理性的极端。不过，在合理限度内，你可以从中受益。

3. 决心应对你可以减少或消除的挫折。理性思考不会使你屈服于任何困难局面。它不包括投降或屈服的理念。它在很大程度上建议你在事情真的无法避免的时候，而不是你可以改变它们的时候接受它们。在这方面，它遵循了圣弗朗西斯、莱因霍尔德·尼布尔、匿名戒酒会以及一些亚洲哲学家的学说。理性情绪行为疗法的版本是："让我锻造出勇气和努力，以便改变我可以改变的事情。让我锻造出宁静，以便接受我无法改变的事情。让我锻造出智慧，以便知道两者的差异。"

4. 每当你非常失望时，问问你自己："谁说我不应该失望？如果我不失望，那很好。但我是失望的！真遗憾！失望会使我丧命吗？几乎不会！它会阻碍和打扰我吗？有可能！所以，我更不应该阻碍和打扰自己，使自己对于'感到不安'而感到不安。那样一来，我会由于一个原因而产生两个麻烦！"换句话说，你应该说服自己相信，失望和恼怒是正常的人类经历。几乎每个人都会经历许多失望和恼怒，但它们很少会带来灾难，你可以带着它们很好地生存。

你永远不需要因为生活的困难而使自己感到抑郁，如果你不再坚持"它们绝对不能存在"的观点，你可以使自己感到强烈的悲伤和失望，而不是恐惧和抑郁。如果你犯了错误，并用非理性要求"我一定不能感到抑郁！哭泣并使自己感到抑郁是很可怕的！"使你对于自己的抑郁感到抑郁，此时你可以放弃你的要求，仅仅对于你的低挫折容忍度感到遗憾，而不是自我仇恨。

5. 你的损失和失望越大，你就越是可以理性地对待它们。不要顺从大多数人持有的"你越是痛苦，你就越应该感到抑郁"的观点。这是胡说！你的困难越大，你就越有可能对它们感到遗憾或厌恶。不过，你不需要将遗憾和厌恶上升为深深的抑郁。这来自你的想法：（1）"我无法拥有我非常喜爱的人或者我非常想要的快乐。多么令人遗憾！"（2）"由于我无法得到我非常想要的东西，并且我相信我需要它们，所以我的人生是可怕的、恐怖的、灾难性的、完全不公平的。它绝对不应该这样！"上述第一条信念是明智的，第二条则是非理性的，具有破坏性。你可以积极挑战和根除这种信念。

6. 当你面对真正的不利条件时，比如你无法缓解的身体疼痛，你常常可以使用"感觉忽略"方法或转移注意力方法。比如，你可以试着忽略或忘掉疼痛或恼人的感觉，或者你可以故意考虑或从事其他一些事情。例如，如果你头痛，你可以试着忘掉它，而不是不断对自己说："哦，多么可怕的头痛！如果它继续下去，我怎么受得了？"或者，你可以故意努力思考一些愉快的事情（比如你前一天的愉快经历或者你下个星期六准备进行的野餐）。或者，你可以参与一些转移注意力的活动，比如象棋、阅读或绘画。由于你可能不容易将痛苦的刺激移出大脑，因此故意用其他更加令人愉快的刺激分散注意力的第二计划通常更加有效。

虽然注意力转移法的使用几乎无法治愈情绪困扰，无法从根本上解决你对自身不利的行为，但它有时是有益的。若干年前，我（埃利斯）认识到了它的好处。当时我发现，当我的牙医入侵我的牙齿或牙龈时，通过故意专注于愉快的经历或者在头脑中创作歌曲，我可以消除牙齿治疗的大部分痛苦。我向一些惧怕看牙医的客户传授了这种技巧，他们用这种方法最大限度地降低了自己的痛苦。

许多年后，我在俄克拉何马州一家宾馆的一段昏暗的楼梯上摔了下来，在医院里住了一个月。当时，我再次用转移注意力方法缓解我的一些身体疼痛。我专注于愉快的幻想，我对出院以后想要做的事情进行了规划，我写了《理性生活指南》修订版的许多内容，我通过其他方式使自己处于繁忙状态。我不能说这些事情完全消除了我身体上的痛苦，因为我的痛苦并没有消除。不过，这种方法显然减轻了我的痛苦。在我住院期间的许多日子里，我几乎完全没有感到疼痛。

注意力转移法的使用可能拥有许多不理想的副作用，因为你可能会因此暂时安慰自己，而不是真正改变你的不安。和其他人做斗争、性转移、酒精和镇静剂也许可以帮助你暂时"感觉良好"，从而使你相信你不需要通过其他途径减少你的焦虑和抑郁。一些疗法中使用的方法可以主要专注于你的感觉，并且帮助你将注意力远离你的根本问题，为你带来直接的满足感。不过，这些方法可能只是在很大程度上帮助你感觉更好，而不是让你真正变得更好。

虽然转移注意力的方法有时是有用的，但你应该努力避免为了使用它们而使用它们。不要仅仅专注于这些方法，应该解决你最主要的非理性。不过，如果你审慎地使用这些方法，尤其是用它们来对抗身体上的痛苦和烦恼，那么它们可以发挥出真正的优势。

总体而言，你找不到成熟而简便的应对失望的方法。最困难的方法是基督教殉道者和一些虔诚教派成员的极端自我克制，这种方法对于大多数人来说过于艰难，可能具有自虐和不切实际的特点。更加平衡地接纳不可避免的失望通常是更加明智的做法。

泰德的例子很好地说明了对于失望形成自律理念的好处。当我（哈珀）第一次见到泰德时，我发现他是我所见过的最糟糕的"不公平收集者"，原因很明显，那就是从他8岁时起，他那富有的家庭就送他去了训练营和寄宿学校。从他出生时起，他们似乎就不想要他。他的四个哥哥姐姐比他更受欢迎，他们取得了巨大的成功，他却到处漂泊，失去了工作，迷上了酒精，痛苦地憎恨这个世界及其对他的不公平对待。

泰德读了关于心理治疗的许多文字，他觉得在未来几年的时间里，我会让他坐在沙发上，同情地倾听他的不幸故事，诱导他表达对父母和其他家庭成员根深蒂固的敌意。不过，我和他开了一个玩笑：我迅速地反驳了他"收集不公平"的做法。

"所以，你的父母不爱你，"我说，"他们排斥你，以恶劣的态度对待你。好的，我承认这一点。不过，到底是什么使你现在这么愤怒呢？是的，小时候，你过得很艰难。不过，你现在已经长大了，你忘了吗？所以，为什么还要继续对你小时候没有得到的东西感到遗憾呢？为什么不为你目前的生活做一些建设性的、有趣的、愉快的事情呢？沉迷于'父母在你8岁时对你的排斥是一种多大的耻辱'的想法能为你带来什么快乐呢？既然你现在成熟了，至少在年龄上成熟了，那让我们看看我们是否能够让你思考一些成熟的想法。"

泰德看上去显然很吃惊。"但你当然知道……"他开口了，"作为心理学家，你当然知道，这并没有那么容易。虽然我对你的领域理解有限，但我觉得心理学家通常认为，如果一个人在年幼时遭到了排斥，那么他也许永远无法摆脱对于爱的需要，除非他接受长期心理治疗。我想，我需要这种治疗。我读过这方面的内容，患者在很长一段时间里回忆和体验过去的仇恨和失望，真正认识到不断干扰他的事情是什么。你不想做这种精神分析吗？"

"是的，不想。多年前，我常常做这样的事情，当时我也被你引用的那些书震撼到了。不过，我见到的人越多，越是让他们积极地回顾过去的经历，让他们再次强烈地憎恨他们的家长，就越是认识到这种方法没有效果。是的，他们喜欢这样做，他们非常愿意重复幼年时的失望和敌意。不过，他们并不能变得更好。所以，在许多年时间里，我和纽约的阿尔伯特·埃利斯博士共同使用了一种完全不同的心理治疗方法。虽然我的一些客户觉得这种方法并不像过去那样具有戏剧性和令人满意，但它的效果显然好得多。在过去的治疗体系中，我的客户常常疯狂地爱我。现在，信不信由你，我甚至可以帮助他们接纳自己了。"

"呃，我明白你的意思了。不过，对于像我这样特殊的例子来说，由于我过去经历了父母的严重排斥，积累起了关于这件事的大量负面情绪，因此我需要在很长一段时间里再次经历这个过程，然后才能采用你和埃利斯博士强调的那种更加理性的方法。你难道不是这样认为的吗？"

"不，我完全不这样想。精神分析也许可以在很长一段时间里帮助你经历被人排斥的感觉。不过，它很可能无法做到这一点。这是因为，在多年后回忆起在你两三岁时你的父母对你说过和做过的具体事情，以及你对他们的言语和行为的具体反应以后，你仍然需要重新构建目前关于排斥和失望的理念，不再相信 30 年后你仍然在对自己重复的愚蠢的话语。"

"你说的是怎样的愚蠢话语？"

"你在前 20 分钟里对我说过的、你现在显然仍然持有的观点——排斥是可怕的，尤其是你父母的排斥，如果你不能愤怒地表达你对它的反对，并且通过某种途径让这个世界为你提供你认为它仍然欠你的生活，那么生活就是没有价值的，你应该喝酒喝到死。"

"但是排斥难道不是一件非常糟糕的事情吗？它难道不会使你感到极度抑郁吗？"

"当你还是孩子的时候，当你还是一个无法进行清晰的思考、无法保护自己的孩子的时候，答案是肯定的。但是现在，你可以进行清晰的思考，并且可以保护自己，尽管你没有努力这样做。在你的整个人生中，你聪明地延续了对挫折的态度，只是努力改变了挫折本身，或者逃避了挫折。你离开了一份令人不愉快的工作（而不是努力使它变得更加令人愉快），从一个地方漂泊到另一个地方（而不是努力使你所在的地方变得更好）。还有，就在现在，通过引诱我让你懒惰地经历几年的精神分析，你不断试图逃避对失望的直视。这种精神分析会为你提供更多的时间回味你的痛苦，而不是让你采取行动改变它，它会让你继续奢侈地憎恨别人，而不是考察自己，放弃自己毫无必要的仇恨感。"

"所以，你认为我仍然在回避我人生中的基本问题，而不是面对它？"

"难道你不是这样吗？所以，你希望密切地（哦，非常密切地！）观察你的父母在 30 年前对你做的事情，以及他们当时的做法是怎样使你现在具有这种行为的。不过，你并不想在哪怕一分钟的时间里观察，你是怎样日复一日地使自己产生被人排斥的可怕感觉的。"

"请问，我是怎样产生这种感觉的呢？"

"你为什么不自己观察呢？你最好为此而前来接受治疗。我们可以共同观察你一直在告诉自己的非理性信念，它让你产生和保持了不安的感觉，而不是试图观察你那可怜而不安的父母在多年前对你做了什么。"

"我不断告诉自己的信念？"

"是的，比如，'哦，由于我的父母偏爱我的哥哥姐姐，我受到了父母的排斥，受了很多苦，这是多么可怕啊！当我那讨厌的父母以这种可怕的方式对待我时，我怎么能取得任何成就呢？'你看不出这些信念多么可笑吗？它们使你父母过去的行为影响到了你现在的行为。再比如，'天哪，凭借我自己的力量与世界上的挫折进行抗争是多么艰难啊！生活不应该以这种方式对待我！'你看不出这些思想会增加而不是减少生活带来的真正的烦恼吗？"

"嗯。你采取的方法与我读到的那些心理治疗书籍完全不同。根据那些书籍里的说法，你和你的教导无法深入我的无意识感觉，帮助我解决真正折磨我的问题。"

"好的，如果你希望按照那些书籍生活，那就请便吧。如果你想尝试长期而'深入'的精神分析，我会很高兴地向你介绍我的某个朋友，他仍然相信这种事情，而且很愿意在未来的七八年时间里带你经历这个过程。不过归根结底，如果你真的想要改变你的做法，调整你的（不是你那神圣的父母的）生活理念，你仍然需要采取艰难的行动。"

"所以，如果我真的全力以赴，从现在开始行动，接受我过去经历的事情，不再坚持认为我的父母是坏蛋，因为他们曾经那样对待我，你觉得我可以相对迅速地解决我的问题，并且更加深入地理解自己？"

"是的。只有面对你自己的基本理念，不管你最初是何时或怎样获得它的，并且挑战你仍然相信的非理性思想，你才能深入生活。概括地说，你的理念是，'我过去过得很艰难，比普通人受了更多的苦。所以，为什么我今天还要被剥夺更多权利呢？为什么我不能在余生里仅仅沉浸于对父母的正当仇恨并且获得更好的感觉呢？'这是一种非常迷人的理念，但是用处不大。你什么时候才能开始长大，形成更加现实的人生态度呢？"

"你很严厉，哈珀博士。不过，我现在觉得自己可以利用你的这种严厉。你知道，我一直在阅读约翰·史密斯和乔·布洛的故事，他们在沙发上躺了几年以后突然醒悟，承认他们在人生中真正想做的事情是代替父亲躺在母亲的床上，然后迅速消除了自己的神经质症状。当你让我考虑这件事时，我的确觉得这有点太容易、太美好了。是的，我想我在寻找奇迹。我希望你或其他某个治疗师可以在我毫不费力的情况下治好被动而有点年老的我。你是对的，这种治疗可以在许多年时间里很好地阻止我做出改变，为我提供不改变自己的良好借口。

我有一个朋友吉姆，他在很长一段时间里一直在接受这种治疗。他每周四五次虔诚地去找他的分析师。每当他遇到最轻微的麻烦时，他都会不断给分析师打电话。不过，他仍然在酗酒。每当我向他打听他在分析中表现得怎么样时，他都会说，'很好，非常好。我们一直在不断深入，我们探索得非常深。到了某一天，我们会来到最底层。到那时，我就会发现隐藏在底部的所有事情，我就不会像现在这样受阻了。'不过，根据你刚才所说的话，我现在可以看到，像吉姆这样的人是找不到底部的。他其实并不想变得更好，因为这需要他做出真正的努力和改变。"

"是的。只要他继续虔诚地去找他的分析师，他就拥有了不去变好，不去考察他自己的非理性信念并努力改变它们的最佳借口。不过，这是他的问题。你要怎样处理你那愚蠢的思想和糟糕的人生哲学呢？"

"我不想向你承诺任何事情，哈珀博士，因为我之前向自己和其他人做了许多承诺，但它们都被我打破了。不过，我可以真诚地告诉你，这一次，我会努力，真正地努力。我会努力更加深入地了解自己，或者像你一直在说的那样，了解我自己的信念。我想，我所拥有的这种自哀，这种'瞧，他们使我变成了一个被人忽略的孩子，多么可怕'的想法已经够我这辈子用的了。我想，我会暂时按照你的建议进行尝试，看看结果如何。"

接下来的几个月，泰德的确努力考察了自己的信念，观察了自己的（而不是父母的）错误。他的饮酒量大幅减少。他在人生中第一次考虑留在一个地方。36岁的他第一次回到了学校，开始为电子工程这一职业做准备。他在这一行业中玩了很多年，但他从未对其进行认真的追求。他的低挫折容忍度一直没有完全治愈。不过，虽然他一直在经历许多挫折，但他对挫折的态度发生了极大的改变，他对于过去和现在不公平现象的痛苦指责几乎完全消失了。

上述案例记录于许多年前，它代表了许多人的问题，这些人宁愿考虑过去，也不愿意考虑他们目前的思想和行动，以获得使他们迅速变好的"深刻洞见"。考察历史的治疗方法仍然很流行，部分原因在于虔诚地遵循这些疗法的人可以避免对于目前的行为负起完全的责任并积极改变这种行为。他们一厢情愿地认为，当他们愿意做令人不愉快的事情时，他们就可以轻松地应对自己的挫折了。实际上，情况常常是相反的，你越是强迫自己艰难地参与许多讨厌但富有成效的追求（比如学习），你就越是觉得这些追求轻松愉快。

莱克疗法、原始疗法以及其他各种尖叫疗法和感觉导向疗法也提供了极为有效的借口。存在情绪困扰的个体最初被告知了这样的借口：他们的父母在他们童年的早期"伤害"了他们，使他们感到"愤怒"，他们现在仍然带有这些"伤害"的严重伤疤，他们必须充分经历这些事情，将其从他们的系统中去除。当然，实际上，他们小时候极为受伤和愤怒的感觉在某种程度上是他们选择的，他们现在仍然选择要求这个世界成为一个友好可爱的地方。

通过坚持认为自己受到的排斥现在仍然可怕而恐怖，致力于尖叫疗法的人们阻止了自己的成长。他们常常继续像两岁时那样发脾气，并且由于自己的愤怒而安慰自己。他们降低了提高自身挫折容忍度的可能性，在一生中一直维持着幼稚的表现。

这并不意味着表达疗法没有价值，因为它们有时的确可以起到帮助作用。当你表达自己受伤和愤怒的感觉时，你可能也会考察自己用来创造这些感觉的非理性信念，并且可能会建设性地改变这些信念。表达和透露你的感觉可能是治疗的一个重要部分，前提是你同时使用理性情绪行为疗法的一些思考和行为方法，这些方法可以帮助你产生更加成熟和令人满意的感觉和行为。

Chapter 14
第 14 章

控制你自己的情绪命运

大多数人花了许多时间和精力试图去做无法做到的事情，即改变和控制其他人的行为。所以他们错误地认为，他们无法实现一个完全有可能实现的目标——改变自己的思想和行为。他们坚定地相信并且很少质疑我们所说的**五号非理性信念：当你拥有压力和艰难的经历时，你必须非常痛苦，你几乎没有能力控制和改变你的不安感。**

这种想法几乎完全没有道理，原因有几点。第一，外部的人物和事件最多只能在身体上伤害你，或者使你产生各种不适或者基本权利被剥夺的感觉。它们"导致"你产生的大部分痛苦（尤其是你感到的恐惧、恐慌、羞愧、内疚和敌意）来自你过于认真地对待他人的批评和排斥，你说服自己相信"你无法忍受他们的反对"，并且强烈地相信烦扰和不便是可怕的。

如果你冷静地接受自己受伤的不便，不再不断告诉自己："哦，多么可怕！哦，拥有这种痛苦是多么可怕！"那么即使是从外部影响你身体的伤害，比如一个花盆意外摔下来，砸到你的脚趾，也几乎不会使你感到痛苦。这并不是说，你在这方面拥有完全的控制权，因为你没有。一些外部导致的事件会给你带来极大的烦恼和不适，不管你对它们的态度是多么冷静。正像伯特兰·罗素说过的那样，"任何坚持认为幸福完全来自内心的人都应该被迫穿着破衣烂衫在没有食物的情况下，在温度低于零度的暴风雪中待上36个小时"。

不过，你的确有很大的能力减少身体上的痛苦。你还拥有减少不健康的痛苦情绪的不同寻常的能力，但你不一定会使用它。

这并不是说控制你自己创造的不安是容易的。相反，你很容易伤害自己，让自己度过极为艰难的时刻，使自己过于认真地对待其他人的言语和行为。不过，不管你觉得伤害自己是一件多么自然的事情，长期来看，如果你能克制自己不这样做，你就可以获得更大的回报。

例如，考虑常见的说法："杰里说我愚蠢，这种说法对我造成了很大的伤害。"

当我们的一个顾客做出这样的陈述时，我们提出了反对观点："杰里不可能通过骂你愚蠢而伤害你。他的话不可能伤害你。实际上，当你听到他的话时，你对自己说了这样的话，'哦，杰里说我愚蠢，这多么可怕！我并不愚蠢，他不应该这样说！'或者，'哦，多么可怕！也许我的行为真的很愚蠢，他认识到了这一点。我这么愚蠢，真是可怕！'通过这些话语，你伤害了自己。使你感到"受伤"的不是杰里的话语，而是你的信念。这是因为，你可以对自己说出另一种话语，'杰里认为我很愚蠢。他很可能存在偏见。不过，如果他对于我的行为的观点是正确的，那么我最好努力表现得不那么愚蠢。不管怎样，当杰里说我愚蠢时，他是在过度泛化——如果我是愚蠢的，那么我必须永远做出愚蠢的行为。他暗示了我是一个不合格的人，因为我的表现很愚蠢。我可能的确常常做出愚蠢的行为。不过，我永远不会成为一个彻底的糊涂虫。'"

这个顾客常常会说："我无法忍受事情出问题的时刻。"

我们再次提出了反对意见："你无法忍受是什么意思？你当然可以忍受！也许，当你可以忍受并且很可能有能力解决问题的时候，你拒绝忍受它，你紧张地逃跑了。或者，当你忍受它的时候，你会愚蠢地增加自己的痛苦，你会抱怨说，事情很可怕，情况不应该是这样。不过，你显然不会由于这些讨厌的状况而走向毁灭。显然，你可以忍受它们。现在，你为什么不考虑你不断告诉自己的这些愚蠢的话语，确定你可以优雅地承认这些不佳状况，并且努力改善局面？"

同样的道理，当你说"我无法控制自己的感觉"时，你通常的意思是，此时此刻，你感到极为不安，你的自主神经系统暂时失灵了，你无法直接控制它。你的心跳、本能反应和流汗行为可能阻碍了你的正常运转。不过，即使是这样，如果你考虑你在使自己感到不安时使用的非理性信念，如果你停止这些信念，你也会发现，你可以再次控制自己的感觉，有时，你可以在极短的时间里做到这一点。

我（哈珀）曾接待里克，他在前几个星期的治疗中坚持认为，他无法控制自己深深的抑郁感，因为他还没有反应过来，就已经被抑郁淹没了。一次，他感到极为抑郁，不想采取任何行动对抗这种低落的状态。

"我理解你所说的关于'考虑自己的信念，向自己证明我创造了我的抑郁感'的话语，"里克说道，"不过，我看不出来怎样在我的例子中做到这一点。首先，你必须意识到，我的抑郁感是无意识形成的。所以，我怎么能在它们产生之前有意识地看到它们并阻止它们产生呢？"

"你不能，"我说，"至少一开始不能。你可以在你的抑郁状态出现以后观察它，然后注意到，你通过相信一些非理性的'必须'进入了这种状态。如果你寻找这些要求，就几乎一定会找到它们，因为它们并不是由你对自己讲述的一万个无意识想法组成的，它只包含几种基本的非理性。如果你知道理性情绪行为疗法的基本原则，你就很容易找到它们。"

"所以，如果我由于任何无意识的原因而感到抑郁，我可以在抑郁之中让自己停下来，告诉自己，我正在形成抑郁的心情。接着，我可以寻找自己在形成这种心情时使用的非理性信念。"

"正是如此。你会发现这很难，尤其是一开始。不过，你仍然可以做到这一点。找一个最近的例子。你上次感到抑郁是在什么时候？"

"嗯。让我想想。昨天怎么样？我星期天很晚才起床。我读了报纸，听了一会儿广播，然后突然发现自己变得非常倦怠和抑郁。"

"在此之前，除了读报纸和听广播以外，还发生了什么事情吗？"

"不，我记得没有发生其他事情。让我想想有没有发生其他事情。没有，哦，有。不是什么大事。不过，我曾考虑给我正在约会的女人南茜打电话，但我最终决定不这样做。"

"你为什么这样决定？"

"我通常在每周日晚上见她。不过，这一次，她有了另一个约会对象。我当然不喜欢这样，不过，由于我不想和她结婚，所以我无法很好地命令她

不要这样做。不管怎样，我曾考虑周日给她打电话，看看我能否在当天晚些时候和她见面。但是……"里克犹豫了。

"但是？"

"呃，呃，你知道，我不知道她前一天晚上的约会对象是否和她过了夜，如果我当时给她打电话，我不知道她是否会感到尴尬，而且……"

"哦！显然，你知道你对自己讲述的使你感到抑郁的话语了，不是吗？"

"嗯。我明白你的意思。我对自己说，'要是她仍然和约会对象在一起呢？要是她和他整个晚上玩得很开心，不想再次见到我了呢？要是他的表现比我好得多呢？那就太可怕了！'"

"是的，这很明显。如果他是一个比你更好的情人，她不再把你当成稳定的男友，这是多么可怕啊！这会使你变成一个多么愚蠢的人！这不就是你对自己所说的话吗？"

"我想，你说得一针见血。这正是我对自己所说的话。我不敢给她打电话，不敢揭开真相。我担心她不再认为我有任何优点，担心我变成真正毫无价值的人。难怪我会抑郁！"

"是的，难怪。虽然你'无意识地'为自己带来了一个如此艰难的时刻并使自己感到抑郁，但是你能看出如何意识到这些'无意识'思想，如何迅速发现它们吗？"

"就像我们刚刚说的那样，我可以通过这种方式询问自己。我可以认识到我对自己说出的想法，就像你一直在向我展示的那样。我所说的'无意识'指的是我没有仔细考虑一些事情，只是想到了这些事情。对吗？"

"是的。我们通常将其称为'无意识'。也许，我们偶尔拥有深深的无意识思想，或者我们由于羞于直面它们而将其抑制下去的思想。这是弗洛伊德的发现之一——被压抑的思想和感觉的存在。不过，遗憾的是，他走得太远了，他相信几乎所有的无意识思想都来自压抑，我们无法轻易发现它们。这是一个错误！我们大多数所谓的'无意识思想'可以被我们意识到，你只需要稍微对其进行挖掘。"

"所以，如果我无意识地使自己感到抑郁，我通常可以比较迅速地发现我在产生这种抑郁时对自己说过的话语，然后消除自己的抑郁？"

"是的,尽管就像我之前说的那样,这有时很难。这是因为,当你陷入抑郁时,正像你之前说的那样,你不想消除自己的抑郁,你几乎希望保持抑郁。如果你不能结束这种感觉,积极寻找自己创造抑郁感时使用的内在信念,你就会保持痛苦的状态。所以,从某种程度上说,你需要在两个不好的选项之间做出选择:保持抑郁,或者强迫自己对抗自己的意愿,通过观察自己在产生抑郁时所做的事情来对抗抑郁。我承认,这是一个艰难的选择。不过,如果你能做到两害相权取其轻,观察你的抑郁感及其背后的思想,你就可以改变你的消极理念,使自己很少感到抑郁。当你有意识或无意识地使自己感到抑郁时,你可以更容易地摆脱不良情绪。"

里克认真地听着。在下一次治疗时,他非常高兴地走了进来。"医生,"他说,"我这次似乎成功了。我再次无意识地陷入了之前那种抑郁状态,但我成功摆脱了这种状态。"

"好的,跟我说说。"

"是这样的。我上周跟你说过我的女友南茜,她和另一个家伙进行了约会。我这个星期再次和她见了面。还没等我反应过来,我就听见她说:'里克,不要皱眉了。你为什么如此阴郁?你看上去就像一具尸体!'

"天哪!她的话击中了我的心口。我立即意识到,我在考虑上周发生的事情,显露出了阴郁的情绪。所以,突然之间,我变得更加抑郁。在接下来的五分钟里,我很想上吊。不过,幸运的是,我听到你的话在我的耳边回响,'当你开始感到抑郁时,问问自己,你对自己说了哪些使你感到抑郁的话语?''好的,'我对自己说,'我一直在向自己讲述哪些使我感到抑郁的话语呢?'正像你可能会预料到的那样,我明白了。我首先说,'在这里,她再次见到了我,但我怎样知道她真的想要我呢?也许她更愿意和她上周见到的那个家伙一起出去。老兄,如果她想要的是他,而不是我,那就太可怕了!'接着,当她说我皱眉时,我开始对自己说,'好吧,事情结束了。她不仅更喜欢那个家伙而不是我,而且认为我是扫兴的人。经过这种事情,她一定再也不想见到我了。这将永远证明我是一个多么愚蠢的人!'"

"你显然对自己很苛刻,不是吗?这是双倍的惩罚!"

"说得好,医生。我漂亮地搞垮了自己。不过,这一次,我发现了这些话语，是的，我真的发现了这些话语！'瞧，你对自己说了什么！'我想，'正像那位医生指出的那样。老兄，这是多么愚蠢的话语！假设她的确更喜欢那个家伙而不是我，这究竟可以证明我的什么呢？假设她不喜欢我阴郁的脸。这会使我变成永远无法和她维持关系的无望的傻瓜吗？现在，我为什么不停止向自己讲述这些胡言乱语，尽最大努力做我自己呢？这样一来，我可以看到她是否真的想要我，而不是想要那个家伙。如果她想要他而不是我，那将是很遗憾的！但它并不是致命的。我会活下去。'

"你相信吗，医生？在不到五分钟的时间里，也许更短，我完全停止了这种抑郁。过去每当我遇到这种情况的时候，我都会进入一段极为痛苦的时期，产生头痛和其他种种症状。但是，这次不一样了！在几分钟的时间里，我对南茜露出了笑容，并且和她开起了玩笑。最终，这一天几乎成了我们曾经度过的最快乐的一天。她告诉我，她完全不想再次见到那个家伙了，因为她和我过得很愉快。你知道，医生，我现在甚至想要和她结婚了。不过，最主要的事情是我自己。你说过，我可以控制我那该死的抑郁，并在无法控制时将其完全消除。这是我所经历过的最好的事情！"

这就是一个人学会观察自己的思想并且偶尔控制抑郁感的故事。你可以使用的其他方法包括以下几种：

1. 当你面对真正的身体受伤、匮乏、疼痛或疾病时，你可以尝试消除或改善你的痛苦状态。如果你不能做到这一点，应该达观地接受它，尽最大努力忽略它或者转移你的注意力。你可以对自己说："我处在这种不幸的局面里，真是遗憾。这太遗憾了！但它并不可怕！"而不是："我所经历的事情真可怕！"

2. 面对严厉的批评，你可以首先质疑批评者的动机以及他们的正确性。如果你认为他们的评论是正当的，你可以努力改变你的行为，或者接受你自己的失败以及其他人对于这种失败的反对。

3. 当你感到被焦虑、愤怒、抑郁或内疚淹没时，你可以意识到，你的感觉在很大程度上是由自己的非理性信念创造出来的，不是外部的人物或事件导致的。即使处于这些感觉之中，你也可以考察自己的思想和观念，找出你在其中插入的非理性的"应该""理应"和"必须"，并且积极反驳和挑战这些信念。

你是自己的掌控者。你无法在所有时候获得完全的幸福。你不可能免除所有的身体痛苦和失望。不过，你可以减少自己在头脑和情绪上的不幸，如果你认为自己可以做到这一点并且努力改变你的信念系统的话。

4. 你还可以控制你的有害冲动。当你认为自己必须吸烟或暴食时，你可以积极反驳"你必须纵容自己"的信念，将其转变成你可以抵抗的强烈愿望。约瑟夫·达尼什在《停止而不退出》中说明了如何通过多次强迫自己关注"吸烟"和"退出"的所有主要含义来改变你的吸烟愿望。例如，你常常仅仅将"吸烟"看作放松、休息和享受，而不是不断想到它真正意味着的疼痛、开销、疾病和死亡。如果你持续专注于"吸烟"的全部含义，你就会对它产生完全不同的感觉。在理性情绪行为疗法中，我们使用了达尼什这种对"吸烟"和"喝酒"等词语进行完整的成本收益分析的方法，帮助你将其应用到许多嗜好上。这样一来，你可以看到有害冲动的所有不利影响以及放弃它们的所有利益。

Chapter 15
第 15 章

征服焦虑和恐慌

我们的当事人和同事有时反对说，理性情绪行为疗法无法解决焦虑问题。"你们所说的'大多数情绪问题来自我们向自己提供的非理性信念，我们可以通过改变这些信念克服情绪问题'的观点也许是正确的，"他们说，"但是焦虑呢？我们怎么能通过反驳自己的假设控制焦虑呢？你永远无法改变这种可以拯救生命的特点，不管你多么理性。"

胡说！你常常可以通过清晰的思考控制焦虑。这是因为，焦虑在很大程度上来自**六号非理性信念：如果某件事是危险和可怕的，那么你必须时刻关注它，并且疯狂地努力逃离它。**

我们不认为真正或理性的担忧是不存在的。它们显然存在。当你准备穿过繁忙的街道时，你最好担心被车撞到的可能性并且非常担心自身的安全。这种担心不仅是人类的自然倾向，也是保全生命的必要元素。如果你没有对于个人安全性健康的担心和担忧，你就不会在这个世界上活很长的时间！

不过，担心与焦虑或恐慌是完全不同的。我们在这本书中所说的焦虑包括夸张或没有必要的担心和过度担忧。它所涉及的通常不是身体伤害或疾病，而是心理上的"受伤"或"伤害"。实际上，我们所说的焦虑主要是你对于关于某人如何看待你的过度担忧。这种焦虑以及对于身体受伤的夸张的担心通常具有自我破坏性，原因有以下几点：

1. 如果某件事情真的很危险，你可以采取两个明智的做法：第一，确定它是否真的涉及疼痛或伤害。第二，如果涉及，做一些实际的事情减少危险或者（如果你无能为力）耐心地接受它。抱怨或哭诉可怕局面的恐怖不会改变它，也不会使你更好地应对它。相反，你越是使自己感到不安，你就越是无法明智地应对真正的危险。

2. 虽然有害的事故或疾病（比如飞机事故或癌症）有可能发生，但是除了采取合理的预防措施避开这些打击以外，你通常无法对它们做任何事情。信不信由你，担忧起不到消除坏运气的神奇效果。相反，通过使自己感到不安，你会增加患病或遇到事故的可能性。你越是担心遭遇汽车事故，你就越有可能撞车。

3. 你常常会夸大许多令人不愉快事件的可怕性。死亡通常是你所能遇到的最糟糕的事情，不管怎样，你早晚会死。如果你长期遭受疼痛的折磨（比如你患上癌症，无法通过药物缓解病情），你可以选择自杀。几乎所有可能发生的不幸，比如失去亲人或好工作，在真正发生时都远远没有你的疯狂想象那么可怕。大多数"疾病"最糟糕的地方来自你对它们的"可怕"的夸张信念。

我们所有人在生活中都会遇到麻烦。不过，真正的灾难（比如受到拷打或者目睹几十人死去的悲剧）很少发生。"恐怖"和"可怕"来自想象中的恶魔，它们是我们在头脑中编造出来的，无法得到证实。"可怕的事情"并不意味着非常不幸或极为不利的事情。它意味着（如果你诚实面对自己的感觉）你所认为的一件非常糟糕的、绝对不能存在的事情。你通常认为它超越了不幸的范畴，你夸大了它。

此外，如果一件事情是"恐怖"或"可怕"的，这实际上意味着你认为这件事情（1）非常不好；（2）绝对不应该或者一定不能存在，因为你认为它是不好的。你很容易证明这种信念的第一部分（这件事对你非常不好），但你无法证明第二部分：所以它一定不能存在。实际上，如果某个宇宙法则认为逆境（A点）一定不能存在（你在B点关于它们的信念），那么它们不可能发生。所以，当你在这些事件明显（而可怕）地发生以后武断地认为它们一定不能发生，你就相信了不可能的事情。如果你是现实的（不再在你的头脑中编造宇宙法则），你就可以接受一个显而易见的事实：任何存在的事情都是存在的，不管你觉得它们多么令人不快和不便。因此，除了在你那制造焦虑的头脑之中以外，没有任何事情是真正"糟糕""可怕"或"恐怖"的。

4. 担忧本身是最痛苦的状态之一。对我们许多人来说，死去比持续痛苦地"生活"要好。如果你遇到真正的危险，你最好坦然面对和解决危险，而不是因为它们而制造更多的危险，即恐慌。

5. 除了身体伤害和严重匮乏的可能性以外，什么是真正需要你担忧的呢？人们可能反对或不喜欢你。一些人可能抵制你或说你的坏话。他们可能会玷污你的名誉。这很困难，很不利，很艰难！如果你不会由于他们的批评而挨饿、进监狱或遭受身体伤害，为什么要因为他们头脑中运转的东西而使自己陷入彻底的不安呢？如果你不再担心，对他们的反对采取一些行动，你可能会减轻他们的反对。如果你无法采取任何阻止这种反对的行动，这仍然很困难。所以，生活已经变得这样不幸了，为什么还要通过抱怨和哭泣生活的不公平使它变得更加艰难呢？一定不要担忧！

6. 对于几乎无法控制自身命运的小孩子来说，许多事情非常可怕，但你是成年人，你拥有更多控制力，你常常可以改变危险的状况。如果你不能改变危险，你仍然可以学着在生活中不为这些事情感到恐慌。成年人不需要不断激活儿时的恐惧。不是吗？

简愚蠢地延续了儿时的恐惧。6岁时，她不加抗议地接受了父亲的虐待。即使她以最轻微的方式质疑他的权威，他也会严厉地惩罚她。接着，由于她相信她不配获得更好的对待，她和一个同样喜欢虐待的人结了婚，和他生活了10年，直到他精神错乱，被送进了精神病院。

在童年阶段和第一次婚姻中，简生活在真正可怕的环境中。但在和山姆的第二次婚姻中，她的环境并不可怕，因为她几乎无法找到比他更加温柔、更加和善的伴侣了。不过，她感到极为不安，以极为恐慌的状态前来接受治疗。她在大学时主修心理学，因此她用有些复杂的词语向我（埃利斯）描述了她的症状：

"我似乎一直表现得像巴甫洛夫的狗一样。我显然在条件反射地用恐惧、颤抖、顺服和内在仇恨对任何亲近我的人做出反应，我一直在经历古老的条件反射。虽然山姆是世界上最和善的人，我十几岁的女儿表现得也像可爱的洋娃娃一样，但我还是不断地生活在恐惧之中。如果在提供牛排之前摇铃，狗很快就会流口水，因为它知道自己会得到食物。如果对我摇铃，我会立即恐惧地蜷缩起来，尽管我的父亲和第一任丈夫对我的虐待已经不存在了。不管是否摇铃，只要我的任何家庭成员在场，我就会迅速颤抖起来。"

"也许它看起来像是你的条件反射，"我说，"但'条件'一词含糊而笼统，它掩盖了你恐慌的真正原因。现在，让我们更加仔细地考虑这些所谓的'条件过程'。首先，让我们看看你与父亲和第一任丈夫在一起时发生了什么。"

"他们会对我做过和没做过的一些小事感到非常愤怒。我注意到他们的愤怒，知道他们接下来的行动——严厉地惩罚我。接着，每当我看到他们发怒时，我自然会立即对随后的惩罚感到非常担心。我要么逃跑，进入恐慌状态，要么让他们快点打我，让可怕的事情尽快过去。"

"好的，这听上去是一种很好的描述。不过，你遗漏了这个过程中一个非常重要的部分。"

"哪个部分？"

"你说他们发怒，你知道他们会惩罚你，接着，你进入恐慌状态。不过，第二部分，你知道他们会惩罚你的部分，被你非常轻松地敷衍过去了。你很可能是想说，你感受到了他们的愤怒，然后在一刹那对自己说了类似这样的话语，'哦，我的天！他又无缘无故地冲我发火了。哦，多么可怕！哦，多么不公平！我是一个多么可怜、痛苦、无助的人！我那不公平的父亲（或丈夫）这样利用我，而在他面前过于弱小的我却无法保护自己！'不是吗？当你感受到父亲或第一任丈夫的愤怒时，你难道没有对自己说过类似这样的话语吗？"

"是的，我说过，尤其是在面对我的父亲时。我会对自己说，我有这样的父亲，而我最好的女性朋友卡萝尔却有一个极为友好、随和的父亲，他从不冲她喊叫，从不打她或惩罚她。我为我的父亲感到非常惭愧。我觉得我的家庭非常可怕，实际上，我甚至不想让卡萝尔或其他任何人知道他们是怎样虐待我的。"

"你在第一任丈夫那里呢？"

"一样。只是这一次，我不再为他感到羞愧，而是为我嫁给他而感到羞愧。每当他发火时，每当我知道他要打我时，我都会不断对自己说，'哦，我怎么会愚蠢到嫁给他这样的人？我在家里已经经历了许多这样的事情！我直接和他走到了一起，自愿重复了这个可怕的错误。现在，我应该有勇气离开他，即使我需要拼命照顾我自己和孩子，但我仍然和他在一起。我怎么能表现得如此愚蠢！"

"好的。注意，你不仅有了刺激——你父亲和第一任丈夫的愤怒，以及你的条件反射、你对惩罚的极大担忧。更重要的是，你还有对于他们的可怕愤怒的自责性解释。你可以对自己说，'疯狂的老父亲又发火了，他即将不公平地惩罚我。这很不幸，但我可以承受他的惩罚，并在长大以后离开他，生活在不会有人惩罚我的环境里。'不过，你却在很大程度上对自己说，'我来自这样一个疯狂的家庭，拥有让这个老坏蛋欺负我的巨大弱点，因此我一无是处。'面对第一任丈夫，你可以对自己说，'真遗憾，我嫁给这个施虐狂是一个错误，但我足够强大，可以离开他，让他自己跟自己疯狂。'但你说，'我错误地嫁给了这个杂种，所以我是没有价值的。现在，我过于软弱和愚蠢，无法离开他。这证明了我是多么糟糕！'"

"这么说来，你似乎认为我父亲和丈夫的行为，他们的愤怒以及随后的惩罚，实际上为我建立了贬低自己的条件。我自己对他们行为的自责性解释实际上完成了这项工作。"

"是的，是你自己在某种程度上的不正当解释。这是因为，你是一个受到对方攻击的小女孩，尤其是当你和父亲生活在一起时，不管你对自己说了什么，你都在经历一些真正的危险，如果你完全不感到害怕，那将是一种不健康的反应。"

"但是在我嫁给第一任丈夫以后，情况不一样了。"

"是的。还是那句话，和他在一起，你拥有一些理由感到理性的担忧，因为他具有虐待行为，可能会在发怒时杀了你。不过，正像你之前指出的那样，你还可以离开他，当你小时候和父亲住在一起时，你无法做到这一点。所以，你对丈夫的大多数所谓的'条件性'担忧是你自己创造的：你错误地告诉自己，你无法应对目前的局面，不应该和他结婚；由于你继续和他生活在一起，所以你是白痴。如果你向自己讲述更加明智的信念，你很可能会更快地离开他。"

"这么说来,'条件'一词在很大程度上掩盖了我们对自己所做的事情?"

"是的,事实常常如此。不要忘了,在巴甫洛夫的例子中,巴甫洛夫从外部为狗设置了条件。当铃声响起时,他完全控制着它们能否得到肉。在你父亲的例子中,作为体型和力量远远超过你的人,当他发怒时,他也在很大程度上控制了你是否会挨打。不过,这并不是绝对的!这是因为,如果你在与父亲生活时采取不同的视角,能做到这一点的小女孩不太多,你可能会改变局面(这与巴甫洛夫的狗不同)。例如,当你看到他发怒时,你可以在大多数时候成功跑出房子。或者,你可以更加恬淡地接受惩罚,不让它过多地困扰自己。不过,由于你当时糟糕的人生哲学,它很可能是你父亲促使你形成的,你被动地屈服于他的巴掌,并且由于拥有这样的父亲以及让他感到愤怒而责备自己。虽然你的情况含有激发恐惧的成分,但你把它变成了明确的恐怖。"

"我明白你的意思了。我想,面对我的第一任丈夫,我的表现更加糟糕。在那里,我完全不需要屈服。不过,我几乎是在用一种仍然会被你称为'我的糟糕理念'的思想,强迫自己屈服,再次使自己感到害怕。"

"正是。你在父亲面前创造了一些你所说的'条件',并在第一任丈夫面前创造了更多条件。你本可以坚定地使自己不受条件限制,告诉自己让这种心理失常的人惩罚你是多么可笑,但你却做了相反的事情,努力为自己设置了更多条件。"

"我目前在第二任丈夫面前的状态呢?"

"你目前的状态更加支持了理性情绪行为疗法理论。这是因为,你会记得,还是在巴甫洛夫与狗的实验里,当巴甫洛夫不再同时摇铃和送肉时,狗狗们摆脱了条件的限制,不再流口水,因为它们意识到或者通过某种信号告诉自己,肉和铃声不再同时出现了。因此,如果与父亲和第一任丈夫这两位暴君在一起的经历对你产生了经典的条件作用,那么通过观察你与第二任丈夫的经历,你会逐渐摆脱这种条件限制,因为同前两个人相比,你的第二任丈夫的行为就像天使一样。"

"他的确是这样。他待人友好,不会惩罚别人,这令人难以置信。"

"不过,你刚才说,仅仅是与他和女儿待在一起,你就会陷入恐慌?"

"是的。我无法理解这一点。但这是事实。"

"我想,如果你稍微更加仔细地观察,不再告诉自己过去的经历'自动'为你带来了条件限制,那么你其实可以理解这一点。这是因为,如果你现任丈夫的行为没有不断强化你之前的习得恐惧,但是这种恐惧仍然在积极持续,那么你一直在对自己做一件事情,这件事情强化和延续了你的恐惧。"

"你真的这样想吗?"

"是的,除非我们相信某种魔法。如果你在某种程度上帮助自己建立了对于父亲和第一任丈夫最初的恐惧,尽管他们是这种恐惧的重要贡献者。如果你的现任丈夫没有对它起到强化作用,那么除了你以外,谁会不断保持你的恐慌呢?"

"嗯。我明白你的意思了。你觉得我一直在向自己讲述哪些使我保持恐慌的话语?"

"你觉得呢?如果你现在开始问自己,你很快就会明白了。"

"我很可能向自己讲述了你之前说过的事情:我过去和现在一直软弱无能。所以,我的确拥有值得担心的事情:由于自身的弱点而进行的自我贬低。"

"说得好。正像你说的那样,这种事情通常是循环产生的。首先,你的父亲虐待你。然后,你告诉自己,你无法采取任何行动阻止他的虐待。之后,你使自己感到极为焦虑。不过,当你变得焦虑时,当你只是半心半意地试图克服你的焦虑时,你开始告诉自己,你无法对此采取任何行动。所以,你对自己的焦虑感到焦虑。这很愚蠢!"

"的确。我过去常常惧怕我的父亲和第一任丈夫,尽管我实际上惧怕的是我自己,是我的弱点。现在,我担心自己保持焦虑和软弱的状态。虽然我的现任丈夫和女儿没有虐待我,但我仍然担心如果他们虐待我,我将无法应对这种局面。我对我的无能感到担忧,并且为自己的担忧感到担忧,因此我在大多数时间里感到恐慌。"

"的确。然后,进一步说,实际上,由于你使自己变得极为恐惧,并且由于恐惧而做出极为糟糕的表现,因此你相信了自己最初的假设——由于你如此软弱无能，因此没有人会爱你，包括你目前的丈夫。"

"所以，实际上，我最初产生了对于爱的巨大需要以及对于'如此没有价值的我无法满足这种需要'的担忧。接着，由于我的焦虑，我的表现很糟糕。接着，我认识到我的表现很糟糕，并对自己说，'这说明我是没有价值的！'接着，由于我两次证明了我'没有价值'，我更加担心自己下次无法得到爱。如此反复循环。"

"是的。然后，进一步说，你由于自己一直如此软弱，以及拥有对爱的极度需要而憎恨自己；你怨恨目前的丈夫没有像他必须做到的那样满足你的极度需要，并且没有补偿你的父亲和第一任丈夫对你施加的所有愤怒与惩罚。所以，你最终产生了很多仇恨，这往往只会使你变得更加不安。"

"正像你之前说的那样，这很愚蠢！不过，我现在怎样做才能摆脱它呢？"

"你认为你应该怎样做？如果你的非理性信念使你感到焦虑，你如何做到不那么焦虑？"

"修改我的信念？"

"是的。你还应该想到，'如果我由于提醒自己一些过去存在但现在已经不存在的威胁而使自己感到焦虑，我为什么不能认识到我所做的事情，迅速使自己平静下来呢？'"

"是的。如果我不断挑战自己的非理性信念，我看不出为什么我需要制造出在过去很长一段时间里一直在制造的恐慌状态。"

"是的，你完全没有理由这样做。试试看吧。如果它是有效的，就像我设想的那样，那当然很好。如果它没有效果，我们会迅速发现你对自己讲述的阻止它发挥作用的其他愚蠢的话语。"

"我最好相信，不管有什么可怕的事情，我现在都是在自己吓自己。我过去也许没有做过这样的事情，但我现在是这样做的！"

"总体来看，是的。有时，你可能会遇到现实的可怕状况，比如你在一艘正在沉没的船上或者一辆失控的汽车上。不过，这些现实的恐惧相对罕见。我们现在感到恐惧的大多数事情是我们自己制造的'危险'，它们几乎完全存在于我们的想象之中。它们是我们自己创造出来的。通过考察自己歪曲的思想，理清思路，我们可以消除这些'危险'。"

"好的。你的话听上去是合理的。让我尝试一下。"

简的确进行了尝试。几个星期以后，当她的女儿和现任丈夫在场时，她不再感到恐惧了。她还进行了其他一些冒险行动，包括在社区中心发表公开演讲，她之前一直不敢这样做。随着时间的推移，她日益深刻地认识到，她与巴甫洛夫的狗不同，可以从内部重建或消除自身感觉和反应的条件，她并不是一定要用恐慌感应对别人的愤怒。

许多引述巴甫洛夫的人并没有意识到，巴甫洛夫认为，虽然合并刺激（比如铃声和食物）可以在很大程度上为老鼠、狗和豚鼠建立条件，但是人类更加复杂，我们通过思考（巴甫洛夫称之为第二信号系统）建立条件。斯金纳也写到了语言和非语言行为，认为人类同时受制于自我陈述和外部强化。斯金纳在《超越自由和自尊》(*Beyond Freedom and Dignity*) 中指出：

> 我们可以研究自我观察，我们必须将其包含在对于人类行为的任何比较完整的叙述中。行为的实验分析不会忽略意识，而是非常强调这方面的某些重要问题。

没错！不过，斯金纳走得还不够远。正如我（埃利斯）在《行为疗法》(*Behavior Therapy*) 期刊中对于《超越自由和自尊》的一篇特别评论指出的那样，他并没有充分强调自我强化：

> 非常具有讽刺意义的是，斯金纳本人关于自由的观点很少得到强化。我所持有的"虽然存在许多不利的环境因素，但是人们可以在很大程度上控制自己的情绪命运"的反面观点也没有经常得到强化。不过，斯金纳和我固执地坚持着我们在很大程度上没有得到强化的观点。为什么？斯金纳遗漏了一些关于人类的重要信息：（1）纯粹的自由意志并不存在，但这几乎不意味着个体无法做出选择。（2）行为是由其后果塑造和维持的，部分原因在于"内在人"（或个体）可以感受和感知行为的后果，并且至少在一定程度上决定做出改变。（3）"内在人"将一些后果定义为"理想的"或"不理想

的"。如上所述，斯金纳的观点受到了大多数心理学家的反对，他将自己的行为定义为"好的"和"具有强化性的"，并且选择认为他的行为受到的反对（社会不认可）不具有特别的惩罚性。与斯金纳持有相同观点的另一位思想家完全可以选择认为同事的反对极具负面强化性，令人无法应对。他可能会因此而改变观点，不再表达自己的观点，对社会的反对感到抑郁，或者自杀。（4）虽然斯金纳的"任性"拥有一些前期环境因素，但他很可能使用了一些"自由意志"元素。他本人提到了"生物与环境之间的相互作用"，暗示前者在很大程度上解释和操纵了后者，后者也会塑造和维持前者。人类的全面治疗观点同时向生物和环境赋予了一定程度的力量与自主——我觉得斯金纳也是这样做的，但他的一些极端陈述似乎与此不符。

你可以通过下列方法最为有效地对抗自己不健康和没有必要的焦虑：

1.将你的担忧追溯到创造它们的具体信念上。通常，你会发现，你一直在显性或隐性地告诉自己："……不是很可怕吗？""……不是很恐怖吗？"有力地问自己："……为什么如此可怕？""……真有那么恐怖吗？"当然，一些诱发经历完全可能是不便的、恼人的或不幸的。不过，你真的可以证明发生在你身上的任何事情是可怕或恐怖的吗？因为诚实地说，你用这些词语表达的意思不是"如果发生某事，那会非常不好"，而是完全的不好或百分之百的不好（不是吗）。这有可能吗？或者，你的意思是，它非常不好，因此绝对不能存在。这像话吗？

2.当某种情况真的涉及危险时，比如你开着一辆不结实的旧车，你可以明智地（a）改变情况（比如不进行旅行）或者（b）接受危险，作为人生中的不幸事实之一（比如接受"要想过上好生活，你可能需要承担一些风险"的事实）。如果你可以将某个风险最小化，那么一定要降低这个风险。如果你不能，并且觉得回避风险比承担风险更加不利，那么你最好接受它。不管你如何处理，不可避免的事情就是不可避免的，任何担忧都无法在任何程度上改变这一事实。

3. 如果一个可怕的事件有可能发生，如果你无法采取更多行动回避它，那么你应该衡量它发生的可能性，现实地评价这件事发生以后对你造成的伤害。另一场世界大战有可能明天发生，但它发生的可能性很大吗？如果它真的发生了，你一定会受伤或丧命吗？如果你死了，这真的比你10年或20年后平静地死在床上更具灾难性吗？

4. 你最好用思考和行动克服被夸大的焦虑。首先，你应该意识到你的焦虑主要是自己通过非理性信念创造出来的，你应该挑战和反驳这些信念。其次，督促自己去做由于愚蠢的担忧而不敢去做的事情，不断对抗这种担忧。

例如，如果你对于坐公共汽车非常焦虑，你应该意识到，你的过度担忧来自你的消极观念：你不断告诉自己，公共汽车非常危险，你在公共汽车上会遇到可怕的事情，如果的确发生任何不好的事情，你将无法忍受，等等。你应该挑战这种愚蠢的观点，方法是告诉自己，公共汽车非常安全，很少有人在乘坐公共汽车时受伤，如果发生令人不愉快的事情，你可以应对它。最好反复强迫自己乘坐公共汽车，并在坐车时不断创造出理性的自我陈述。你越是做自己由于愚蠢的担忧而不敢去做的事情，并且反驳你强加给自己的"灾难化"思想，你就越不容易感到恐慌。

5. 大多数焦虑涉及对于公开犯错误、反抗他人以及失去关爱的恐惧。考虑"你的客观恐惧背后常常隐藏着对于反对的极度恐惧"的可能性。向自己证明反对也许是不利的，但只是自我定义的"恐怖"，从而有力地挑战这种恐慌。

6. 说服自己相信，对许多情况的担心不会使情况得到改善，只会使事情变得更加糟糕。不要告诉自己某些讨厌的事情是多么"可怕"，而是告诉自己不断为这种"可怕"的事情担心的自己是多么缺乏理智，对自己多么不利。不过，不要由于毫无必要的担忧而谴责自己。

7. 努力不去夸大重要事情的重要性。正像爱比克泰德在若干世纪以前指出的那样，你最喜欢的茶杯只是你喜欢的茶杯而已。不管你的妻子和孩子多么令人愉快，他们都只是凡人。不要采取"那又怎样"的防御态度，错误地告诉自己："如果我打破了茶杯，或者我的妻子和孩子去世，那又怎样？谁在乎呢？"这是因为，你最好关心你的茶杯、妻子和孩子，以便过上更加有趣的生活。不过，如果你夸张地告诉自己，这是世界上唯一的茶杯，或者没有妻子和孩子的生活完全是空虚的，你就会高估他们的价值，使自己由于他们可能的损失而毫无必要地受伤。

记住，全心全意地享受一件事并不意味着你必须将它的不存在看作灾难。你可以全心全意地享受你的茶杯、妻子和孩子，真正关心他们。不过，他们的突然消失虽然是一种巨大的损失，可能使你非常悲伤，但这件事实际上并不是灾难性的。不管这种损失多么巨大，它只会带走你非常喜爱、想要得到的一些事物，它不会带走你。当然，除非你坚持认为自己同你所喜爱的人和事是一体的，从而使自己感到极为不安。

8. 正像我们在上一章中提到的那样，转移注意力的方法也许可以暂时消除没有根据的担忧。如果你担心一架飞机坠落，强迫自己专注于图书或电影的做法也许可以减轻你的恐慌感。如果你由于在公开场合中的演讲水平不高而担忧，专注于你的演讲内容而不是听众反应的做法常常可以减轻你的担忧。不过，要想更加深入而持久地消除你的焦虑，就应该根据本章前面介绍的内容采取全面的哲学方法。

9. 将你目前的恐惧追溯到最早的起源，认识到虽然它们曾经看上去是现实的，但它们已经不再合理了。这种方法常常是减少焦虑的有用技巧。作为孩子，你通常害怕许多事情，比如待在黑暗里，或者与大人打架。不过，你现在大概已经长大了！不断向自己展示这件事，证明你现在可以做自己在童年时明智回避的许多事情。

10. 不要为仍然存在的焦虑而使自己感到羞愧，不管它们看上去多么愚蠢。像你这样的成年人由于愚蠢的担忧而迫害自己的做法显然是错误的。不过，错误并不意味着有罪或值得诅咒。如果人们由于你的恐慌而不喜欢你，那就太遗憾了，但这几乎不具有毁灭性！一定要承认你那毫无必要的恐惧感，坦率地应对你那愚蠢的担忧。不过，不要浪费一分钟的时间由于自己的焦虑感而责备自己。你可以用你的时间和精力去做更好的事情！

11. 不管你如何有效地对抗你的焦虑，不要在它们回归时感到吃惊。你也许很容易对于曾经担忧的事情再次感到担忧，尽管你不再总是担心这种事情。如果你曾经惧怕公开演讲并且通过故意发表许多演讲征服了这种恐惧，你仍然可能偶尔对于讲话感到害怕。在这种情况下，你只需要接受恐惧的回归，再次积极应对它。在大多数情况下，你很快就会看到，你可以让它消退。

在这方面，请永远记住，你是凡人，人类拥有明显的局限性，我们无法完全战胜毫无根据的担忧和焦虑，生活是针对非理性忧虑的永不止息的战斗。不过，如果你明智而持续地进行这场战斗，你几乎总会远离你的所有过度担忧。你还能要求什么呢？

Chapter 16
第 16 章

实 现 自 律

避重就轻常常是摆脱最有回报的生活方式的"简便"道路。不过，也许你会毫无困难地相信**七号非理性信念：你可以轻松回避许多困难和自我责任，并且过上非常令人满意的生活**。这种想法具有误导性，原因有以下几点。

首先，"摆脱困难的最轻松途径也是最佳途径"的观念常常会使你不在当下做出决定，并在随后的岁月里承受不便。例如，奥吉一直在对自己说，如果他认识多年的女人珍妮拒绝他的示好，那就太可怕了。每当他想要搂着她或者握着她的手时，他就会被遭到拒绝的恐惧淹没，通过放弃这种想法来解决问题。在放弃这种想法时，他会长出一口气。不过，在当晚接下来的时间里，他会厌恶自己，承受他的"轻松"一刻带来的该死的折磨，这种折磨常常会持续许多个夜晚。他意识到，长期来看，回避可怕的任务常常会为他带来更大的折磨和烦恼。

通过回避许多困难，你往往会夸大它们的痛苦和不适。如果奥吉勇于冒险，搂住珍妮，然后被她拒绝，这种拒绝对他的伤害会像他想象的那样大吗？如果他不断进行这种尝试，他还会感到同样的痛苦吗？如果他的确感到痛苦，他的整个世界会崩塌吗？如果他不断尝试赢得珍妮的好感，他很可能会发现，上述问题的答案是非常肯定的"不"。

进一步说，假设奥吉进行了尝试，遭到了拒绝，感到了"受伤"（更准确的说法是，他通过坚持认为自己必须被人接纳而伤害了自己）。即便如此，他在被拒后感到的自我伤痛会比他在不进行尝试以后感到的自我伤痛更加严重吗？很可能不会。

进一步假设：如果奥吉尝试并失败了，他几乎一定会从自己的失败中学到一些东西，而如果他永远不去尝试，那么他几乎学不到什么东西。如果他不断尝试，珍妮最终可能会接纳他。如果她没有接纳他，他在被拒时学到的东西也许可以帮助他赢得其他女人的好感。

在正常情况下，如果奥吉不断尝试，即使困难很大，他也可能成功赢得某个女人的好感。如果他放弃亲密的关系，他的人生就是"没有冒险就没有收获"的经典案例。不过，如果他进行冒险，他很可能会获得某种满意的结果。如果不去冒险，我们很少能够获得令自己非常满意的事情。奥吉有两个选择：投入或保留时间和精力。他的投入越少，他的自我实现就越少。

自律的缺失也是类似的。如果希望减肥的贾尼斯不想持续经历节食的困难，她似乎可以获得"轻松"的出路。不过，在她享受饮食的时候，她也会"享受"拖着30磅（约13.6千克）多余的赘肉走来走去，被更加苗条的女人抢走合适的男人，在大多数时候感到疲惫和厌倦，承受患上一些常常与超重有关的疾病的风险吗？完全不会！

当你通过"更加轻松"的途径逃避人生中的困难和责任时，你的故事常常具有令人厌恶的相似性。要么"更加轻松"的途径从长期来看更加艰难，要么它看似一直很轻松，占用更少的时间和精力，但回报也更少。

考虑史蒂夫的例子。史蒂夫是一个聪明的、很有前途的法律学生，他在几年前来看我（哈珀）。他迷上了轻松的生活方式，知道逃避努力的各种方法。他没有认真学习，而是花费大量时间了解教授的偏好，他们喜欢什么和不喜欢什么，以便让他们在他不断鬼混的情况下给他很好的分数。

当史蒂夫来看我时，他和一个同学在一起，但他觉得这种交往很艰难。"苏姗是个不错的孩子，"他说，"但她也非常依赖别人。我根本无法和她进行正常的交往，她搬了过来。我是说，她和我住在一起。我再也无法完成任何事情了。和她在一起，我不仅没有多少学习时间，而且什么事情也做不了。我们只是作乐，仅此而已。我是说仅此而已！她还很烦人，因为她想让我随叫随到。她在白天或者晚上的任何时候都会给我打电话。即使我去上厕所，她也常常跟着我。有了苏姗这条尾巴，我绝对无法和我很想见到的其他女人见面。"

"如果你发现你和苏珊的关系影响到了你完成学业和通过律师资格考试的长期计划,那么为什么你不改变这段关系或者甩掉她呢?"我问道。

"我无法改变现状,"史蒂夫回答道,"苏珊是不会变的。她像婴儿一样抓着别人不放。她不会允许我使用其他交往方式。我不能放弃她,我根本无法面对她的眼泪和歇斯底里。唉,她会哭上几个星期。她还知道我的一些事情,比如我在某次法律考试中作弊,所以她可能会给我带来麻烦。我根本无法经历'面对她并让她离开我'这个麻烦的过程。"

"不过,根据目前的情况,你说她带来了更多的麻烦而不是快乐。就算你发现摆脱她是一件很困难的事情,你不觉得这件事从长期来看是有价值的吗?"

"是的,我想是的。不过,我不想这样做。你知道,我更希望留住她。她在床上的表现好极了!如果我能减少和她相处的时间,不让她永远缠着我,那就太好了。不过,我怎样做到这一点呢?"

"你是说,你怎样同时得到鱼和熊掌?"

"你可以这样说,但我也许可以做到这一点。也许我可以找到一种方法,既在一部分时间里留住苏珊,又不会被她过多地打扰。"

"我知道,你已经想到了某种方法,这种方法显然非常巧妙。那么,你的计划是什么?"

"医生,是这样的。我想,如果你把苏珊叫进来,告诉她,你对我的问题进行了诊断,你认为她必须停止和我住在一起,只是每周来一两次,并且不再死缠着我,你知道……我想,你可以解决她那边的问题。这样一来,我既不需要放弃她,也不需要让她失望,但我们的关系仍然可以在很大程度上持续下去。"

"你想让我帮助你以轻松的方式应对苏珊,使你既不需要面对任何责任和困难,又可以精确地获得你想获得的结果。你想让我欺骗苏珊,以便让她接受半块面包,你却可以获得你的一块面包外加半块面包。"

"这对苏珊也是一种轻松的解决方案,不是吗?她不会受伤,不会痛苦,并且可以理解我的处境。你很容易从你的角度安排这件事。你的每日工作事项之中一定包含这种事情。"

"你可能会吃惊地发现，"我说，"我的工作日程里并不包含充当骗子、简单救助专家和情绪敲诈者的任务。相反，我会帮助人们以艰难的方式面对和处理各种事情，因为从长期来看，这种方法通常可以带来内心的安宁和幸福。如果我做你让我做的事情，我就会剥夺你认真解决这个困难局面，在一定程度上相信你可以面对和解决你所遇到的艰难问题的好机会，这可能是你人生中的第一次机会。我还会和你共同帮助苏珊回避她所面对的一项艰难决定：根据你提出的条件接受你，或者继续像之前那样表现得像一个大婴儿。所以，我的回答是坚决的'不'。如果可能，我准备为你提供这样的服务：强迫你在这一次面对生活，这样你也许可以学会应对生活，学会改变你的一些短期享乐。"

"我对你的态度感到吃惊，"史蒂夫说，"你在心理医生中以自由主义者著称。我从大学里的一些人那里听到了这种说法。不过，你一直在讲述塑造人格的古老说辞，讲述那些类似于'抬起头，美好、洁净、拘谨的鸟儿。努力工作。像优秀的基督教殉道者一样行动，这样你就可以获得天堂里的一块面包屑'的古老的废话。"

"如果你愿意，你有权歪曲我的话语。不过，我还是要说，你在学业、与苏珊的关系以及生活中的其他方面不断采取的阻力最小的策略很可能不会为你带来你真正想要的东西：成就、信心以及真正能够带来回报的与他人的关系。不管你是否愿意（我想你不愿意），只有学会面对这个世界的现实和困难，想出最好的方法面对而不是回避它们，对它们做出勇敢而坚定的行动，你才能获得最大的快乐。这听上去可能像是清教徒式惩罚、为了工作而工作以及为了获得天国的救赎而塑造人格的哲学，但它不是。它只是这个离天堂很远的世界上不可动摇的冰冷事实之一。"

"也许吧，但我觉得我可以做得更好。我想，我会找到另一个不具有严格理想的治疗师。这个世界上一定存在一条比你坚持的道路更加轻松的幸福之路。"

我再也没有听到史蒂夫的消息。就我所知，他仍然在不断寻找简便的生活道路以及一位可以帮助他走上这条道路的不太严格的治疗师。不过，我敢打赌，生活某一天会由于他的短视行为而惩罚他。到那时，如果他还没有软弱到无法应对个人基本问题的地步，他可能会回来找我，寻求一些严肃的治疗。如果我那时还在原来的位置上，采取着我的"塑造人格"方法，我将对他的到来表示欢迎，如果他愿意接受欢迎的话。

如果在生活中回避困难和责任的做法在大多数时候只能带来回报较少的活动，并且导致你对自身能力的信心下降，接受"更加艰难"的方法通常更加合理。具体地说，你可以尝试以下方法：

1. 虽然我们不推荐你承担没有必要的任务和责任，但你可以发现一些理想的活动，然后顺从而迅速地执行这些活动。理想的人生任务通常包括：（1）辅助生存的任务，比如吃饭和建造御寒住所；（2）不是生存所必需的，但在实现有益目标之前通常必须完成的任务，比如为了防止牙齿坏掉而刷牙，或者为了住在乡村并工作在城市中而来回奔波。

2. 当你认为一个目标对你的生存是必要的，对你的幸福是很理想的时（不是因为其他人认为你应该实现它），你可以通过严格理性的自我陈述和行动实现自律。特别地，你可以首先有力地攻击你最主要的散漫思想，比如"我可以通过逃避把这件事混过去""我相信我无法约束自己""为什么我必须做这些令人不快的事情，以获得我想要的结果"等愚蠢想法。相反，尝试获得一种符合下列语句的理念："我觉得以'简便方式'做事更加艰难，回报更少，尤其是从长期来看。""我的确有能力约束自己，尽管这样做非常困难。""不管我是否喜欢，除了履行一些令人不快的职责以外，我没有其他办法获得我想要的结果。"

3. 面对这一事实：因为你是容易犯错误的人类，所以你常常很难走上一条建设性的道路，正常的惯性原则往往会阻碍你，让"开始"成为一件累人的事情。你应该考虑到这些问题，接受"你常常需要使用额外的驱动力和额外的精力走上自律的道路"这一事实。当你适应早上迅速起床或者锻炼身体时，你的任务往往会变得更容易，有时还会变得更加令人愉快。不过，一开始的情况通常不是这样的！不管是否容易，你都应该不断告诉自己，要想取得某些结果，你通常只有自律一条道路。这很可悲，但它是事实。

4. 当你开始自律时，你常常可以让自己的事情变得更容易。遵循定期时间表或计划，为你所从事的任何重要项目设置一些子目标。以计件的方式工作（比如强迫自己每天写下多少页的文字或者至少进行多少次的锻炼）。为你的努力提供一些中期回报（允许自己在完成这些学习任务或家务劳动以后看电影）。理性情绪行为疗法在最早的时候使用了自我强化或自我管理原则，但它现在更加专注于这种做法。根据斯金纳和戴维·普里马克的学说，治疗师常常向人们展示如何使用应变管理方法：如何在完成低频行为（比如学习）以后用高频行为（比如阅读或吃好吃的）奖励自己。你可以使用理性情绪行为疗法的这种技巧更好地自律。

5.不要追求过多的约束或以过于艰难的方式做事，以便使你的艰苦具有"高贵性"。对规则的严格遵守和逃避、反叛往往都会破坏你的目标。过度的自我约束和对健康自控的回避具有同样的自我破坏性。

总结：你可能会发现，你很难不断反抗自己轻易放弃困难任务，把最好在今天完成的事情推迟到明天，远在自律自动形成势头并维持下去之前松懈下来的正常倾向。自律是困难的，这没有问题。不过，如果你准备承担重要的职责，实现长期享乐，你最好进行自律。你的目标和愿望常常需要持续的自我监督。这很难！不过，作为不完美的人类，你还有什么办法呢？

当布赖恩第一次来看我（埃利斯）时，他一直在采取自我破坏性策略。他是一个年轻的心理学博士研究生，似乎是我所见过的最聪明的客户，但他不断拒绝完成自己的博士论文。他还用他所说的"我那该死的天生懒惰"推迟了他在心理学领域中很想做的所有重要事情。"我是否可能拥有某种生物学结构，它使我无法像其他人那样轻松地约束自己？"他问道。

我没有轻易接受他的生物学假设。"我对此持怀疑态度，"我说，"尤其是考虑到你在人生中的其他方面似乎可以很好地自律。"

"你是说我的教学？"

"是的。你告诉我，在你教授的班级中，你非常努力地准备你的课程，投入了大量时间和精力。你为自己如此努力以及自己是一个如此优秀的教师而感到非常自豪。"

"是的。我在这方面的确很努力。"

"那么你'天生的生物学懒惰'这一概念是从哪里获得的呢？显然，如果你可以努力教学，你也可以努力撰写论文。"

"但我发现二者是不一样的。在我的班上，我可以获得直接的反馈或奖励。我的学生爱我，我为他们所做的工作获得了友好的回应。"

"这是毫无疑问的。我相信你有资格获得他们的认可。你为他们提供了其他老师很少能够提供的东西，他们对此很感激。"

"的确如此。"

"很好。不过，你仍然证明了我的观点，当你想要努力工作时，当你可以立即获得工作回报时，你可以毫无困难地自律。不过，当你的回报很遥远时，当你只能在一两年以后完成博士论文时，当你的教授只能在一两年以后才能向你提供很多鼓励时，你对自己说，'哦，我天生就很懒。我无法自律。'你真正的意思是，'我非常需要立即获得认可，因此在得到我可以立即获得认可的保证之前，我不会约束自己。'这是一种完全不同的图景，不是吗？"

"你的观点是正确的。不过，'在我采取任何行动之前，我要求立即获得认可'是我拒绝撰写论文的唯一原因吗？"

"不，很可能不是。像你这样聪明的人在某些领域中拒绝约束自己的现象常常还有其他原因。"

"哪些原因看上去适用于我的情况呢？"

"首先是惯性的一般原则。当人们非常清楚地知道，完成一个像博士论文这样的长期项目并获得工作回报需要很长时间时，许多人很难强迫自己开始并持续从事这个项目。你会注意到，你很难激励儿童从事几乎任何长期项目，不管这种项目对他们多么有利。许多成人在很大程度上仍然坚持着这种幼稚的倾向。"

"所以，我仍然很幼稚，是吗？"

"是的，但这不一定说明你存在任何异常。你只是拥有许多正常的幼稚性，并且不愿意放弃它们，这是正常的。也许，这构成了你的'天生懒惰'。"

"是的。不过，我们所有人难道不是都有一定程度的幼稚性吗？为什么我的幼稚性强于其他人？"

"首先，和许多非常聪明的人一样，在人生的大部分时间里，你在学术上表现得有点太好了。作为一个聪明人，你发现，你可以用远远少于普通孩子跟上教学进度所需要的努力换来很好的成绩，尤其是在中小学时。"

"你说对了。我在中小学阶段几乎没有用功,但我仍然排在班级前列。在大学时,我觉得学习也很简单。"

"没错。所以,在你进入研究生院之前,你不需要获得良好的习惯。现在,你认识到,你面临着更加激烈的竞争,你的论文也不会自动完成,所以你觉得自己最好形成更好的工作习惯。不过,由于你之前以最低限度的努力取得了很好的表现,所以你很可能觉得现在无法这样做是非常不公平的。所以,我们得出了一个结论:你对撰写论文具有反抗情绪。你认为你不应该如此努力。"

"这很难,不是吗?我之前从不需要做这样的事情。"

"是的,这很难。的确如此!不过,要想获得你现在想要的回报,你最好还是去做这件事情。任何幼稚的反抗都无法使它变得更加容易。事实恰恰相反,就像你最近认识到的那样。"

"的确。我越是混日子,就越是落后,也越难追赶上来。此外,学校里的教授变得非常讨厌我,这无法起到任何帮助作用。"

"这永远无法起到帮助作用。你这种游手好闲的态度不仅会使其他人(比如你的教授)讨厌你,它往往也会对你产生类似的效果。"

"我也会讨厌我自己吗?"

"你不需要讨厌自己。实际上,你永远不需要为了任何事情贬低自己,贬低你的人格。不过,当你推迟工作时,你往往会怀疑自己是否真的能够完成工作。"

"嗯。我明白你的意思了。还是那句话,让你说中了。我必须承认,当我不断推迟论文时,我越来越想到,'也许我无法完成论文。也许这项任务根本不适合我。教学和学习适合我。不过,这种事情也许超出了我的能力范围。'"

"这些想法是意料之中的事情。首先,由于正常的惯性和我们讨论过的幼稚的习惯模式,你拒绝认真面对工作。然后,你没有立即获得你非常渴望的、你愿意通过教学努力获得的认可,而是获得了教授的批评。接着,你对自己说,'你知道,也许我无法约束自己'或者'也许我无法完成这种项目'。接着,由于对失败的极度恐惧,你不愿意检验自己的负面假设,你进一步远离了撰写论文的工作。接着,你对这份工作产生了更多的不快,并且更加厌恶自己。最后，你陷入了最糟糕的恶性循环。最初，你只是不想撰写论文，现在，你对于撰写论文的尝试感到非常害怕。如果你不停止这种愚蠢的想法，结束这种恶性循环，你的道路会走到尽头，你的职业生涯很可能会就此结束。"

"根据你的说法，我的行为非常混乱。"

"它看上去不是这样吗？"

"呃……我能说什么呢？"

"不管你说什么，你都不会使情况发生太大的改变，不会使你的行为变得更加理智。真正的问题是：你现在想做什么？"

"应对我那天生的惯性、幼稚的反抗，我对于'立即获得认可'的要求，我仅仅由于没有努力认真撰写论文而认为自己无法完成论文的想法？"

"是的。你总结得很好。现在，你要如何应对它们呢？"

"我想，如果我告诉你，我会停止这种行为，开始着手撰写论文，你不会相信我吧？"

"是的，在你真正开始工作之前。不过，我也不会怀疑你。首先，我非常清楚地知道，任何在教学方面像你这样出色的人都可以完成像博士论文这样的项目。所以，问题不是你是否可以，而是你是否愿意。也许你愿意，因为你已经认识到了不努力撰写论文对你多么不利。"

"该死，我希望我愿意。"

"'希望'听上去是一种很好的情绪，但它不够坚定。你最好下决心战胜你那幼稚的反叛和对失败的恐惧。你应该积极地下定决心。这意味着主动发现并有力反驳你这些年来一直在对自己讲述的愚蠢的话语。"

"你又说对了！行动似乎是真正的关键词。我们会看到结果的！"

我们的确看到了结果。布赖恩的论文题目在接下来的几个星期之内获得了通过。他很快开始着手进行研究，并在一年后获得了实验心理学博士学位。他仍然是一位优秀的教师，而且是我在这个领域里认识的最具全面自律性的人之一。最近，每当我在心理学会议上遇到他时，他都会幽默地立正，向我行普鲁士军礼，并且叫道："行动！工作！自律！"唯一的不足是，他的声音听上去不太幽默。

Chapter 17
第 17 章

重写你的个人历史

精神分析学派和经典行为学派同时强调，过去一个世纪最重要的心理学发现之一对大多数人是有害的，这很奇怪。这个发现是，人们目前的生活模式会持续不断地受到过去生活经历的影响。人们用这种在一定程度上有益的观察创造和支持了我们所说的**八号非理性信念：你的过去目前仍然非常重要；如果某件事情曾经强烈影响你的生活，那么它一定会不断决定你今天的感觉和行为。**

在一个工作日里，我（埃利斯）通常和大约15个个体以及另外10个集体治疗客户见面；在某种程度上，他们中的大多数人相信，由于过去的条件作用或早期影响，他们必须以某种混乱的方式行动。例如，一个非常具有吸引力的40岁的离异者告诉我："我无法像你不断努力诱导我的那样更加积极地去见男人，因为我在之前的人生中从未做过这样的事情。"一个年轻的妻子说，她宁愿丈夫在创业过程中损失5万美元，也不愿意让他再次被解雇。因为她觉得既然他之前做过许多不体面的工作，那么他一定无法找到好工作。一个22岁、非常好看、受过良好教育并且很聪明的年轻男子承认，如果他目前的女伴离开他，那么他将无法再次获得令人满意的女伴，因为："从小时候起，我经常发现，我非常没有价值，无法在外面找到一个我真正喜欢的人。所以，我怎么能指望自己现在做到这一点呢？"

就这样，在工作日的许多时间里，我的许多当事人都会指出，他们过去的生活造成的不友好和沉重的损失无法在今天得到改变。是的，除非我通过某种途径神奇地帮助他们消除这种无法消除的影响。对此，我通常会回应说："胡说！不管你在童年时经历了怎样的早期条件作用或影响，它们的效果是不可能仅仅由于你最初对它们的感受而持续到今天的。是的，你之所以仍然记着它们，是因为你仍然相信你最初学到的愚蠢思想。你什么时候才能反驳自己常常重复的信念，从而消除这种条件作用呢？"我们会迅速展开关于治疗性重新思考的"战斗"。通常，我会取得最后的胜利。遗憾的是，另一些时候，我的客户会逃避他们为了改变对于过去"条件作用"的错误观念而必须要做的工作。

在我们的社会里，大多数人似乎相信，由于某件事情曾经严重影响了他们的生活，因此情况一定会永远如此。例如，他们相信，由于他们曾经需要遵守父母的命令，因此他们作为成人仍然必须这样做。或者，由于他们之前被其他人伤害，因此他们现在仍然需要受到伤害。或者，由于他们曾经迷信，因此他们现在必须继续受到蒙骗。

认为过去的影响无法改变的强烈信念是非理性的，原因有以下几点：

1. 如果你仍然让自己受到过去经历的过度影响，你就是在过度泛化。"某件事情在某种情况下发生"几乎无法证明它一定会在所有情况下发生。你的父亲在你童年时对你的伤害并不意味着所有权威人物都是这样残暴，需要你不断地反抗。你曾经非常弱小，无法反抗专横的母亲，这几乎不意味着你必须永远保持这种弱小状态。

2. 通过允许自己不断受到过去事件的强烈影响，你不再寻找解决问题的其他方案。一个困难可能只存在一个解决方案的情况是很少见的。如果你保持灵活的思维，你会不断寻找，直到找到更好的答案。不过，如果你相信自己必须不断受到过去经历的过度影响，你将在很大程度上思考基于过去的、常常很不合适的"解决方案"。

3. 某个时刻的许多健康行为在另一个时刻是完全没有益处的。特别地，儿童常常设计各种方法，通过哭泣、回避或发脾气在父母面前"解决"问题。这些行为在后来的人生中是不会带来回报的，因为成人不会对他们做出回应。因此，如果你坚持过去有效的解决办法，你常常会发现它们在今天非常低效。

4. 如果你现在仍然明显受到过去的影响，你会维持精神分析学家所说的移情效应——你会带有偏见地将你在过去生活中对于人们的感情转移到目前的联系人身上。例如，你今天可能会反抗老板的命令，因为他使你想起了20年前父母的专横命令。这种移情感觉常常是不现实和有害的。

5. 如果你在很大程度上以某种方式持续过去的表现，你将无法学习新的经历并获得收获。例如，如果你因为自己在十几岁时很喜欢体育运动而投身于这些运动之中，你可能永远无法尝试艺术追求，可能无法发现它们比体育运动更能为你带来满足感。或者，如果你由于曾经失去会计工作而拒绝尝试这样的工作，你可能永远无法获得足以维持和享受另一份会计工作的能力。

6. 刻板地接受过去的影响会使你变得不现实，因为今天常常与昨天存在明显的区别。在今天的高速公路上驾驶旧式汽车是很危险的，因为过去的道路和交通状况已经不复存在了。你的妻子显然不是你的母亲，如果你用对待母亲的方式对待妻子，你很容易制造麻烦。

总结：正像精神分析学家和经典行为主义者清晰认识到的那样，过去的确存在，有时还会使人们重复过去的行为模式，但它不一定具有巨大的影响。虽然你过去的习惯根深蒂固，但你可以在某种程度上改变自己的天性。否则，我们仍然会像我们的祖先那样生活在洞穴里。

不过，过去的经历为你带来的不良习惯并没有深刻到只有经过多年"深入"的分析才能改变的地步。如果你愿意用理性情绪行为疗法的情绪和行为方法进行治疗，并且积极反驳对自身不利的非理性信念，你常常可以在几个月的时间里取得明显的效果。不过，这当然不是绝对的！

的确，大多数人会或多或少地抗拒对自己进行剧烈的改变。这是因为，就像我们在这本书中一直展示的那样，他们在很大程度上不断强化自己过去的信念——他们反复告诉自己，他们是没有价值的，工作失败是很可怕的，这个世界不应该强迫他们在吃蛋糕之前亲自烤蛋糕。不过，你的自我强化不仅无法证明"人类本性"是无法改变的，而且意味着相反的结论。正是因为这些信念使你不断地重复过去的错误，所以你也可以通过改变这些信念改变你目前的错误。你目前的行为在很大程度上来自你的思想。所以，通过坚决地反思和实践，你可以管理和控制你今天的活动，同时为更好的未来做准备。

当哈罗德前来接受治疗时，他的脾气很暴躁。他一开始就表示，如果他想和梦想中的女人结婚，他必须缓解暴躁的脾气。"你必须帮助我，哈珀医生，"他恳求道，"因为凯莉说，如果我再次发火，她就会离开我。她说，当她在几年前不断对老板发火时，你为她提供了极大的帮助，如果我不让你帮助我，她就不会继续迁就我了。"

"我只能尽我最大的努力，"我说，"或者说，帮助你尽最大努力。不过，请先向我介绍一下你的脾气是怎样来的。"

于是，哈罗德讲述了一个比较常见的故事。从幼年时起，即使是最细微的事情出了差错，他也会大吵大闹，他的家长也给予了一定的鼓励；他记得母亲曾自豪地告诉客人，从他接受护理的初期开始，如果她试图让他做他不想做的任何事情，他就会愤怒地咆哮。"哈罗德在出生时就拥有自己的思想。"她温柔地回忆道。不知为什么，哈罗德的母亲很喜欢他时刻要求按照自己的方式行动的固执性格。

在这些条件下，哈罗德接受了母亲的观点，认为他的脾气是自然的、无法避免的、可爱的。他把发脾气看成了从他人那里获得他想要的东西的有效途径，尤其是在面对他发现可以被他吓住的女人时。凯莉拒绝哈罗德的欺负，坦率地告诉他，如果他继续表现得像个被宠坏的孩子一样，他就可以走人了。此时，他意识到，他这种发脾气的策略走到了尽头，他最好能够找到一种更加合适的交流途径。他轻松地认识到他脾气的一些起源，并且认为他最好不要责备自己，因为他的脾气在某种程度上是母亲训练出来的。而且，自我诅咒几乎无法对他起到帮助作用。

"不过，我接下来应该怎么办呢？"哈罗德问道，"我已经知道了我的脾气是怎么来的，现在我怎样克服它呢？这种来自幼年的、在如此长的时间里成为我如此深刻的一部分的行为是不是几乎无法消除了呢？"

"不，"我回答道，"考虑到你的脾气持续的时间，或者你认为发脾气是正确而合适的行为的时间，你在消除它们的时候会很困难。是的，这很困难。不过，它还没到你不去减少这种破坏性反应的困难程度的一半。"

"但是怎样做呢？我如何将它清出我的系统呢？"

"和你将它引入个人系统的方式基本相同。"

"但是我们刚才不是说过吗?通过奖励我的脾气,使我建立不断发脾气的条件反射,我的母亲将其植入了我的系统中。"

"不,不完全如此,尽管情况看上去是这样。实际上,你的母亲的确奖励了你的脾气。不过,更重要的是,你接受了这种奖励,并且不断追求更多奖励。你不仅对自己说,'啊,母亲又在鼓励我的脾气了;所以,我应该不断发脾气。'你还说,'啊,母亲被我的脾气吓到了。父亲也在做出同样的表现。我们的管家佛洛伦斯也容忍了我的做法。现在,让我想想,每当我想得到人们最初拒绝的事情时,我就可以寻找像母亲、父亲和佛洛伦斯这样的人,然后拼命叫喊,直到他们把它给我。我知道这会使我成为他们眼中的麻烦,但是当我不断得到我想要的东西时,我为什么还要关心这件事呢?想要的东西被人剥夺是一件非常可怕、非常恐怖的事情。我更愿意受到纵容,尽管我需要不断给别人添麻烦。如果某人在我叫喊时不把我想要的东西给我,那就让他们下地狱吧。我会找到其他愿意把我需要的东西给我的人。'你没有不断地对自己说出这样的话语吗?"

"这样说来,你说得很准确。经你提醒,我记得我曾经有许多朋友。小时候,我成了街区里最受欢迎的男孩子之一。不过,当我发现他们中的一些人不愿意忍受我的脾气、不愿意在我发脾气时顺从我时,我会不再和他们联系。最终,我只剩下了一群不断服从我的软弱的朋友。现在想来,我必须承认,这些朋友并不包括街区里最聪明、最有能力的一些孩子。不过,不管怎样,我仍然和他们在一起,不断按照自己的意愿行事。"

"你愿意牺牲一些最聪明、最有能力的朋友,以便不断满足你的短期'需要'。这种模式(放弃更有能力的朋友,与其他人为伍,这些人会迅速满足你,就像最初每当你抗议时都会满足你的父母和管家那样)难道没有被你保留到现在吗?"

"我想是的。不过,我仍然不知道怎样摆脱这种模式。"

"就像我之前说的那样,你怎样进去的,就怎样出来。正像我们现在看到的那样,如果你发脾气的习惯在很大程度上不是来自其他人的训练,而是来自你训练自己争取获得短期满足的过程,那么你现在可以训练自己不发脾气，支持长期目标。"

"你似乎是在说，我最初告诉自己，'前进吧，哈罗德，发脾气，强迫他人听从你。'不过，我现在可以告诉自己，'停止这种愚蠢的想法，哈罗德，从生活中获得你真正想要的东西——能够更加深刻地满足你的长期目标，比如赢得凯莉的心。通过表现得像成人一样，不再发脾气，你可以做到这一点。'我可以这样改变吗？"

"是的。你现在不断告诉自己，'当我的脾气来自我的童年、是我性格的一个重要组成部分时，我怎么能指望自己做出改变、丢掉发脾气的习惯呢？'实际上，你可以对自己说，'不管我的这种幼稚的习惯持续了多久，不管我曾经强迫多少人顺从我，我现在的做法都是对自己不利的。所以，我最好对抗我的习惯，为自己而努力，做出不同的表现。'"

"我最好不再认为失去一些短期快乐是可怕的，并且告诉自己我可以承受限制。为了更大的利益，我最好改变我的做法。"

"是的，你最好对你的习惯同时做出思想上和行为上的改变。我相信，从现在开始，如果你接受成人哲学，你可以做出更加成熟的表现。"

"不过，假设我尝试了你的说法，事情在一段时间里进展得很顺利，然后我失败了，再次严重地发火呢？"

"假设你真的经历了这个过程，只要你不用你的倒退向自己'证明'你必须发脾气，你绝对不可能改变，情况就不是很糟糕，只是一次小小的倒退而已。你很快就可以再次停止发脾气，直到你的倒退变得越来越少。"

"只要我坚持当下，不断努力改变未来，我就可以在很大程度上忽略过去的负面条件作用？"

"是的。只要你在每次倒退到发脾气的状态时对自己说，'我又来了。我对自己讲述了一些非理性信念，使自己出现了倒退。现在，让我看看我想了什么，我怎样利用这次倒退避免下次再次发脾气。'如果你积极考察你的倒退以及在很大程度上导致这种倒退的信念，过去的负面条件作用就会转变成现在的正面自我调节，你就会解决你的问题。"

事实证明了这一点。6个星期后，哈罗德报告说："你相信吗？凯莉和我订婚了。等到正式通告打印出来的时候，我会立即寄给你。这是她催促的结果。当她在某天晚上提到这件事时,我说,'瞧,亲爱的,我知道自己在过去的 6 个星期里没有发脾气。对此,我为我们两个人感到高兴。不过,你怎么知道我明天不会再次发脾气?''我不知道你会不会再次发脾气,尽管我怀疑你会,'凯莉回答道,'不过,与你的爆发相比,我更加反对的是导致这种爆发的"小家伙,你必须把我想要的东西给我"的态度。自从你去见哈珀博士以来,你的态度发生了明显的变化。我相信,你不会常常重拾过去的态度。否则,'她露出了她那独特的笑容,你知道她是怎样笑的,医生,'我随时可以和你离婚。'"

凯莉和哈罗德的确结婚了。他所获得的成人态度并没有经常变回之前的小男孩态度,他们现在仍然没有走上离婚法庭。我完全有理由相信,他们将来也不会这样做。

和其他几乎所有努力的人一样,如果你尝试下面一些方法,你也可以克服过去的影响。

1. 接受这一事实:你的过去对你具有一些明显的影响。同时,接受另一个事实:你的现在是你明天的过去。你无法在今天发生 180 度的转变,成为完全不同的人。不过,你可以从今天开始对自己做出明显的改变,以便最终获得不同的表现。通过新的思考和经历,通过将过去视作缺陷而非完全的障碍,你可以明显改变明天的行为。

2. 通过诚实地承认过去的错误,并且永远不为此而诅咒自己,你可以学会利用你的过去造福于自己的未来。你可以观察和质疑自己的错误行为,而不是由于过去犯过这些错误而不假思索地重复错误。你可以积极回顾你的习惯做法,区分好坏,并且相应地改变你的生活(如果需要的话)。

3. 当你发现自己受到了过去经历的强烈影响,当前的目标受到了阻碍时,你应该有力地抵制对过去反应的重复。例如,如果你发现自己像小孩子一样面对母亲、没能做到你真正想做的事情,你可以告诉自己:"我不需要继续做出这样的表现。我不是孩子了。我可以正视我的母亲,告诉她我真正想要什么。她已经没有真正控制我的权力了,她无法侮辱我或阻止我做我想做的事情,除非我允许她这样做。我不会毫无必要地顶撞她。不过,我也不会剥夺我的基本权利。我曾经以为,如果我直面她,我会遇到灾难。这很愚蠢，我不会遇到灾难。"你可以这样应对来自过去的任何非理性影响。向自己展示它们多么愚蠢，它们会危害你而不是帮助你；如果你改变它们，你会获得更好的结果。

4. 要想修改你的破坏性习惯，你最好进行思考和行动。有意对抗过去的影响；例如，强迫自己以更加成熟的方式应对你的父亲，无视他的反对，说你之前不敢说的话，做你之前不敢做的事。如果你在一生中从未在公共汽车上与陌生人交谈，从未一个人参加派对，从未在第一次约会时亲吻对方，从未做过你想做的其他类似的事情，你可以强迫自己不断尝试这些极为"可怕"的行为。这不是毫无意义的！不要只是思考，行动起来！你可以通过几天或几个星期的强迫实践克服过去多年来的痛苦和惯性。

5. 你可以利用自我管理计划帮助自己去做"危险的"事情。例如，每当你和公共汽车上的陌生人谈话时，你可以奖励自己一些快乐的事情，比如读书或看电视。每当你没能利用这种机会时，你可以拒绝让自己参与这种快乐的活动。在与可怕的过去做斗争时进行自我强化，为遵循过去的愚蠢行为执行迅速的惩罚措施。

6. 使用理性情绪想象方法。每天用几分钟时间真切地想象自己做某件"可怕"的事情，比如和陌生人说话并被拒绝。让自己感受到焦虑或羞愧。接着，改变你认为被人拒绝很"可怕"的想法，以便把你的感觉转变成健康的负面感觉，比如失望或遗憾。在这种真切想象出来的"危险"局面中不断感受失望而不是焦虑。

7. 记住，最重要的是，过去的事情已经过去了。它对现在或未来没有自动而神奇的效果。最糟糕的情况是，由于过去的习惯，你现在改变习惯比维持习惯更加困难。更加困难并不是不可能。努力和时间，反复实践，思考、想象和行动，你可以将它们作为钥匙，有效地打开装有过去失败经历的几乎所有箱子，将目前的成功和享受装进去。

Chapter 18
第 18 章

接受和应对人生的严酷事实

让我们面对这一事实：现实常常很讨厌。人们不会按照我们希望的方式行动。这不是所有可能的世界中最好的世界。对于许多严重的问题和困难来说，即使是半完美的解决方案也是不存在的。此外，社会似乎常常会变得更加糟糕：污染更加严重，经济更加不公平，道德偏见更多，政治压迫更多，更加暴力，更加迷信，更加浪费自然资源，性别歧视和墨守成规的现象更加严重。

不过，你仍然不需要感到非常不快乐。人生的严酷事实不会使人们感到抑郁。什么会使人感到抑郁呢？答案是他们对**九号非理性信念**不假思索地迷恋：**人和事物绝对必须变得比现在更好；如果你不能改变人生的严酷事实，使之适合你，事情就是可怕而恐怖的。**这是一种愚蠢的想法，原因有以下几点。

1. 人们没有理由必须变得比现在更好，即使他们现在的行为很糟糕。由于你的自大，你会对自己说："由于我不喜欢人们按照现在的方式行动，所以他们绝对不应该这样做。"类似地，如果事物和事情不像现在这样存在，那么它们可能很令人愉快，但它们常常像现在这样存在。还是那句话，逆境没有理由仅仅由于你（或其他人）希望它们不存在而应该、理应或必须不存在。

2. 当人们不像你希望的那样行动时，他们常常不会严重影响到你，除非你认为他们会。如果你的同伴或朋友行为恶劣，你可能很容易发现他们的行为很讨厌。不过，他们的行为很少像具有低挫折容忍度的你想象的那样烦人。类似地，当事物或事情出错时，这很不幸，可能对你产生严重影响。不过，当你想到"事情不应该这样！我无法忍受！"时，它对你的影响将会更加严重。

3. 假设某人或某事真的伤害到你，你为此使自己感到不安的做法很少会起到帮助作用。相反，你越是不安，就越不可能改善某人或某事。例如，如果你由于同伴不负责任而激怒自己，他或她可能会由于你的批评而感到愤怒，变得更加不负责任。

4. 正像爱比克泰德在两千年前指出的那样，虽然你有很大的力量改变和控制自己，但你很少能够控制别人的行为。不管你多么明智地建议别人，他们都是独立的人，他们可以（而且的确有权）完全忽视你。如果你因此对其他人的行为方式过度关注，而不是负起应对他们的责任，你往往会由于无法控制的事件而使自己感到不安。这就像是你由于小丑、职业拳击手或演员没有按照你希望的方式行动而扯掉自己的头发一样。这很愚蠢！

5. 由于其他人或事情而使自己感到不安的做法常常会使你偏离主要关注点——你的行为方式和你所做的事情。如果你通过合理栽培自己的情绪花园来控制自己的命运，你就不会由于糟糕的事情而激怒自己，你甚至可能促进它们的改善。不过，如果你由于外部事件而使自己感到过度不安，你就会消耗大量时间和精力，从而几乎没有时间和精力完成自己的目标。

6. "人生中的任何问题都拥有一个绝对正确的解决方案"的观念是愚蠢的，因为几乎没有什么事情是非黑即白的，你可以找到一些替代方案。如果你强迫自己不断寻找绝对的最佳方案，你往往会变得非常僵化和焦虑，忽略一些令人满意的折中方案。例如，如果你必须看到最好的电视节目，你可能会焦虑地不断调台，一个节目也看不好。

7. 你所想象的当你没有获得绝对"正确"的解决方案时出现的"灾难"是很少发生的，除非这是你的武断定义。如果你认为制定糟糕的决策（比如和错误的人结婚并最终离婚）是灾难性的，那么当你发现错误时，你很可能会让灾难降临到自己头上。如果你认为制定同样的不良决策是令人遗憾和不幸的，你就会很好地应对这个错误，甚至从中吸取教训。

8. 完美主义具有自我破坏性，这几乎来自定义。不管你在"与没有缺点的人生活"的完美竞赛上多么接近目标，你都很少能够实现这些理想的目标。这是因为，人类不是天使。决策无法在所有时候绝对正确。即使你暂时实现了完美，你维持在顶峰的可能性也是接近于零的。没有任何事情是完全静止的。生活等同于变化。不管你是否喜欢，你都最好接受人类非常不完美和非常容易犯错误的特征。如果不接受呢？那你就会陷入持续的恐慌和恐惧！

以劳拉为例。劳拉来自一个关系紧密的家庭。虽然她比两个兄弟和两个姐妹更受父亲喜爱，但她感觉母亲更喜欢她的兄弟姐妹。接着，她的父亲在她20岁那年去世了，并且为他的妻子留下了一大笔保险。对于挥霍无度的母亲管理这笔钱，劳拉感到非常焦虑和愤怒。

在听了劳拉的大量抱怨，意识到她很可能准备继续抱怨下去的时候，我（埃利斯）说："你到底为什么对于母亲处理这笔钱的方式感到如此焦躁不安呢？毕竟，那是她的钱。你的父亲把它留给了她。她完全有权按照她所喜欢的方式处理这笔钱。如果愿意，她可以把这笔钱扔到下水道里。"

"是的，我当然意识到了这一点，"劳拉回答道，"不过，你知道，我的母亲之前总是让我的父亲处理财务。现在，她没有且无法对我那贪婪的兄弟姐妹和姻亲说不。"

"你想用其中的一些钱做某件事情吗？"

"不，我不缺钱。我有一份好工作，并且有晋升的机会。我的未婚夫过得也很好，他来自一个富裕家庭。所以，我不想要母亲的一分钱。一分钱都不想要。"

"那么问题是什么呢？为什么你不能忘记母亲对这笔钱的处理方式，去管你自己的事情呢？她显然没有向你寻求任何建议。如果她想把所有钱送给你的兄弟姐妹和他们的家庭，那是她的权利。"

"但她未来可能需要钱，她怎么能这样做呢？她怎么能这样浪费金钱呢？她把他们所有人想要的一切都给了他们！唉，她很快就会没钱了！"

"也许吧，不过，那是她的问题。而且，你对她说过，你觉得她一直在非常迅速地挥霍金钱，不是吗？"

"哦，是的。在父亲去世几个星期以后，当我意识到她在做什么的时候，我对她说了这件事。

"她说了什么?"

"管我自己的事!"

"然后呢?"

"但她怎么能这样做呢?她错得离谱!我不能采取行动阻止她吗?"

"让我们暂时假设她的花钱方式是错误和愚蠢的——"

"哦,的确如此!"

"我不知道是不是所有人都同意这一点,尤其是你的兄弟姐妹。不过,让我们这样假设,几乎所有明智的人都同意你的观点。那又怎样?她是错误的。不过,你的母亲没有犯错误的民主权利吗?你要剥夺她的这项权利吗?"

"但是,她的错误行动是正确的吗?"

"不,显然不是。如果她是错误的,她不可能同时又是正确的。好的,她错了。不过,你仍然没有回答我的问题,包括你的母亲在内,每个人不是都有犯错误的权利吗?你想强迫他们永远做出正确的行动吗(如果可能的话)?"

"这是什么意思?"

"这样说吧,你和我都同意,人类做出良好而非糟糕的表现、犯下更少而不是更多的错误当然是很理想的。如果你母亲的花钱方式是错误的(为了便于讨论,我们可以假设她是错误的),那么她不再这样做,不再像她现在这样花钱,将是一个非常理想的结果。不过,我们假设她的花钱方式错得离谱,而且她根本不愿意停下来。她会继续以糟糕的方式花钱,将它浪费在你的兄弟姐妹及其家人身上。"

"她应该这样吗?"

"啊,她为什么不应该?我们可以说,她更好的做法是不做出糟糕的行为。不过,如果她希望这样做,她为什么一定不能这样做,一定不能继续错误的做法?为什么她不应该像我们所有人一样维持'易犯错误的人类'的身份,一个接一个地犯错误?你是否希望并且真正指望她成为圣人?"

"不,不是的。"

"你说你不是这样的。不过,你的话是你真正的想法吗?现在,根据你的观点，你的母亲是完全错误的。你坚持认为她不应该犯错误，她只能做正确的事情。不过，她的确在花钱问题上做错了，而且似乎决定继续这样做。现在，在我看来，在这种情况下，要想不做错事，或者在她希望继续做错事的时候停下来，她必须转变成天使般的人物。当然，你真正的意思是，你要求她按照你的方式而不是她的方式做事。你没有为她提供按照自己的方式做事的任何民主权利，不管她的方式在你、我和这个世界看来是多么错误。"

"但我仍然要说，当一个人完全可以做得更好时，她应该做出错误的行为吗？"

"这是一个无须回答的问题。这是因为，显然，如果人们很容易做出良好的表现，他们很可能会这样做。当他们在某件事情上犯错误时，这意味着要么他们希望做到正确，但是由于某种原因无法做到；要么他们根本不想做到正确，因此他们当然无法做到正确。"

"我……我不知道应该说什么。"

"再稍微思考一下这件事，你就会认识到我的观点，明白你过去并没有以这种方式考虑问题。例如，假设你表现得像你母亲一样，不断做错事，比如非常鲁莽和愚蠢地挥霍一大笔钱。"

"如果这样，我就错了，就像她一样。"

"好的，让我们假设你就是这样。不过，真正的问题是，你没有亲自犯错误的权利吗？假设你的母亲来找你，建议你不再像现在这样不断花钱，你考虑了她的建议，但仍然决定继续愚蠢地花钱。还是那句话：你没有权利按照自己的方式而不是她的方式行动、犯下自己的错误吗？"

"我现在明白你的意思了。即使我的行动很愚蠢，作为人类，我也完全有权做我想做的事情，甚至通过这种方式证明我的行为是愚蠢的。"

"正是这样。不要忘了，像你母亲这样的人在犯错误的时候几乎永远不认为自己是错误的。他们也许会在一段时间以后意识到这一点。不过，他们在犯错误的时候是不知道这一点的。那么，除了犯错误并最终证明自己是错误的以外，他们还能通过其他方式了解自己的错误吗？"

"我想是的。他们似乎无法通过其他方式了解自己的行为是错误的，不是吗？"

"是的，事实就是这样。他们可以仅仅由于其他人的提醒而认识到自己的错误。不过，如果他们没有做到这一点，那么除了犯错误并在反省中认识到这一点以外，他们还能怎样做呢？"

"不过，如果人们一定要先行动，然后认识到自己的错误，这也太浪费了吧！"

"是的，但这就是人们的行为方式。在大多数时候，他们首先犯错误，然后认识到自己的错误。如果他们是圣人，那么他们无疑会有不同的表现。不过，他们不具有圣人属性，只具有容易犯错误的属性！此外，应该考虑到他们容易犯错误以及我们允许他们犯错误的优点。"

"哪些优点？"

"首先，这会使他们获得经验，这种经验常常很宝贵。如果他们更加谨慎，不太容易犯错误，他们可能永远无法获得这种经验。如果人们像你希望的那样做出永远正确的行动，他们的回忆录读起来将会非常无聊。"

"哦，我想，为了创造一个更加美好的世界，我们可以做出这种牺牲！"

"也许吧。不过，下面是更加重要的一点。如果你提醒他们的错误并为此诅咒他们，从而强迫他们按照你希望的方式犯下更少的错误，你就会创造出一个法西斯式的世界。你希望生活在这样的世界里吗？例如，如果你真的可以并且做到了强迫母亲停止鲁莽的挥霍，你觉得她和其他数百万像她那样的人是否会喜欢你的规则？如果某人（比如你的母亲）告诉你，你可以从事哪种工作，你可以和谁结婚，你每周可以花多少钱，你会有多高兴呢？"

"我想我根本高兴不起来。"

"我也是这样想的。不过，你的建议不就是这样吗？你不就是希望一小群'正确'并且大概不会犯错误的人有权告诉规模更大的'不正确'而且容易犯错误的群体如何具体管理自己的生活吗？你真的想生活在这种专制社会里吗？"

"你一直在说，允许人们犯下严重的错误、破坏自己的目标是我们需要为民主付出的代价。"

"不是吗？"

"嗯。我从未这样想过。"

"就像我之前说过的那样，考虑一下吧。而且，你最好面对你和母亲在这个问题上的另一个方面。"

"哪个方面？"

"虽然你认为目前的情况是她在伤害自己，你只是在外部观察她的愚蠢游戏，但我们不得不怀疑，实际上，你在内心深处可能觉得她一直在通过拒绝接受你的完美主义建议而伤害你。"

"你认为我实际上希望她像爱我的兄弟姐妹一样爱我，我一直在将她的挥霍作为借口强迫她这样爱我？"

"这当然是有可能的。从你的角度看，你的家庭里存在一个不太完美的圈子，尤其是在非常关心你的父亲去世以后。现在，在'帮助母亲更好地花钱'的掩护下，你可能希望实现自己的目标，破坏她与其他家庭成员之间的一些紧密关系，实现你认为'应该'存在的'理想'局面。接着，当你无法实现这种'理想'、无法得到母亲更多的爱时，你拒绝接受现实，开始抱怨她的错误行为。"

"但我与母亲更加亲近，重新获得她这些年来一直没有给予我的一部分爱的愿望难道不是正常的吗？"

"是的，你这样做的愿望是正常的。不过，如果是这样的话，你就使用了一种实现愿望的奇怪途径。如果你真的接受她偏爱你的兄弟姐妹的现实，并且试图改变这种现实，比如通过以极为友好的态度对待她的方式，那就很明智了。不过，你却装出你母亲对其他家庭成员的偏爱没有为你带来困扰的样子，然后不断在一个看似不同的问题上批评你的母亲。当然，你对她的尖锐批评只会有利于保持你希望改变的偏爱。"

"通过像我这样为花钱的事情打扰她，我一直在进一步对抗她，让她有理由偏爱其他人。你是这个意思吗？"

"正是。你拒绝面对和承受关于家庭生活的严峻现实，你对自己说，'她不公平！她不应该这样做！'接着，你决定以很可能会使她更加偏爱你的兄弟姐妹的方式行动。如果你目前接受你的母亲和她的不良行为，你也许可以采取一些行动纠正这种情况。"

"在这次治疗中,你显然为我提供了许多思考素材!我最好仔细回顾我们的谈话,看看我的行动是否真的像你说的那样,掩盖了我的完美主义和对母亲挥霍行为的排斥。"

"一定要仔细考虑这件事,看看我提出的一些假设是否准确地符合你的情况。"

劳拉的确进行了思考,并且得出了结论:虽然她仍然认为母亲处理钱的方式是错误的,但她选择了让自己为此感到不安。她第一次以非常民主的方式接受母亲犯错误的权利。在接下来的几个月里,她与母亲的关系得到了极大的改善,母亲的一些鲁莽挥霍行为也停止了,这可能是源于母女关系的改善。更重要的是,劳拉更加有效地回到了自己的生活之中,开始更好地和未婚夫相处。她之前曾抱怨他的不完美,但她现在可以更加平和地接受这些缺点了。

下面是对抗你的完美主义和自高自大,在你无力改变令人不快的局面时学着接受现实的一些一般规则:

1. 当人们做出糟糕的表现时(在这个世界上,他们常常这样做),问问你自己,你是否真的应该为此使自己感到不安。你是否真的非常关心他们的行为?他们的行为真的影响到你的生活了吗?如果你真的付出大量的努力试图改变他们,他们会改变吗?你希望为此花费大量时间吗?你真的拥有这么多可以使用的时间吗?如果你不能坚决而肯定地回答这类问题,你最好不再执着于其他人的缺点,并且最好仅仅向他们提供适度的建议和帮助,尤其是当他们要求你这样做时,不是吗?

2. 假设你认为努力帮助他人做出改变是值得的,你应该以平淡的方式这样做。如果你真的想让他们为了他们的利益(甚至你自己的利益)改变做法,那么采用被动的、不加批评的、接纳他们的态度常常是最有效的。尽最大努力从他们的角度而不是你自己的角度考虑问题。如果你愿意,坚定地抵制他们的自我破坏行为,但是不要排斥他们本人。

3. 即使人们恶劣地对待你,你也不要谴责他们或做出反击。不管你是否喜欢,他们的确在以自己的方式行动。如果你相信他们绝对不应该这样做,那就太愚蠢了。你对他们越友好,就越有可能为他们树立一个良好的榜样。

而且，你所设计的帮助他们停止不良行为的计划越有建设性，你就越不容易对他们发火。面对难以相处的人，如果你不断告诉自己他们有多么糟糕，那么你常常会使情况变得更加艰难。相反，如果你告诉自己，"情况很讨厌，很难！但也仅此而已"，那么你至少可以避免发火，你还可以更有效地行动，使情况变得不那么麻烦。

4. 不断对抗你自己的完美主义。作为艺术家或制作人，如果你愿意努力制作一件接近完美的作品或产品，这很好。不过，你永远达不到完美，你所认识的其他人也无法做到这一点。人类很容易犯错误，人生实际上是不确定的。对确定性和完美的追求涉及：（1）对于生活在非常不确定、非常不完美的世界中的幼稚恐惧；（2）超越其他所有人、成为"五月之王"，从而证明你相比其他所有人具有绝对优越性的有意识或无意识驱动力。你无法获得最低限度的焦虑和敌意，除非你充分接受汉斯·赖兴巴赫证明的"你生活在概率和可能性的世界里"的事实，并且由于你存在而不是你优于其他人而接纳自己。

5. 由于问题和困难没有完美的解决方案，你最好接受一些折中和合理的解决方案。你越是对给定问题的替代答案持开放态度，你就越有可能找到可行的最佳答案。冲动和缺乏耐心的选项常常是糟糕的选项。思考、考虑和比较你所面对的不同选项，试着用最少的偏见和成见看到一个问题的不同方面。不过，归根结底，你最好进行某种冒险。以实验的方式进行这种冒险，同时充分认识到它的结果可能很好，也可能不好。如果你失败了，这个结果很不幸，但它很少会是灾难性的。失败与你作为一个人的内在价值没有任何关系。人类主要通过行动和失败来学习，即使你不喜欢这一事实，你也可以优雅地接受它。

6. 假设你可以在一些选项之间做出选择，你仍然可以对未来的其他选项持开放态度。这是因为，你今天可以选择的最佳选项明天也许就不是最佳选项了。你自己的愿望、外部条件以及与你有关的其他人都可能发生很大的变化。在选择某个选项时，你可以考虑到这些变化。你可以采用乔治·凯利所说的"持续构建修订版的计划"。或者，根据阿尔弗雷德·科日布斯基的说法，你的第一个人生计划和你后来的人生计划可能是不同的，你最好在某个时候及时选择自己的目标以及实现目标的最可行方法。

Chapter 19
第 19 章

克服惯性，形成创造性的专注

在这个世界上似乎没有摆脱人生中的困难和责任的捷径。不过，数百万文明人衷心地相信**十号非理性信念：你可以通过惯性、不作为或者消极而不投入的"享受"来最大限度地获得人类的幸福**。这种观念是非理性的，原因有以下几点：

1. 除了努力的短暂间隙以外，人们很少在不活动的时候感到特别快乐或有活力。虽然他们在持续忙碌时可能会感到疲惫和紧张，但他们在持续休息时很容易变得厌倦和倦怠。读书、看戏或观看体育比赛等消极的"享受"常常有趣而放松。不过，持续而单独地进行这类"活动"常常会导致无聊和冷漠。

2. 聪明人往往需要通过非常专注的活动保持最为活跃和快乐的状态。如果没有某种非常复杂、令人专注、具有挑战性的活动或兴趣，他们很少会在任何时间长度上保持热情。

3. 在某种程度上，快乐来自对外部人物或事件的投入，或者如尼娜·布尔所说的目标定向。有趣的是，一些不健康的负面感觉（比如强烈的焦虑和内疚）以及某些不健康的正面情绪（比如自恋和狂热）可以使人专注和放松，将一些人从无聊中解救出来，因此一些人可能希望获得这些情绪，尽管它们存在缺点。拥有这些感觉的人会积极参与生活，因此他们不愿意放弃焦虑或狂热的感觉。强烈的专注似乎是几乎一切活力形式的共同因素。

4. 我们通常所说的与"希望被爱"相反的"爱"或"陷入爱河"是积极专注的一种主要形式。实际上，三种专注分别是：（1）爱或专注于其他人；（2）创造或专注于事物；（3）理性思考或专注于思想。懒惰、消极或拘束感通常会阻止你专注于上述三种主要形式中的任何一种，从而使你无法获得完全的活力。生活实际上意味着做事、行动、爱、创造、思考。持续的闲置或无所事事会使你最大限度地降低生活的意义。

5. 正像我们在前面关于自律的一章中指出的那样，在许多人看来，在最开始的时候，参与非常令人专注的活动更加困难，靠在那里无所事事更加容易。不过，当他们面对最初的困难继续前进，强迫自己参与活动时，他们会更加享受活动而不是静止。游戏通常是有价值的，如果你坚持的时间足够长的话。

6. 那些过着懒惰、消极的生活，总是说"没有什么事情真正令我感兴趣"的人常常会回避非理性恐惧，尤其是对于失败的恐惧。他们恐惧地看待失败，回避了自己非常想尝试的活动。在足够多的回避以后，他们"真诚"地得出结论：他们对这些活动"没有兴趣"。他们可能会一点一点地减少自己的生活空间，最终对"一切"失去兴趣。这些冷漠、厌倦的个体甚至比积极焦虑和怀有敌意的人更加不快乐，后者至少专注于他们的恐惧和仇恨。

7. "成就信心"或自我效能感与活动关系密切。你知道你可以把某事做好，因为你已经通过过去的行为证明了你做过这样的事情。从未尝试走路的女人很难获得关于走路能力的信心。游泳、骑自行车或者其他几乎任何肌肉运动都是如此。是的，我们的社会的确向我们灌输了对于在重要项目上取胜的极度需要。的确如此。因此，我们的许多"骄傲"或"自信"实际上包含错误的骄傲和错误的自信，它们来自这种对于成功的"需要"。

正如我（埃利斯）在《心理治疗中的理智与情绪》中指出的那样，通过用行动证明你可以取得成就或赢得爱，你获得了成就信心或爱情信心。你享受这些感觉，因为你知道你可以在这些项目或爱情上表现得很好，你感觉自己拥有在这些领域中追求未来回报的动力。不过，你最好不要把成就信心和爱情信心与自信弄混，后者的存在来自定义，而且是一种不理想的状态。

这是因为，如果你说，"我相信我可以在学校里或工作上表现得很好"，那么通过证明你在大多数时候的确表现得很好，你可以支持这种陈述。不过，如果你说，"我非常自信"，那么你强烈地暗示了：（1）你可以把几乎一切事情做好；（2）所以，你是优秀的人；（3）所以，你有权生活和享乐。后两项陈述之所以成立，仅仅是因为你相信它们成立。

所以，你最好通过各种方式争取工作信心或爱情信心，但是不要争取自信或自尊。它们是对你的整个人或整个存在的衡量，而你的整体过于复杂，内容繁多，无法用单一指标或评价来衡量。

人类这种动物最好接受某些挑战，并且至少尝试各种任务，以获得"自己能够完成这些任务"的信心。惯性和不活动的理念会阻碍成就信心和爱情信心的形成，尤其是由于害怕失败而形成的理念。

8. 正像我们在这本书中一直强调的那样，你需要通过行动打破自我破坏性行为模式。如果你拥有几乎任何不利于你的健康、快乐或人际关系的习惯模式，希望改变它，你通常需要用思考和行动有力地对抗这种习惯。成长和发展需要时间和努力。你越是不活跃，你就越有可能阻碍自己最强烈的愿望，破坏自己健康的目的。

9. 惯性拥有自我反馈的倾向。你越是回避一些活动，尤其是由于焦虑，你就越是习惯于不从事这些活动。于是，你觉得自己更加难以从事这些活动。例如，你越是不去做你一直在说的非常想做的写作和绘画工作，你就越不容易开始这些工作。正像前面说过的那样，你常常会完全失去对这件事的兴趣。当你沉浸于惯性时，这种惯性常常会导致更多惯性，这个过程会一直持续下去。

因此，在许多重要方面，活动是快乐生活的支柱之一，尤其是具有创造性的、非常令人专注的活动。如果不相信这一点，按照惯性和不活动的理念生活，你常常会破坏自己的潜在满足感。为了过上更加充实的生活，你可以采取的活动包括：

1. 你可以试着强烈专注于外部的一些人或事情。同爱上事物或思想相比，爱上一个人具有明显的优势，因为人们可以反过来爱你，与你进行美妙的互动。不过，爱上某种长期活动或思想，比如专心投入到一项艺术或一个职业中，也具有巨大的回报，它有时比爱一个人更加持久、更加深沉、更具多样性。在理想情况下，你可以同时爱上人和事物。不过，如果你完全专注于其中的一种，你仍然可以获得充分的享受。

2. 试着找到这样的人或事物：你可以由于他们本身而不是由于"自我提

升"而沉浸其中。如果你喜爱自己的孩子或失去父母的弟弟，或者投入到一个帮助别人的职业中，比如教育、心理学或医学，那么这件事看上去很好、很高尚。不过，作为人类，你完全有权利"自私地"爱上镇上最有吸引力的人，或者投入到收集钱币等社会价值相对很小的爱好中。你很可能无法非常深切地爱上任何人或任何事情，除非你勇敢地遵循自己的信念，而不是试图"证明"你有多优秀。

3. 在投身于任何领域或活动中时，试着选择一个具有挑战性的长期项目，而不是简单的或时间很短的事情。大多数聪明人不会长期高度专注于性征服、跳棋或井字棋，因为你会在短时间内精通这些事情，然后觉得它们缺乏挑战性。相反，试着选择写一本精彩的小说，为物理学做出杰出的贡献或者实现或维持高层次的爱情等目标。这类追求可能会在许多年的时间里持续吸引你。

4. 不要指望迅速形成高度的专注。由于惯性、对失败的恐惧或者某个主题的复杂性，你可能需要实验性地有力推动自己进入某个领域或某项活动，并且坚持合理的时间长度，这样你才能专注于其中并产生兴趣。不要在进行相对长时间的尝试之前认为你无法享受一段关系或一个项目。如果你在相对长时间的尝试之后仍然没有产生兴趣，你可以寻找另一种重要兴趣。

5. 考虑培养多种兴趣或者从事一些业余项目，即使你正在专注于一项重要事业。如果你的主要活动无法永远持续，那么你尤其应该拥有替代方案。人们不仅喜爱持续的目标，也喜爱多样性。所以，如果你在阅读、爱好和朋友圈方面有所变化，你可能会比不断重复同样事情的自己更有活力。

6. 你可以跟踪惯性和不作为背后的非理性信念，以对抗惯性和不作为。为了使自己不参加活动，你可能会对自己说："让别人为我做事比我亲自做事更容易，更好。""如果我冒险写小说并不幸失败，那不是很可怕吗？"你可以寻找这些自我破坏性信念并有力地反驳它们，直到你用鼓励自己参与活动的思想替代它们。

7. 归根结底，一般来说，你最好强迫和推动自己开始行动。你可以强迫自己（是的，强迫自己）采取具体的勇敢行动：在雇主的办公室里与他对质，邀请一个非常有吸引力的人跳舞，把你对一本书的想法告诉出版商。你可以不断强迫自己经常行动,直到这件事变得越来越容易,甚至变得令人愉快。

  8. 正像乔治·凯利指出的那样,你可以在一段时间里故意选择一个不同的角色,强迫自己扮演这个假想的角色。如果你经常表现得害羞而腼腆,你可以尝试在一个星期的时间里扮演你所认识的最外向、最自信的个体,那么在扮演这个角色以后,你可能会发现,你可以相对轻松地表现得不那么拘谨。也许,你越是强迫自己做一件你"相信"自己无法做到的事情,你就越是能够向自己证明你可以做这件事。

  莫雷诺和弗里茨·波尔斯非常重视心理治疗中的角色扮演。乔治·凯利尤其强调在两次治疗之间将角色扮演作为作业。在理性情绪行为疗法中,我们特别鼓励客户去做冒险、羞愧攻击和改变习惯的作业,亲自尝试定期进行角色扮演,尤其是以信心培养的形式。在这种形式中,你需要督促自己去做你通常拒绝冒险去做的"大胆"的事情。

Chapter 20
第 20 章

过上美好生活的其他理性方法

正像我们在本书的序言中承诺的那样，我们现在会介绍理性情绪行为疗法的一些主要补充和改进。我（埃利斯）在1955年1月首创了这个体系，并于1956年在芝加哥举行的美国心理学协会年度会议上发表了我的第一篇关于这一主题的重要论文。从那以后，理性情绪行为疗法经历了许多变化，它们是由我自己以及我的一些主要合作者提出的，尤其是罗伯特·A.哈珀、威廉·克瑙斯、珍妮特·L.沃尔夫、小马克西·C.莫尔茨比、雷蒙德·迪朱塞佩、拉塞尔·格里格尔、保罗·伍兹、迈克尔·伯纳德、多米尼克·迪马蒂亚和温迪·德赖登博士。

我最初将理性情绪行为疗法称为理性疗法，并在1961年将其称为理性情绪疗法。最后，在1993年，我承认它总是具有强烈的情绪性和行为性，以及独特的认知性和哲学性，因此将其改为目前这个更加准确的名字：理性情绪行为疗法。

同时，在我提出理性情绪行为疗法10年以后，其他形式的认知疗法和认知行为疗法开始出现，并且使用了理性情绪行为疗法的主要方法。其中一些认知行为疗法和实践变得很流行，包括乔治·凯利的开创性个人建构疗法、阿伦·贝克的认知疗法、马克西·C.莫尔茨比的理性行为疗法、威廉·格拉瑟的现实疗法、阿诺德·拉扎勒斯的多重模式疗法、唐纳德·梅肯鲍姆的认知行为修正以及迈克尔·马奥尼的认知建构主义疗法。今天，理性情绪行为疗法和其他认知行为疗法很可能是使用最广泛的心理治疗形式。它们被世界各地的治疗师使用，并且被他们与其他心理疗法结合在一起，比如心理动力学疗法、实验疗法、人际关系疗法以及家庭疗法。今天，大多数流行的自助书籍和磁带也使用了大量的认知行为疗法。

自从这本书的第 1 版于 1961 年出版以来，理性情绪行为疗法的重要更改和补充在参考文献列出的许多书籍中得到了介绍，尤其是我（埃利斯）的书《理性情绪》[⊖]（*How To Stubbornly Refuse to Make Yourself Miserable About Anything——Yes，Anything*）、《我的情绪为何总被他人左右》[⊖]（与阿瑟·兰格合写）（*How to Keep People from Pushing Your Buttons*）、《理智与情绪》修订更新版（*Reason and Emotion, Revised and Updated*）、《更好、更深入、更持久的短期治疗》（*Better, Deeper, and More Enduring Brief Therapy*）、《理性情绪行为疗法实践》（与温迪·德赖登合写）（*The Practice of Rational Emotive Behavior Therapy*）。现在，我们将简要总结其中的一些发展，向你展示如何利用它们改善你自己的理性生活。

反驳你的绝对主义思想

理性情绪行为疗法告诉人们，他们会学习和创造多种非理性的、不合逻辑的、迷信的、不现实的、不切实际的信念，而且倾向于以自我破坏的方式强烈地持有和使用这些信念。不过，随着时间的推移，我们指出，虽然夸张的、不合逻辑的或不现实的思想常常导致情绪困扰，但绝对或僵化的思想往往会使你产生更加严重的情绪困扰。例如，如果你强烈地相信"我最好在工作上做到完美，否则我很可能会被解雇"，你往往会感到有些焦虑和不安全。这是因为，你怎么能指望自己做到完美呢？你的说法"我很可能会被解雇"很可能是错误的，但你对它的信念会使你感到过度担忧，而不是健康的担忧。

如果你武断地相信："我必须在工作上做到完美，否则我一定会被解雇，那将是很可怕的！"你就会陷入更大的情绪困扰之中。因为：（1）虽然你没有提供你绝对必须做到完美的任何理由，但你的这种信念往往会使你发狂，使你疯狂追求完美的表现，这反而使你表现得更加不完美。（2）"如果你在工作上表现得不完美，你一定会被解雇"的想法往往会使你变得更加焦虑，还是那句话，这种想法不仅可能性很小，而且完全无法被证实或证伪。（3）你

---

^{⊖⊖} 本书简体中文版已由机械工业出版社华章心理出版。

对于"被解雇很可怕"的信念极大地提高了你失去工作的痛苦，往往会使你变得更加疯狂，具有讽刺意义的是，它会使你惧怕你所发明但是无法通过经验证明的"可怕性"。

在我们的临床实践中，我们不断发现，几乎所有神经过敏的感觉全都来自"必须化"：人类创造并用来折磨自己的三种虔诚的"应该""理应"和"必须"：（1）"我必须表现良好，否则我就是糟糕的人"——导致不胜任、没有价值、不安全、自我诅咒、焦虑和抑郁的感觉。（2）"你必须友好、公平、体贴地对待我，否则你就是糟糕的人"——导致愤怒、仇恨、敌意和过度反叛的感觉。（3）"我必须拥有轻松的环境，在没有太多麻烦的情况下得到我想要的东西。当事情很糟糕时，我会无法忍受"——导致低挫折容忍度、回避、自哀和懒惰的感觉。这些"必须化"信念没有一个是可以被证实的。它们都是武断而绝对的。每个信念都会导致几乎无法避免的不安感觉和自我破坏性行为。它们都会导致短期或长期的抱怨。对自己、他人和世界的失败进行抱怨是我们通常所说的神经过敏的一个主要组成部分。

你可以遵循纽约阿尔伯特·埃利斯研究所（以及我们在世界各地的附属研究所）的方法，学会如何迅速定位你的那些绝对的"应该""理应""必须""需要""必要""必需""应当"和"不得不"。每当你感到不安或做出自我破坏性行为时，你可以假设自己拥有一个或多个这样的"必须"，并且有力地反驳它们。

我（埃利斯）最初描述了其他一些重要的非理性信念，人们毫无必要地用这些信念使自己感到不安，他们最好发现并反驳这些信念。其他认知行为治疗师，尤其是阿伦·贝克和戴维·伯恩斯，也向当事人展示了如何发现和反驳这些信念。不过，我后来意识到，几乎所有非理性信念都包括隐性或无意识的"必须"。如果人们只是严格地将它们保持在偏好的程度，那么这些信念将很难存在。

例如，下面是你可能持有的一些常见的非理性信念，以及通常伴随着它们的隐性的"必须"。

非黑即白思维："如果我在这项工作上失败，我将永远失败，成为完全的失败者！"隐性必须："我必须永远避免在这项工作（或者其他任何重要工作）上失败！"

妄下结论："人们看到我输了三场网球比赛，所以他们会把我看作极为糟糕的选手！"隐性必须："我一定不能在网球上失败。如果我失败了，他们一定不能知道这件事，一定不能由于失败而责备我！"

预言："我在发言时看到他们笑了。这意味着他们鄙视我的演讲，知道我是一个讨厌的演讲者，永远不会再次邀请我讲话了！"隐性必须："我必须永远发表精彩的演讲，必须远远超出其他优秀演讲者的表现！"

灾难化："我出错牌了，这毁掉了游戏。这些人再也不会跟我玩了，实际上，我再也找不到任何优秀的搭档了。"隐性必须："我必须永远避免出错牌的行为，必须永远成为最优秀的游戏玩家！"

可怕化："我的钱太少了，这很可怕！人们会看到我多么贫穷，这很可怕！"隐性必须："我必须拥有大量金钱，人们必须看到我过得多么好！"

完美主义："我在那次面试时表现得很好，但我对一位面试官的问题给出了糟糕的回答。我永远无法原谅这个错误，永远无法原谅我自己！"隐性必须："我必须永远在面试中做到完美，一定不能给出任何糟糕的回答！我必须给面试官留下完美的印象！"

你可以看到，如果你在你的非理性信念中寻找绝对的必须以及伴随着它们的不安，你几乎总能找到它们。所以，每当你感到非常不安或者做出自我破坏性行为时，你可以假设自己拥有显性或隐性的"必须"以及类似的武断要求。你可以使用理性情绪行为疗法的口号："寻找应该！寻找必须！"这个简单而深刻的指导原则会帮助你迅速找到你的问题背后的一些主要理念，并对有害的绝对主义思想进行反驳。

彻底结束自我评价，实现无条件自我接纳

在《如何与"神经过敏者"生活》和《理性生活指南》第 1 版等理性情绪行为疗法的早期作品中，我们教导人们不要根据他们的任何表现评价自己或自我价值。例如，不要认为"我是一个优秀的人，因为我对他人很好"或者"我是一个愚蠢的人，因为我一直表现得很无能"。相反，他们可以将他

们的"优秀性"或"人类价值"完全基于他们的生存和存在这一事实。例如，他们可以合理地告诉自己，"我很优秀，因为我是人类，而且是活的。"

这似乎是解决人类价值问题的非常实用的方案，因为采用这种方案的人仅仅由于自己的存在性而接纳自己，几乎永远不会认为自己是没有价值的。遗憾的是，正像理性情绪行为疗法后来的作品（尤其是《心理治疗中的理智与情绪》）指出的那样，这种"解决方案"不是很好，因为一些聪明的当事人会提出反对意见："是什么使我变得'优秀'呢？仅仅是因为我是活着的吗？为什么我不能同样合理地说，'我很糟糕，因为我活着'呢？"

他们是对的！我们越考虑这件事，就越认识到，从某种程度上说，"仅仅由于你的存在性而认为你是优秀的"是没有意义的。根据定义，这种想法是正确的，但它无法通过经验证实或证伪。它是有效的，但它是解决人类价值问题的下等方案。我在一篇纪念哲学家罗伯特·S.哈特曼的论文中更加充分地讨论了这一点，认为人类价值的整个概念是康德哲学中的自在之物。它永远无法得到证实或证伪，我们完全可以把它从心理学和哲学中删除。换句话说，我认为，除了根据一些武断的定义，人类似乎没有'价值'；他们完全不需要对"他们自己"、他们的"本质"或他们的"整体"进行评价、评分、评估或衡量。当他们这样做时，他们就是在过度泛化。当他们放弃这种评估、自我评价或自我衡量时，他们可以减轻最严重的一些"情绪"问题。

理性情绪行为疗法现在认为，如果你坚持要求对你的整体进行评价，获得"自我形象"或者评价你作为人类的"价值"，那么你最好使用我们在这本书的第 1 版中给出的方案或者类似方案，比如："我喜欢我自己（更好的说法是接受我自己），这仅仅是因为我存在，因为我是活着的。"这种解决方案看上去仍然是实用或实际的，它几乎不会使你遇到任何情绪困难。再说一遍，它是有效的！

不过，更好的做法是完全拒绝评价"你自己"、你的"人格"、你的"自我"。你可以说："我存在——这是可以通过经验证明的。我还可以继续存在，如果我选择这样做的话。在继续存在的时候，我可以在某种程度上选择减少我的痛苦，增加我的（短期和长期）快乐。好的，所以，我选择继续存在，享受生活。现在，让我看看怎样最有效地实现这些目标！"

凭借这种理念，你可以完全避免评价你自己、你的整体、你的价值。"你"无法被整体评价为好、不好或一般。"你"没有一般性的自我形象。不过，"你"或者你的有机体显然存在，这个有机体选择继续生存，寻求快乐而不是毫无必要的痛苦。因此，由于你希望（不是需要）继续快乐地存在，因此你会评价你的许多特点、行为、行动和表现。例如，你把所有导致你早死或痛苦生活的行为评价为"不好"，并把所有导致长寿和快乐生活的行为评价为"好"。你对你的行为进行持续的评价和衡量，并且认为这很重要。不过，你取消了对于你自己、你的人格、你的持续性、你的本身的评价和衡量。

停止评价自己是不是很困难？答案很可能是肯定的。这是因为，理性情绪行为疗法认为你的"正常"人类特点不仅包括评价你的行为、行动和性格，也包括感受到一个"自己"或"自我"并对其进行评价。所以，你可能很难避免自我评价。不过，请努力！你一定可以做到这一点（尽管你无法完美地做到这一点）。完成这项困难的任务是很有趣的！

正像我们在《理性生活指南》第1版中指出的那样，理性情绪行为疗法从一开始就强调了人们拒绝由于糟糕的表现而责备自己（和他人）的重要性。目前，理性情绪行为疗法仍然一如既往地重视这一点！不过，我们意识到，"责备"一词的使用存在局限性。这是因为，当我们说"不要由于表现糟糕而责备自己"时，你可以将我们的陈述解释成："我最好不要认为自己的表现很糟糕，因为我的表现其实非常好。"你的表现很可能并不好，而且的确很糟糕。所以，你其实是在对自己撒谎。或者，你可能会承认你的表现很糟糕，并对自己说："哦，我想我的表现很糟糕。不过，我为什么必须认真地对待我的错误呢？我的错误其实并不是非常重要。"在任何一种情形中，你都很可能不会非常努力地纠正错误，或者避免未来再次犯错误。

当然，更好的做法是充分承认你的错误，意识到不断犯下这些错误对你是不利的，并且努力在未来最大限度地减少错误。所以，在理性情绪行为疗法中，我们现在往往会这样和人们说："是的，你的行为很糟糕。如果你继续这样做，你会不断获得不幸的结果。不过，不要在任何情况下由于犯下这样的错误而贬低你自己和你的整个人。不要以任何方式责备自己或对自己进行妖魔化，不管你犯了多少次错误。你的行为可能是愚蠢或不道德的，但你并不会因为做了这些行为而应当被诅咒、贬低或妖魔化。

因此，我们现在往往会使用"自我贬低"和"自我诅咒"的说法代替"自责"。这是因为，人们往往会错误地相信，由于做出糟糕的行为，你应该受到责备。如果用更加准确的语言来表述，他们的想法其实是"应当责备的是我的行为，不是我自己"。由于"诅咒""贬低"和"妖魔化"的含义强于"责备"，也由于理性情绪行为疗法特别反对对人的不认可，所以我们现在倾向于用这些词语代替不太严格的"责备"一词。

使用理性情绪行为疗法自助表格

1968 年，纽约阿尔伯特·埃利斯研究所开始对其心理顾客和公众使用理性情绪行为疗法自助表格。20 世纪 70 年代，阿伦·贝克、唐纳德·梅肯鲍姆、小马克西·莫尔茨比和戴维·伯恩斯也开始鼓励他们的顾客写下和反驳自己的非理性信念，并且设计出替代它们的合适的"理性应对自我陈述"。

我们强烈建议你持续使用这种方法，将你的非理性信念转变成理性信念。下面是你可以经常使用的理性情绪行为疗法的主要自助表格之一。

理性情绪行为疗法自助表格
阿尔伯特·埃利斯研究所
东 65 街 45 号◆纽约州纽约市 10021 ◆（212）535-0822

（A）在我遇到情绪困扰或做出自我破坏性行为之前最后出现的**诱发事件**、**思想或感觉**。

（C）**后果或情况**。我所产生的并且想要更改的不安感觉或自我破坏性行为：

| （B）**信念**——导致后果（情绪困扰或自我破坏性行为）的非理性信念

圈出适用于这些**诱发事件**（A）的所有条目。 | （D）对每个画圈的非理性信念的**反驳**。

例子："为什么我必须表现良好？"<br>"哪里规定了我是糟糕的人？"<br>"我必须得到认可或接受的证据在哪里？" | （E）替代非理性信念的**有效理性信念**。

例子："我希望表现良好，但我不是必须这样。"<br>"我是表现糟糕的人，不是糟糕的人。""没有证据表明我必须得到认可，尽管我希望得到认可。" |

第20章 过上美好生活的其他理性方法　221

（续）

1. 我必须表现良好或非常好！		
2. 当我做出软弱或愚蠢的行为时，我是糟糕或没有价值的人。		
3. 我必须被我认为重要的人认可或接受！		
4. 我需要得到我认为非常重要的人的爱！		
5. 如果我被拒绝，我就是一个糟糕的、不可爱的人。		
6. 人们必须公平对待我，把我需要的东西给我！		
7. 人们必须符合我的预期，否则就太可怕了！		
8. 行为不道德的人是没有价值的、糟糕的人。		
9. 我无法忍受非常糟糕的事情或非常难以相处的人！		
10. 我在人生中必须很少遇到重大困难或问题。		
11. 如果重要的事情不符合我的想法，那就太可怕或太恐怖了。		
12. 我无法忍受非常不公平的生活！		
13. 我需要大量的短期满足感。当我无法得到这种满足感时，我必须感到痛苦！		
其他非理性信念：		

（F）我在获得有效理性信念以后的**感觉和行为**。

　　我会努力在许多场合中有力地向自己重复我的有效理性信念，以便使自己现在不那么不安，并在未来做出不那么具有自我破坏性的行为。

乔伊斯·西塞尔博士和阿尔伯特·埃利斯博士　　　　　　　　100张表 10.00 美元
版权 ©1984 理性情绪行为疗法研究所　　　　　　　　　　　1000张表 80.00 美元

使用"反驳非理性信念"练习

理性情绪行为疗法教导人们寻找、发现和反驳他们的非理性信念。不过，为了让他们进行这方面的具体实践，我们在纽约阿尔伯特·埃利斯理性情绪行为疗法研究所中使用了一种具体的"反驳非理性信念"指示表。这张反驳非理性信念指示表是由我（埃利斯）编写的，其内容如下。

如果你想增加你的理性信念，减少你的非理性信念，你可以每天花费几分钟时间向自己提出下列问题，并且仔细思考（不是简单模仿）合适的回答。把每个问题和你的回答写在一张纸上，或者用录音机把这些问题和你的回答录下来。

1. 我希望反驳和放弃怎样的非理性信念？

回答示例：我绝对必须得到我非常关心的某个人的爱。

2. 这种信念正确吗？

回答示例：不正确。

3. 为什么这种信念不正确？

回答示例："我绝对必须得到我非常关心的某个人的爱"这一信念不正确的几个原因是：

a. 没有哪条宇宙法则规定我所关心的某人必须爱我。（尽管这将使我感到很愉快！）

b. 如果我没有得到一个人的爱，我仍然可以获得其他人的爱，并且为此感到快乐。

c. 如果我所关心的人从未关心过我，我仍然可以在友谊、工作、书籍和其他追求中获得快乐。

d. 如果我非常关心的某人拒绝了我，那将会非常不幸；不过，我不会因此死去！

e. 虽然我过去在赢得爱情方面不太走运，但这无法证明我现在必须赢得爱情。

f. 任何绝对的必须都是没有支持证据的。因此，没有证据表明我绝对必须获得任何事情，包括爱。

g. 许多人从未获得他们所渴望的爱，但他们仍然过着快乐的生活。

h. 在我自己的人生中，我知道有时没有人爱我，但我仍然很快乐。所以，我完全可以在没有爱情的情况下再次快乐起来。

i. 如果我被我真正关心的某人拒绝，这可能说明我拥有一些不可爱的糟糕特点。不过，这不意味着我是一个没有能力、没有价值、不可爱的个体。

j. 即使我的性格很糟糕，我所喜欢的人永远不会爱我，我仍然不需要诅咒自己，将自己看作低劣、卑微的人。

4. 有证据证明我的信念是正确的吗？

回答示例：不，不见得有。大量证据表明，如果我非常爱某人，并且从未获得对方的爱，我就会产生不利、不便、沮丧和缺少爱的感觉。因此，我当然希望自己不被拒绝。不过，任何不便都不等同于恐惧。我仍然可以忍受沮丧和孤独。它们几乎不会使我的生活变得可怕。拒绝也不会使我变成可怜虫！所以，显然，没有证据表明我真正关心的某人绝对必须爱我。

5. 如果我无法得到我认为自己必须得到的东西（或者得到我认为自己一定不能得到的东西），哪些最糟糕的事情一定会发生在我身上？

回答示例：如果我没有得到我认为自己必须得到的爱。

a. 我会失去我在获得爱以后可能得到的一些快乐和利益。

b. 我仍然想获得爱，但是无法找到它，这会使我感到沮丧。

c. 我可能永远无法得到我想要的爱，继续无限期地感到自己处于缺少爱和不利的状态。

d. 其他人可能会鄙视我，认为被人拒绝的我非常没有价值，这是讨厌和令人不快的。

e. 我可能无法获得我在良好的爱情中可以获得的那么多快乐，我会觉得这非常不理想。

f. 我可能会在大多数时候感到孤独，这仍然不令人愉快。

g. 其他各种不幸和匮乏可能存在于我的生活中，我不需要将其中的任何不幸和匮乏定义成可怕的、恐怖的或令人无法忍受的。

6. 如果我无法得到我认为自己必须得到的东西（或者得到我认为自己一定不能得到的东西），我可以得到哪些好结果？

a. 如果我真正关心的人不爱我，我可以花费更多时间和精力赢得另一个人的爱，甚至找到更适合我的人。

b. 我可以投身于与爱情或交往几乎没有关系的其他愉快追求中，比如工作或艺术活动。

c. 我可以做一件愉快而具有挑战性的事情：学会在没有爱的情况下快乐地生活。

d. 我可以努力获得"即使我没有获得我所渴望的爱，我也可以充分接纳自己"的理念。

你可以选择你的任何一个主要的非理性信念，你的"应该""理应"和"必须"，然后每天花费几分钟时间积极主动地反驳这种信念，这种反驳有时可以持续几个星期。为了坚持将这段时间留给"反驳非理性信念"这一理性反驳方法，你可以使用操作性条件作用或自我管理方法（由斯金纳和其他心理学家提出）。选择你非常喜欢并且几乎每天都会从事的活动，比如读书、吃东西、看电视或者与你的朋友交往，把这种活动用作强化刺激或奖励。每天，你必须在进行了一定时间的"反驳非理性信念"实践以后才能从事这项活动。否则，你就不给自己奖励！

此外，每一天，如果你没有花费一定的时间反驳非理性信念，你可以惩罚自己。怎样惩罚呢？让自己完成一些你觉得非常讨厌的活动，比如吃一些难吃的东西，为你所憎恨的事业做贡献，早上提前半小时起床，或者花费一小时的时间与你认为无聊的人交谈。你还可以让某人或某个群体监督你，帮助你切实执行你为自己设置的惩罚，不让你获得强化刺激。当然，你也可以在没有自我强化的情况下持续反驳自己的非理性信念。你只需要为自己分配任务，然后进行实践！

使用理性情绪行为疗法的教育方法

理性情绪行为疗法在许多方面遵循心理治疗的教育模式而非医学模式。正像我们在下一章中指出的那样，它强调治疗师和当事人之间的关系。同以人为中心的治疗类似，它强调辅导者无条件地接纳被辅导者的重要性，即使

后者在治疗过程中和治疗以外的表现很讨厌。它支持爱德华·博尔丁对治疗联盟的鼓励，作为一种建构主义疗法，它认为人们拥有整理自己的情绪小屋以及改变自己的内在倾向，不管他们是否接受治疗。

不过，理性情绪行为疗法是现实而多面的。是的，"它"说，人们可以自然而然地帮助自己，但他们也可以向他人学习。是的，他们可以自发地努力解决自己的问题，但其他人也可以将他们有效地导向解决问题的渠道，并且向他们积极地传授自我管理方法。是的，他们有时抵触直接教导，更愿意亲自找出解决困境的道路。不过，他们常常更喜欢别人以积极引导的方式向他们传授经过尝试和验证的方法。同他们在很大程度上独自解决情绪行为问题相比，通过这些教导，他们可以更好、更快地振作起来。

理性情绪行为疗法承认这两种方法是解决情绪困扰的重要途径，并且为人们提供了许多教育方法，你可以随意使用这些方法，或者将其忽略。例如，纽约阿尔伯特·埃利斯研究所出版和分发了许多小册子、书籍、录音带和录像带、图表、游戏、计算机程序以及其他材料，这些材料使用了理性情绪行为疗法的思想和方法。研究所每年还会安排关于理性情绪行为疗法原则和实践的许多讲座、讲习班、研讨会、强化班、课程、马拉松以及其他展示形式。理性情绪行为疗法的其他研究所和计划在世界上的许多地区提供了类似的选项。

一些研究表明，理性情绪行为疗法的教育形式和材料帮助人们获得了更加健康、快乐的情绪，我们希望在这个重要的自助领域中取得更多成果。与此同时，你可以使用本书参考文献中列出的理性情绪行为疗法的一些小册子、书籍和磁带。要想获得纽约阿尔伯特·埃利斯研究所安排的最新活动的时间表，你可以写信索取半年期目录：AEI，东65街45号，纽约，NY 10021-6593。电话：（212）535-0822。传真：（212）247-3582。电子邮箱：info@iret.org。

如果你接受理性情绪行为疗法的治疗，你可以使用刚刚提到的小册子、书籍和其他材料，以便更加迅速、充分地从你的治疗中获益。我们还发现，如果你经常忘记你的治疗对话或者不愿意从中吸取教训，你常常可以将每次对话录下来，在下次治疗之前听上几遍，以便从中受益。这种倾听自己和治疗师对话的方法常常是很有启发性的！

正像我们自20世纪60年代以来指出的那样，正像马丁·塞利格曼及其同事最近强调的那样，理性情绪行为疗法和认知行为疗法的理论可以用于正常的学校教育。我们可以将它们传授给学前儿童、高中生、大学生以及研究生。我们也可以在商业组织、社区中心、互助会、宗教团体、健康俱乐部以及其他许多组织里传授这些理论。虽然我们在半个多世纪的时间里一直以治疗师作为主要职业，但我们相信，"心理治疗"的未来完全可能存在于更好的情绪教育方法的开发之中。我们可以创立由个人传授或者个人展示属性不太强的具有各种可能的媒体形式的教育计划，让全世界各个年龄段的人都可以参与其中。我们甚至认为，如果这件事得到恰当的实施，"情绪教育"一词可能会在很大程度上取代"心理治疗"一词。

与此同时，你应该努力发现理性情绪行为疗法的教育材料的价值。使用本书中包含的材料，寻找你可能喜欢并从中受益的其他材料。在理性情绪行为疗法中，不是所有的活动、练习和材料都非常适合你，找到适合你的部分，并且努力使用它们！

Chapter 21
第 21 章

过上美好生活的其他情绪和行为方法

自从理性情绪行为疗法于1955年出现以来，它一直具有认知性、情绪性和行为性。它比其他许多体系拥有更多的模式。我们首先将其称为理性疗法，以强调它极为独特的元素：劝诱性、教诲性、逻辑性和哲学性角度。当我们写作《理性生活指南》第1版时，我们已经把它的名字改成了理性情绪行为疗法，以指出它不仅包含认知方法，而且永远包含重要的情绪和行为方法。

　　多年来，我们比最开始更加强调理性情绪行为疗法的情绪角度。例如，我们有意向当事人提供了卡尔·罗杰斯所说的无条件积极关怀，即无条件接纳他们本人，不管他们的行为多么不合适或不道德。我们使用了实验治疗师使用的许多情绪练习，并在这方面发明了特别冒险、羞愧攻击以及其他情感练习。我们不仅帮助人们承认或认识到了自己的不安感觉，比如焦虑、抑郁和暴怒，而且善于帮助他们通过强烈、热情、有力地思考、感受和行动来对抗这些有害情绪。我们允许自己作为治疗师对于当事人抱有温暖的感情，前提是我们不会妨碍他们无条件地接纳自己，并放弃对于我们（或者其他人）的认可或爱的极度需要。我们一如既往地使用有力而直接的对抗方法，尤其是在我们的一些集体治疗过程中，并且毫不犹豫地向当事人展示他们为了自保而对自己和他人撒谎的事实。我们常常鼓励当事人更多地参与社交和亲密关系，提高自信，减少拖延，在时间管理以及商业和职业活动上提高效率。对于感到自己不胜任的人，我们有时会使用个人治疗和集体治疗中的支持方法。

我们在理性情绪行为疗法中使用的大多数情绪和行为方法都可以用于自助吗？当然！治疗师常常真诚地相信，人格改变只能通过他们的协助完成，或者就像卡尔·罗杰斯所说的那样，人格改变只能通过治疗关系实现。多么自负！正像我（埃利斯）在 1978 年的一次美国心理学协会专题研讨会上说的那样，在许多个世纪的时间里，讲座、布道和文字作品，以及现在的音像带、录像带和计算机辅助方法，对数百万人的帮助作用超过了内科医师、辅导师和治疗师的作用。所以，我们不要嘲笑自助材料！

在这一章中，我们将向你展示如何学习理性情绪行为疗法中最有用的一些情绪和行为方法，并将它们有效地运用到你自己的生活中。

区分健康与不健康的负面感觉

在《如何与"神经过敏者"生活》和《理性生活指南》第 1 版中，我们错误地指出，你可以合理地感到悲伤、难过或不快乐，但是如果你的这些感觉过于强烈，你就会变得神经过敏。我们现在意识到，这种区分具有误导性。现在，我们认识到，当你拥有强烈的愿望和偏好并不断受挫时，极为悲伤或不快乐的感觉可能也是健康的。例如，如果你被困在荒岛上，岛上仅有的另一个人拒绝和你谈话或者进行任何交往，你对这种拒绝感到非常沮丧和不快乐，这当然是健康的。

不过，极度的悲伤和不快乐并不等同于抑郁、绝望、羞愧或自我贬低。所以，你可以合理地将前者和后者（负面感觉）区分开。即使是 99% 的不快乐也不一定等同于 1% 的抑郁。这两类感觉往往位于两个不同的情绪标尺上。虽然抑郁通常伴随着沮丧和失落，但后者显然可以脱离前者而存在。而且，沮丧、悲伤和不快乐通常是健康的感觉，比如，如果你非常想要某件事物却失去了它，你就会产生这样的感觉。抑郁、绝望、羞愧和自我贬低则几乎永远是不健康的，你最好最大限度地降低这样的感觉。

这是诡辩吗？我们觉得不是。如果对我们使用的词语进行严格的定义，那么沮丧、遗憾、悲伤指的是，当你强烈地偏爱、渴望或想要某件事物并且受到阻碍时你所产生的情绪。例如，如果你说"我真的很想在学校里取得成功"，然后失败得很惨，你通常会得出结论："我没有得到我想得到的东西（在学校里取得成功），这非常不幸。现在，让我看看我能否在下一次取得成功。或者，如果我完全无法取得成功，让我看看我如何在没有学位这一有利条件的情况下获得一定的快乐。"由于这些评估，你往往会感到沮丧、遗憾和悲伤，这种感觉有时非常强烈。

不过，抑郁、绝望、羞愧和自我贬低来自另一组信念，即："我绝对必须在学校取得成功。"当你没有取得成功时，由于这种愚蠢的"必须"，你得出了符合逻辑的结论："我失败了，这太可怕了！我无法忍受我的失败！我将永远失败下去。我败得这么惨，这说明我是一个不合格的人！"通过这些高度非理性的绝对主义信念，你产生了抑郁、绝望、羞愧和自我贬低的感觉。虽然这些情绪非常真实，但它们通常会伤害你，所以我们可以将其称为不健康的感觉或自我破坏性感觉。

当你经历问题或逆境（A 点）时，你会"自然地"感到抑郁（C 点，你的情绪后果），但这并不意味着这种感觉是"正常"或"健康"的。通过坚定而强烈地相信（B 点，你的信念系统）逆境应该或者一定不能发生，你很容易创造出抑郁的感觉，但这并不意味着你不能改变你的非理性信念并停止相信它们。你可以看到、承认和减少非理念信念。如果你不这样做，你会继续创造不健康的负面感觉，比如说，抑郁通常会导致极度痛苦、懒惰和糟糕的表现，所以它是不健康的。它会使你没有精力和时间改变逆境（你错误地认为这种逆境"造成"了你的痛苦）。

因此，关于健康和不健康的感觉和行为，理性情绪行为疗法拥有一套清晰的理论。它认为你（和几乎所有人一样）强烈希望维持生存，感到相对快乐，远离痛苦。如果你拥有这些基本价值观，那么这种疗法就将严重破坏这些价值的任何想法、观点、态度、信念或理念称为非理性的。类似地，它将严重干扰你实现这些价值的任何感觉或行为称为不健康的。理性思想有助于你所选择的生存和快乐的价值。健康的感觉和行为也可以帮助你快乐地生存。通过清晰选择你的基本价值观，认识到如何理性地促成它们而不是非理性地干扰它们，你可以获得更加健康的情绪和行为。

再谈无条件自我接纳

你可以为自己提供的主要情绪支持是我们在这本书中多次提到的无条件自我接纳。作为治疗师,我们会努力帮助几乎所有当事人形成这种模式。我们向他们展示,我们充分而无条件地接纳他们,就像卡尔·罗杰斯在为所有当事人提供他所说的无条件积极关怀时所做的那样。我们和罗杰斯一样,向我们的当事人展示了我们对他们的自我破坏性行为,尤其是他们对他人的不道德对待的探索。不过,我们仍然接纳他们和他们的人格,不管他们表现得如何,不管他们是否可爱或符合道德。我们一直在使用"接纳罪人而不是罪恶"这一基督教和理性情绪行为疗法的理念。

不过,正像我们之前说过的那样,我们的许多当事人最初误读了我们的意图,错误地采取了"由于我们接纳他们而接纳自己"的做法。这当然是理性情绪行为疗法反对的有条件接纳(或"自尊")。因此,我们积极教导我们的当事人如何在理念上实现无条件自我接纳,就像上一章描述的那样。所以,我们给予和传授了无条件接纳。

类似地,你也可以给予和向自己传授无条件接纳。首先,使用上一章以及本书其他部分描述的哲学方法。其次,采取自我接纳行动,比如我们很快就会解释的那些行动,包括理性情绪行为疗法中著名的羞愧攻击练习。

羞愧攻击练习

20世纪60年代,在理性情绪行为疗法的创立初期,我(埃利斯)意识到,羞愧是人类大多数(不,不是所有!)情绪困扰的本质。当你做一件你和你的文化认为"错误""不道德"或"愚蠢"的事情时,当其他人看到你的"恶劣行为"时,你希望自己没有做过"愚蠢"的行为,并且几乎立即感到健康的悲伤和遗憾,试图纠正你的做法。很好!不过,你常常也会要求自己绝对不应该并且一定不能犯错误。接着,你感到羞愧或者尴尬、羞耻或抑郁,如果你愿意的话。这就不太好了!因为从本质上说,羞愧不仅是对你的行为做出的判断,也是对你这个行为人做出的判断。它意味着你的行为以及你的整个人都是糟糕的、没有价值的、一无是处的。

我所设计的著名的羞愧攻击练习用于让你在不进行自我诅咒的情况下，不断判断自己"糟糕"或"愚蠢"的行为。为了从中受益，你故意选择一件你认为丢脸的事情，你通常会完全避免去做这样的事情。当你做了这样的事情时，你会严厉批评自己，比如戴着一顶奇怪的帽子参加正式活动，或者在超市里大声喊出时间，或者对陌生人说你刚从精神病院里出来。做一件愚蠢而无害的事情，以免过于麻烦别人或者使自己陷入麻烦。在做这种"丢脸"的行为时，在你的思想和情绪上做功课，以便使自己不感到非常尴尬或羞耻。换言之，公开做这件愚蠢的事情，但是不要在这个过程中贬低自己。

理性情绪行为疗法的这种羞愧攻击练习现在已经得到了数千人的使用，其中大多数人报告说，他们最初遇到了很大的困难。不过，如果他们坚持下来，如果他们在做这些"丢脸"行为时对自己讲述理性思想，那么大多数人都可以从这种经历中受益，不少人还极大地改变了平时的自我贬低态度。试一试这种羞愧攻击练习，亲自看看它能在多大程度上帮助你改变自己的态度。

使用理性情绪想象

在《理性生活指南》第 1 版中，我们偶尔会提到想象方法，比如想象你能够做某事，从而改变你的观点，帮助自己做到这件你想做的事情。从那时起，在约瑟夫·沃尔普、阿诺德·拉扎勒斯、托马斯·斯坦普弗尔、约瑟夫·考泰拉等人的作品的鼓励下，我们在理性情绪行为疗法中更多地使用了想象方法。特别地，1971 年，小马克西·C. 莫尔茨比博士提出了理性情绪想象方法，这种方法将帮助当事人的想象和思考方法与极具激发性和情绪性的方法结合在了一起。我（埃利斯）发现，这种方法是理性情绪行为疗法最有效的方法之一，并且特别适用于自助。

我对理性情绪想象方法进行了有力的情绪性修改，这个修改版本收录在迈克尔·伯纳德和珍妮特·沃尔夫的《实践者的 RET 资源书》（*RET Resource Book for Practitioners*）中。你可以按照下面的描述使用这种方法：

1.想象你可能遇到的最糟糕的事情之一，比如在某个重要项目上失败；你非常希望获得一个人的爱，但你却被他拒绝；处于非常糟糕的健康状况之中。真切地想象这种不幸的诱发事件或逆境（A），想象它已经发生，并为你的生活带来了一系列问题。

2.让自己深切地感受到当你所想象的不幸的诱发事件或逆境真的发生时，你常常经历的那种不健康的自我破坏性感觉。例如，让你自己在C点（你的情绪后果）强烈感受到很大的焦虑、抑郁、自我仇恨或自哀。产生这种毁灭幸福的异常感觉（C1），并且真真正正地感受到它。不要对这种不健康的感觉做出规定。比如，不要告诉自己"既然我在想象自己遭受恶劣对待，那么我就应该感到非常愤怒"，因为除了愤怒，你可能会同时感到恐慌或抑郁。所以，当你想象这种不幸的诱发事件或逆境时，让自己同时感受到你所感受到的任何情绪，而不是你认为你在C1点应该感受到的情绪。

3.当你由于想象真实的逆境（A）而在C1点感到不健康的烦乱时，将这种感觉保持一两分钟，还是那句话，真真正正地感受它，然后对抗你的异常感觉，直到真正将其转变成健康的或对自己有帮助的负面感觉（C2）。哪种感觉？实际上，你可以规定一种取代不健康感觉（C1）的健康的负面感觉（C2）。例如，如果你对人们不公平对待你（A）的画面或想象感到愤怒（C1），你可以规定，你应该将你对于他们这些行为的愤怒和诅咒（C1）转变成健康的情绪或感觉：对于这些行为的不悦和遗憾（C2）。如果你对于在重要工作面试时表现不佳（A）的想象感到恐慌（C1），你可以将自己对于这种糟糕表现的恐慌（C1）转变成对于个人行为的强烈失望（C2）。当你真切地想象逆境时，你还可以规定其他健康的或对自己有帮助的负面感觉，比如悲伤、懊悔、担忧、沮丧和难过（C2），用于替代抑郁感、恐惧感、卑微感和愤怒感等异常感觉（C1）。

4.当你努力将你的感觉从自我破坏性情绪转变成可能有帮助的负面情绪时，一定不要通过改变你所真切想象的不幸的诱发事件或逆境（A）来做到这一点。例如，当你想象人们非常不公平地对待你并且感到不健康的愤怒和杀气（C1）时，这些感觉是不健康的，因为它们会缠住你、毁掉你，很可能会使你无法正确对待这种逆境。通过想象他们并没有真的这样不公平地对待你，猜测他们对你的这种不公平对待拥有一些"良好"的理由，你可以仅仅对这些人的行为感到非常不悦，不对他们感到愤怒（C2）。不过，这是对理性情绪想象的不正确使用。要想以理性情绪行为疗法的方式进行理性情绪想象，应该将你在感到愤怒时产生的逆境图景（A）保持住，然后努力将你的感觉转变成健康的感觉。

5. 不要仅仅使用放松、生物反馈或冥想等转移注意力的方法将你的不健康感觉转变成合适的感觉。例如，当你想象人们真的在不公平地对待你（A）并且你为此感到愤怒（C1）时，你可以放松或冥想，从而暂时摆脱这种愤怒。这种做法不会改变你对人们不公平做法的内在信念（B）或理念，比如："他们绝对不能以这种不公平的方式对待我！我无法忍受他们的这种做法，他们一定不能这样做！这种做法使他们成了可怕的人，他们应该永远受到诅咒和惩罚。"这是你的非理性信念（IB）。

通过使用放松和冥想等认知转移方法，你会回避你憎恨别人的理念（IB），但你无法真正减少或消除它。当人们下次不公平对待你时，你几乎会不可避免地回到这种理念上，再次对他们感到愤怒。所以，如果你想首先放松，然后再来改变这种创造仇恨的根本理念，很好。不过，不要止步于转移注意力的方法。应该继续前进，进行真正的理性情绪想象。

6. 为此，你要真正努力地将你自发而不安的负面感觉（C1）转变成你所规定的健康的负面感觉（C2），比如悲伤、失望、遗憾、沮丧、恼怒或不悦。怎样做呢？有力地反复告诉自己一个明智的理性信念或解决性陈述。例如："是的，他们的确在以卑鄙而不公平的方式对待我，我希望他们没有这样做。不过，他们没有理由必须公平对待我，不管这多么令人愉快。可惜，这不是他们的风格，他们可能永远也改不了！太可惜了！太艰难了！不过，我可以憎恨他们的行为，而不是诅咒他们本人。如果我拒绝由于这种不公平而使自己感到过度烦乱，我也许可以在不极度愤怒的情况下向他们展示为什么我认为他们是不公平的，并且使他们做出改变。不过，如果我做不到这一点，那也无妨。我会努力远离这样的人，几乎不给他们继续不公平对待我的机会。"

7. 如果你正确进行理性情绪想象，你通常会发现，你只需要几分钟的时间就可以将不合适的自我破坏性负面感觉（C1）转变成对自身有帮助的健康感觉（C2）。不要放弃！坚持下来！记住，你的恐慌、抑郁、愤怒、自我仇恨和自哀等破坏性感觉（C1）是你自己创造出来的。是的，是你用你的非理性信念创造出来的。因此，你总是可以将其替换成合适的负面感觉（C2），以便更好地应对不幸的诱发事件（A）。然后，你可以改变这种感觉，或者在拥有这种感觉的情况下过上比较好的生活。所以，请坚持，直到你真正感觉你为自己规定的健康的负面感觉替代了不合适的自我破坏性感觉。

8. 当你对于发生在自己身上的，或者你所引发的不幸诱发事件（A）形成健康的感觉时，你也可以通过理性情绪想象对抗你的二级不安感。比如，如果你对于自己对某人发怒一事（A）产生内疚和自我贬低的感觉（C1），你可以首先真切地想象自己继续愤怒地发火，同时对于这种想象感到自我仇恨（如果这是你的真实感觉的话），恨自己一会儿。接着，改变你的自我对话和理念（B），使自己仅仅感到你为自己规定的关于自我破坏性愤怒（A）的健康的负面感觉（C2）。例如，当你非常真切地想象自己继续感到愤怒时（A），让自己只感到悲伤和失望（C2），而不是自我贬低（C1）。

9. 在任何指定的时间，你可以相对容易地使用理性情绪想象对于自己真切想象出来的生活中不幸的诱发事件（A）产生健康而不是不健康的负面感觉。不过，要想有效使用这种方法，你通常需要进行多次重复，比如为你想要改变的每一种不健康的负面感觉连续重复30天。所以，如果你真正努力在许多天的时间里真切地想象人们不公平地对待你（在A点），如果你努力将愤怒的破坏性感觉（在C1点，后果）改变成失望和遗憾的健康感觉（C2，你的新后果），那么你通常会发现，当你以后想象A时，或者当它真的发生在你的生活中时，你可以更加轻松、更加自动地感到新的健康情绪（即C2，新的后果），而不是之前的不健康情绪（C1）。

10. 如果重复练习，理性情绪想象可以变成理性情绪行为疗法的一种有用工具，你可以用它训练自己在不幸的诱发事件进入你的生活时更加充分地感到健康而不是不健康的负面情绪。通过持续使用这种方法，你可以改变你的思考和感觉习惯，减少自己的不安，并且最终减少自己感到不安的可能性。

11. 为自己布置一项家庭作业：在几个星期的时间里，每天至少进行一次理性情绪想象，以克服某种异常感觉。如果你定期完成这项作业，你可以用自己真正喜欢的一些乐事，比如阅读、听音乐、慢跑或者吃某种食物来强化自己。如果你没能定期进行理性情绪想象，你可以用你感到不悦的某件事情惩罚自己（但你永远不能诅咒自己），比如打扫卫生，与无聊的人交谈，或者为你厌恶的事业做贡献。如果你强迫自己定期进行理性情绪想象，包括你不想这样做的时候，你很快就会发现，你通过这种方法不断获得的新的情绪后果很有价值。

有力而理性的自我陈述

理性情绪行为疗法的治疗师在20世纪50年代开始发现，他们的当事人和朋友很容易向自己讲述理性的解决性陈述，并且知道它们是"正确"的，但他们仍然无法强烈相信并感受到这些陈述。例如，他们很容易对自己重复："我不需要以良好的成绩通过这次考试。如果我表现得糟糕，这并不可怕，只是可惜而已。"不过，他们仍然对于参加考试感到非常恐慌。

为什么？因为理性情绪行为疗法的理论认为，人们有点相信他们的理性解决性陈述，但却经常强烈相信他们的"必须化"和"可怕化"思想。

所以，理性情绪行为疗法鼓励你设计合适的解决性陈述，以对抗你的非理性信念，并且多次有力地思考并向自己讲述这些信念。例如，你可以不断地、积极有力地告诉自己：

"我永远不是傻瓜，尽管我有时表现得很愚蠢！"

"我很想得到约翰（或琼）的关注和爱，但这并不意味着我需要它！我讨厌他（或她）对我的厌恶态度，但我仍然决定过上非常有趣的生活！这是我的决心！"

"几乎没钱花的状态令人非常沮丧。不过，这并不可怕！这完全不会使我变成没有价值的人！它只会使我变成穷人！"

"我很难远离这些美味而有害的食物。这很难！我非常喜爱它们，但我并不需要它们。远离它们很难，非常难。不过，困难永远不意味着不可能。但是这么困难的事情，我可以做到！"

有力反驳你的非理性信念

如上所述，如果你轻微地反驳你的非理性信念，你仍然可能强烈支持这些信念，并且根据它们做出有害的行为。下面是积极有力地挑战你的非理性信念的一些方法。

有力的记录式反驳。用录音机录下你的一个主要的非理性信念。例如："在我的'短篇小说班'上，我必须成为最优秀的作家。否则，我最好放弃写作，只坚持我认为我可以做好的事情。如果我不能成为优秀作家，我的人生就是空虚的！"

在同一张磁带上有力地反驳这种非理性信念。倾听你的反驳，看看它是否不仅合理明智，而且有力而令人信服。让一个朋友听一听，对它的理性内容以及力量和力度提出意见。对其进行修改，直到你们两个人觉得它真正具有说服力。不断修改，使它变得强大而有说服力。

通过角色扮演反驳你的非理性信念。向一个朋友陈述你的一个非理性信念，比如："我无法承担'接近我真正关心的人并被他拒绝'的风险。被拒绝的结果是极具毁灭性的！"让你的朋友有力反驳你的非理性信念，直到他帮助你动摇你对它的信心。如果你在这种角色扮演过程中感到焦虑或抑郁，你应该发现你对自己讲述的使你感到不安的话语，然后和你的朋友反驳使你感到不安的非理性信念。

反向角色扮演。让你的朋友陈述你自己的一个非理性信念并坚定地持有这种信念。比如："我绝对必须擅长社交。否则，人们将认识到我是多么无能，我将永远无法交到合适的朋友！我将过上多么孤独的生活！"

让你的朋友扮演你：让他有力地支持这种非理性信念，并在你持续有力地劝说他摆脱这种信念时拒绝放弃这种信念。然后，让他对于你在这种练习中的表现做出评论，并为你提供更多实践，直到你能够有力地反驳和改变你们在角色扮演中使用的非理性信念。

反驳你的理性信念。根据理性情绪行为疗法教导人们有力反驳非理性信念的方法，温迪·德赖登鼓励人们想出理性信念，但不是理所当然地接受这些信念并因此而轻微地持有这些信念。相反，他们可以有力地反驳这些理性信念，直到他们坚定地相信这些信念是有道理的，可以真正发挥作用。

例如，你可以为自己想出一个理性信念，比如："即使我所遇到的每个可能成为优秀爱情伴侣的人拒绝与我建立持久的关系，我仍然决定过上愉快的生活，并且可以通过某种途径做到这一点。"这听上去很好，但你真的相信它吗？你可以向自己提出下面这些问题，并且给出有力的回答，以测试这种理性信念。

问题："如果我在整个余生中没有良好的爱情伴侣，我真的可以快乐吗？"

回答："不是极其快乐，而是合理的快乐。而且，如果我不断寻找，我不太可能永远找不到任何优秀的伴侣。"

问题："不过，假设你永远无法做到这一点。现在，坦率地说，你仍然可以做到快乐吗？"

回答："不，不像我希望的那样快乐。不过，我仍然可以拥有朋友。而且，我当然可以享受音乐、艺术、写作以及其他事情。"

问题："算了吧！——就你一个人？"

回答："是的，尽管与爱情伴侣的分享显然可以使我更好地享受这些事情。不过，我并不需要通过这种分享为我的生活带来价值。"

问题："你根本不需要它？真的吗？"

回答："是的，这是真的。我很想和一个伴侣分享我的生活。不过，我可以享受的事情非常多，良好的爱情只是我非常希望获得的一件事情而已。它当然不是必需的，除非我愚蠢地要求自己必须得到它！"

完成活动家庭作业

理性情绪行为疗法从一开始就是一个认知行为治疗系统，因为它认为人们很少改变自己，除非他们重新思考他们的自我破坏性理念，并且用行动对抗这些非理性信念。虽然我们所说的行为疗法在1955年几乎还不存在，但理性情绪行为疗法使用了它的一些杰出理论和实践。因为它为当事人布置了认知性、想象性、情绪性和活动性家庭作业。理性情绪行为疗法还建议人们对抗恐惧。通过这种疗法，你可以实践新的思想，故意偶尔维持在令人厌恶的情形中，并且向自己证明你可以忍受这种情形。你还可以使用自我管理方法，或者斯金纳所说的操作性条件作用方法：当你做了明智的事情时，你可以让自己获得回报或强化激励；当你违背自身利益时，你可以惩罚自己（不是自我诅咒）。

理性情绪行为疗法还设计了家庭作业并对其进行了系统化，并且开创了活体脱敏或暴露法的使用。例如，如果你不敢与他人进行社交，我们常常建议你做一系列循序渐进的作业。第一，仅仅参加社交聚会；第二，确保你在这样的聚会上和一个人或几个人交谈；第三，真正尝试认识那里的某个人；第四，与这个人约定在外面见面；第五，试着持续和这个人见面，等等。我们可能还会推荐内爆作业。例如，你可以选择在短时间里依次接触令你不舒服的"危险"人物，从而迅速坚定地克服社交焦虑。

在使用自我管理或操作性条件作用方法时，我们遵循了斯金纳、戴维·普里马克、劳埃德·霍姆以及其他人的一些原则，对行为以及思想、情绪和家庭作业进行强化和惩罚。例如，如果你不想反驳你的非理性信念，你可以在定期反驳非理性信念时为自己提供强化激励（比如性、食物、音乐或陪伴），并在你不这样做时惩罚自己（比如打扫卫生，撰写长篇报告，或者为你所鄙视的事业做贡献）。自我强化或契约在理性情绪行为疗法中经常得到使用。

Chapter 22
第 22 章

支持理性情绪行为疗法原则和实践的研究证据

我们在这本书中描述的理性生活的理论和实践听上去不错吧？对我们两个作者来说，它们听上去不错。通过 50 多年在当事人身上使用这些理论和实践的经历，我们相信，当当事人努力在自己的生活中使用这些原则时，大多数人的不安感会明显降低，他们感到不安的可能性常常也会降低。

这种情况同样适用于我们的读者。《理性生活指南》第 1 版和美国版卖出了近 150 万本，外语翻译版也卖出了几十万本。世界各地有数千人向我们写信、打电话或当面问候，说我们的方法为他们带来了极大的帮助。我们关于理性情绪行为疗法的其他一些图书和磁带取得了类似的效果。我们和理性情绪行为疗法的其他许多宣传者在全世界范围内提供的数千次演讲、讲习班、课程、广播和电视节目以及其他宣传活动又为无数人提供了帮助。

理性情绪行为疗法的间接影响更加广泛。在提及和不提及这种疗法的情况下，数以千计的文章、书籍、磁带、压力培训课程以及其他流行活动将它的原则传达给了每一个文明国家的人们。理性情绪行为疗法的这些消息使各个年龄段的数百万人获得了好处。这是多么不同寻常的现象！

不过，支持理性情绪行为疗法的许多证据仍然以事例为主。全世界数百万人发誓说，萨满教、基督教科学派、与已故先知谈话、独特的礼拜和教派、狂热的宗教等实践为他们带来了极大的帮助。问题是：这些实践又为多少人带来了伤害？在得到帮助的人之中，有多少人在更大程度上受到了其他更有科学基础的疗法的帮助？没有人真正知道答案，对照科学实验对这些结论进行调查是一个很好的想法。

幸运的是，心理治疗领域已经做了这件事。许多研究报告得到了发表，尤其是与理性情绪行为疗法以及与之有些类似的认知行为疗法的使用有关的报告。这些研究对实验组使用了理性情绪行为疗法，对对照组没有进行任何治疗。几乎所有研究都得到了这样的结果：接受理性情绪行为疗法治疗的小组比没有接受理性情绪行为疗法治疗的小组明显得到了更大的改善。哈兹勒和伯纳德、里昂斯和伍兹、麦戈文和西尔弗曼以及西尔弗曼、麦卡锡和麦戈文出版了对这些研究的总结，本书后面的精选参考文献也列出了这些总结。在写作本书时，圣约翰大学心理学教授兼纽约阿尔伯特·埃利斯研究所职业教育主任雷蒙德·迪朱塞佩收集了关于理性情绪行为疗法的超过250份研究报告，更多的研究报告每年还在不断出版。

此外，其他1000多项已发表的研究报告显示，同其他治疗形式和非治疗程序相比，遵循理性情绪行为疗法模式的其他各种认知行为疗法明显可以为当事人和被试提供更大的帮助，尤其是阿伦·贝克的认知疗法。戴维·巴洛、阿伦·贝克、朱迪思·贝克、戴维·克拉克、斯蒂芬·霍伦、马乔里·魏沙以及其他人出版了对这些研究的总结。

本书描述的自我改变方法不仅得到了这些临床研究的证实，而且在最近得到了其他心理研究人员的支持。正像丹尼尔·戈尔曼所指出的那样，社会心理学家和教育工作者证明，情绪表现不佳的儿童和成年人可以通过教育获得更加高效的表现。马丁·塞利格曼及其在宾夕法尼亚大学的同事将理性情绪行为疗法的ABC制作成了简单的表格，将其传授给了数百名中小学生及其家长，取得了明显的治疗和预防效果。

我们可以用很大的篇幅介绍证明理性情绪行为疗法和认知行为疗法在临床和教育实践中可以发挥作用的研究证据，但这足以写成另一本书。为了提及这方面的一点材料，让我们总结一下全国咨询心理健康委员会基本行为科学工作组最近的报告。这个工作组回顾了过去15年的重要心理学研究，他们提出的许多结论支持了我们在这本书中提倡的理性情绪行为疗法实践。下面是其中的一些结论。

1. 如果人们被鼓励做出与自己的态度不一致的行为，他们的态度可能发生变化。

2.如果以相对较小的激励鼓励人们劝说自己,那么他们的态度可能发生变化。

3.只需让人们意识到他们的不理想行为与他们的态度不一致,他们的行为就可能发生变化。

4.行为科学研究目前正在提出帮助人们成功抵抗商业和社会团体有害劝导的策略。

5.积极的同辈影响可以对抗有害的同辈影响。

6.我们可以相对容易地揭示人们的无意识信念和偏见,以改变它们。

7.抑郁的个体拥有有意识或无意识的负面信念,比如"我的情况是无望的",这种信念可以得到揭示和改变。

8.认知行为疗法可以揭示不安人群的自我破坏性态度,并向他们展示如何改变这种态度。

9.当被失败经历蹂躏的孩子认为自己缺乏能力并感到无助时,我们可以向他们展示如何改变对于自己的负面观点,明显降低自己的无能感。

10.当人们坚持认为他们"应该"和"理应"做出"理想"的表现时,他们常常感到焦虑和抑郁。

11.成见和过度泛化思想来自正常的思维模式,这种模式常常可以帮助我们有效看待社会,但它们也会导致有害的偏见和偏执。

12.即使人们属于一个被社会侮辱的群体,他们也完全有理由接纳自己。即使他们被其他人轻视,他们也可以保护他们的自我满足感。

让我们再次强调,这些研究结论来自社会人士、教育人士和其他心理学家,不是某些心理治疗师为了证明自己的方法多么有效而提出的带有偏见的观点。整体来看,心理学研究正在日益支持我们在这本书中支持的理论和实践,对此我们感到很欣慰。

Chapter 23
第 23 章

获得深刻的理性理念，
明显降低自己的不安以及感到不安的可能性

理性情绪行为疗法的最终结果（或者"优雅的解决方案"）是帮助你首先明显降低自己的不安，然后明显降低自己感到不安的可能性。你（或者任何人）真的可以做到这一点吗？是的，但这并不容易。

减少自己的神经过敏或不安是一件相对简单的事情。就像我们在这本书中展示的那样，你需要意识到，你的严重焦虑感、抑郁感、愤怒感和卑微感在很大程度上是你通过三个重要的"必须"创造出来的：（1）"我必须取得出色的成就并且非常可爱！"（2）"其他人必须以友好公平的态度对待我！"（3）"我的生活条件必须舒适而令人满意！"接着，你积极有力地反驳这些"必须"以及由此导致的你对自己、他人和世界的诅咒。你还要用理性情绪行为疗法的许多情绪和行为练习持续有力地反抗它们。

当你持续有力地通过思考、感觉和行动反抗你对自身不利的非理性信念时，你最终会获得有效的新理念（E），它可以降低你的不安，帮助你创造出对自身更加有效、对社会更加有益的生活。很好！不过，由于你是一个容易犯错误的人，你在出生和成长时形成了弱点，因此你很容易退回到具有破坏性的思想、感觉和行为之中。所以，临时获得的有效新理念是不够的。你最好进入更加持久、更加优雅的心理状态，即降低自己感到不安的可能性。

为此，你最好获得坚实而深刻的有效新理念。实际上，这种理念的深刻程度应当能够使你（1）明显降低今天的不安，（2）未来很少感到不安，（3）当你退回到原来的状态时，你能够迅速降低自己的焦虑和抑郁，（4）即使你的生活中出现严重的逆境，你也不太容易不断退回到原来的状态，（5）随着生活的继续，你变得更快乐，更能实现自我。这是一个很大的工程！

你怎样获得这个解决情绪困扰问题的更好的方案呢？我们要重复理性情绪行为疗法的答案：获得深刻而理性的人生理念，并且不断努力维持和修改这种理念。修改？是的，通过不断思考和重新思考做到这一点。不要寻找一个适用于所有时间和所有条件的终极答案。这样的答案是不存在的。一切事物都在变化，包括你所生活的物理和社会环境，包括文化和技术，包括你。

因此，最后的答案是，世界上没有最后的答案。和其他任何治疗方法一样，理性情绪行为疗法什么也给不了你。作为人类个体，你是一个建构主义者。你在很大程度上创造了自己的目标和价值观，或者对你所选择的其他人的目标和价值观进行了创造性的调整，将其变成了自己的目标和价值观。你有意识或无意识地建构了帮助你取得成就的"良好的"（或"理性的"）解决方案，以及对你的目标和你所选择的社会的目标具有破坏性的"糟糕的"（或"非理性的"）解决方案。这本书试图向你展示如何增加生活和享乐目标的"理性"答案，减少"非理性"答案。和人类的所有努力一样，它具有局限性和劣势。不要把它当成真理！

若干世纪以来，哲学家、宗教领袖、心理学家和其他思想家给出了"理性生活"的各种答案。许多答案具有"积极思考"或"积极想象"的形式，比如爱弥尔·库艾、诺曼·文森特·皮尔及其众多追随者的作品。这些有效新理念（E）在某种程度上是正确的，因为它们承认，作为人类个体，你可以用消极思想伤害自己，也可以建设性地选择（是的，选择）用更加积极的思想帮助自己。例如，你可以接受消极的思想"我无法控制我的感觉和愿望，我完全处于它们的摆布之下"，也可以将其转变成积极的思想"我可以在很大程度上控制我的感觉和愿望，也可以通过改变它们过上更加快乐的生活"。你可以接受消极的思想，"生活很糟糕，而且总会变得很悲惨"，也可以将其转变成积极的思想，"生活有时很糟糕，但它也可以变得很愉快，我绝对可以将其变得更加愉快"。

积极思考和积极想象可以使你创造出解决问题的理性自我陈述和图

景，帮助你实现目标、改善生活。不过，它具有局限性，有时甚至很危险，因为你很容易以不现实和盲目乐观的方式使用它。例如，你可以积极地告诉自己："我可以完成我所希望的任何事情！"但你显然无法做到这一点。你可以热情地想："一切事情都会非常如意。"但这显然是不可能的。

此外，积极思想常常会掩盖你内心的消极思想，它并没有真正消除这种消极思想。例如，你可以告诉自己："如果我不断学习这门课程并完成作业，那么我可以（是的，我可以！）通过这门课程。"你也可以采取消极的想法："我无法通过这门课程。不管我做什么，我都会失败！"上述积极思想可以比消极思想更好地帮助你。所以，还是那句话，同消极的思想相比，积极的思想通常更加"理性"，可以给你带来更好的结果。

不过，许多倡导积极思想和积极想象的人并没有意识到，积极思想和积极想象无法揭示和反驳隐藏在你严肃的消极思想背后的重要的"必须"和"应该"。例如，当你告诉自己"我无法通过这门课程。不管我做什么，我都会失败"时，你首先拥有了一个隐性要求："我绝对必须通过这门课程，并且必须向每个人展示出我是一个多么优秀的人。如果我失败了，那就太可怕了，我会变得毫无价值！"

在这种隐性要求、这种"必须"的强烈作用下，你可能会贬低自己，得出错误的结论："我无法通过这门课程。不管我做什么，我都会失败！"如果你不能清晰认识到并有力反驳内心的"必须"，你的积极思想将无法发挥作用。这是因为，当你不断告诉自己"如果我不断学习这门课程并完成作业，那么我可以（是的，我可以！）通过这门课程"时，你也会不断持有非常消极的思想，比如："不过，假如我失败了呢，我绝对不能失败！真是可怕！我会成为彻底的白痴！"

所以，积极思想通常很有效，但是这种效果还不足以使你认识到自己的绝对化和必须化思想并将其放弃。同深刻的理性思想相比，积极而现实的思想常常不会使你获得同样大的成就，它们往往会为你带来糟糕的结果。例如，假设你不现实地相信："如果我在这次工作面试中失败，我将永远无法获得好工作。我将不断毁掉我的面试，最终成为洗碗工！"此时，如果你现实地告诉自己："如果我在这次工作面试中失败，我仍然可以进行其他许多面试并获得一份好工作。实际上，如果我从这次失败中吸取教训，我可以在未来的面试中表现得更好，甚至成为面试高手！"你就可以为自己提供更大的帮助。

这种解决问题的现实而理性的自我陈述是很好的。不过，还是那句话，它可能掩盖你内心的非理性信念："我绝对必须通过这次面试，以证明我是一个多么优秀的人！我必须获得并保住一份好工作，以便向所有人证明我多么有能力！否则，我就什么也不是！"如果你的确拥有这些基本的必须化信念，那么就连解决问题的现实理性陈述也不会为你带来太大的帮助。你不会相信它们的正确性，你还会倾向于使自己变得焦虑和抑郁。

所有这些事情的教训是什么呢？一定要为你自己构建有效的新理念（E）。首先，你应该想出（构建和创造出）承认并积极反驳你内心非理性信念的深刻的理性观点。其次，将你的非理性信念替换成理性信念，从而使你变得更有效、更快乐并将这种状态保持下去。

这意味着你最好获得并不断修改拥有下列特点的深刻的理性理念：

1. 包括明确的偏好和希望（它们常常很强烈），不包括绝对的"应该""理应""必须""不得不"和其他要求。

2. 是现实和实际的，不是夸张、夸大、过度泛化的。

3. 合理，理智，符合逻辑。

4. 可以在很大程度上帮助你实现自己和社会的目标，避免你和你的社交群体陷入严重的麻烦。

5. 灵活，包容，可以改变。

6. 不会使你往坏处想，或者诅咒自己、他人和世界。

怎样做才能符合这些条件，获得深刻的理性理念，明显降低自己的不安以及感到不安的可能性呢？

你可能已经猜到了，我们的（自然存在偏颇的）答案包括下面几点：

1. 仔细考虑我们在这本书中描述的不安理论和治疗方法。

2. 实验性地尝试其中的一些理论和方法。是的，实验性地！

3. 不要轻易放弃。坚持！

4. 积极、有力、充满激情地使用我们的方法。

5. 不断前进！努力设计和使用各种有效的新理念（E）。不过，不要满足于此。尝试下一个步骤：获得深刻而理性的理念。

我们在这里有点犹豫，原因已经在前面提到了：你是一个不断变化的个体和建构主义者，是一个创造者。你今天创造的东西可能会在明天被你改得面目全非。你最好这样做！对你或者对于任何人来说，事情并不存在终极答案。所以，我们怎么能告诉你你今天可以遵循的，以及随后可以永远遵循的完美的自助计划是什么呢？我们无法做到这一点。任何人都无法做到这一点。

不过，到目前为止，我们自己的临床工作以及其他许多临床医生和研究人员的工作指出了某些"理想的"方向。它们大概可以为你带来更好的结果。作为结束语，我们会为你推荐一些深刻的理性理念，供你思考，它们会降低你的不安以及你感到不安的可能性。我们下面谈论的任何事情都不是金科玉律。

下面列举了一些深刻的理性理念，你可以进行试验，看看它们对你的效果如何。

自由选择和自由意志

对于我的遗传特征以及发生在我人生中的许多事情，我几乎没有选择权。我可以影响他人，但我很少能够控制他人。不过，通过刻苦努力和练习，我可以在很大程度上控制我自己的思想、感觉和行为，从而控制我自己的大部分情绪命运。我可以决定我自己的目标和目的，为我的人生赋予意义，获得我想要的许多事情，回避我不想要的许多事情。

为了改变和控制我自己，我不仅需要意志，而且需要意志力。我的意志力包括：（1）决定做（或不做）某事；（2）下决心做这件事；（3）获得做这件事的合适的知识；（4）根据决心和知识行动；（5）继续做决定，下决心，获得合适的知识并开展行动，行动是尤其重要的。我的行动比表达意志的语言更有力量。没有行动就没有意志力。

灵活思考

通过用偏好和愿望（包括强烈的偏好和愿望）的思维模式代替绝对主义要求，尤其是持续的"应该""理应""必须""不得不""必需"。我可以在很大程度上控制和限制我在情绪和行为上的困扰，尤其是严重的焦虑感、抑郁感、愤怒感、卑微感和自哀感。我最好认真但不是过于认真地对待许多事情，认为许多项目是重要但不是神圣的。我可以在远离确定性或完美主义的情况下舒适地生活。我会观察自己粗心大意地过度泛化、标签化和坚持成见的倾向，努力做到包容，减少偏见的严重程度。

无条件自我接纳

我将永远接纳自己，承认自己是非常不完美的人，未来将会犯下许多错误。我会在很大程度上选择自己的目标和目的，并且只会评价我的思想、感觉和行为。当它们有利于我的个人和社会目标时，我认为它们是"好"的，当它们不利于我的个人和社会目标时，我认为它们是"不好"的。我不会从整体上评价我自己、我的本质、我的人格或我的存在。在实现无条件自我接纳以后，不管我的表现是否优秀，不管我是否得到他人的认可，我都会努力表现得更好，与他人良好相处，这不是为了证明我作为一个人的价值，而是为了增加我的效率和快乐。

无条件接纳他人

即使我谴责一个人对我自己以及对其他人的行为，我也会无条件接纳他。我会接纳他作为人类容易犯错误的特点，从不诅咒他们的整个人。和对我自己的态度一样，我会接纳罪人，但是不会宽恕他们的罪恶。我会努力帮助人们改变糟糕的行为，并且可以在他们无法改变时远离他们。不过，我不会坚持认为他们绝对必须做出改变，并且不会在他们没有改变时怀恨在心。我会努力帮助人们做出公平公正的行为，但是不会要求他们绝对必须做到公平。

高挫折容忍度

我会承认，人类的生活充满了许多麻烦、困难、不幸和不公，它们常常会持续存在。对于这些麻烦，我会尽我所能，改变我能改变的，接纳（但不是喜欢！）我不能改变的，并且明智地认识到二者的区别。

对抗可怕化

我不会把人生中非常不幸的事情定义为糟糕、可怕或恐怖的事情。当我坚持认为某件事很可怕时，我可能正确地认识到了这件事非常不幸甚至灾难性的特点，比如严重的地震或毁灭性的战争。不过，通过可怕化，我往往也会抱怨不佳的条件，认为情况非常可怕，因此绝对不应该发生，并且认为它们具有彻底的破坏性，不幸到了极致。这些都是夸张，它们不会帮助我应对非常不幸的事件。所以，我最好停止抱怨，帮助自己更好地应对逆境，即使这种逆境是最为不幸的。

类似地，当我坚持认为我无法忍受逆境时，我暗示了我会死于逆境或者完全无法在逆境中快乐起来。不过，我不会死去，我仍然可以找到某种快乐。如果我停止自己的可怕化、抱怨和"我无法忍受"的想法，我就不会继续使自己变得更加抑郁，我也会提高自己的挫折容忍度，更有效地应对人生中不幸的诱发事件。

接受"降低自己感到不安的可能性"的挑战

由于我拥有自身的局限性和缺陷；由于其他人也远非完美；由于生活中会不断出现危险和不幸，所以我永远无法完全远离不安以及感到不安的可能性。即使我尽了最大的努力应对逆境，我往往也会出现偶尔的倒退，毫无必要地使自己感到不安。所以，这是我最大的挑战：在任何情况下不断努力建立和维持这样的深刻理性理念，并在每次逆境出现时，或者每次我亲手造成逆境时，有力地使用和修改它们。

让不幸的事情发生吧。让人和事物折磨我吧。让我年纪增长，承受疾病和痛苦的更多折磨吧。让我承受真正的损失和悲伤吧。不管情况如何，在很大程度上，我仍然是我的情绪命运的创造者和统治者。我的脑袋和身体可能流血，但我决不会弯腰。面对人生的暴风雨，我将寻找某个像样的避难所。不过，即使我偶尔找不到避难所，我也不会消极地抱怨和呜咽。我的目标是让自己和别人生存下来。我相信，这是我唯一的人生。我很高兴自己能够活着。无论如何，无论如何，我都拥有维持生存并找到一些快乐的决心。这是我能接受的最大的挑战。我充分而热情地接受这个挑战！

最后说几句：正像我们在理性情绪行为疗法中看到的那样，理性生活意味着决定生活并享受你相信自己拥有的唯一一次人生。你选择了这些目标，并且以各种自我选择的和受社会影响的方式为你的生活赋予意义，即制造意义。你没有完全的自由意志，但你的确拥有许多选择权。

你可以大胆地努力满足自己的愿望并追求文明的个人利益。不过，当你选择生活在社会群体里时，你自己的利益包括帮助群体里的其他成员生存和享乐。正如阿尔弗雷德·阿德勒所说，作为独特的个体，你在社会上拥有真实的利益。你可以健康快乐地沉浸于自己的小天地里，同时在很大程度上与他人交往并关心他人。理性生活意味着自我利益和社会利益，二者并不矛盾！

理性生活还意味着现实地接受你的局限性。你只是人类，不是超人。你无法选择祖先，所以你可能拥有一些生理倾向，它们会影响你健康的思考、感觉和行为。你能在这种情况下帮助自己吗？是的，你可以在很大程度上帮助自己。你能完全战胜它们吗？答案很可能是否定的。所以，身体康复、技能培训和精神科药物可能会为你带来很大的帮助。一定要探索这些可能性并充分利用它们。

还要考虑心理治疗。这本书描述的大部分当事人是聪明而有教养的人。其中一些人在找到我们之前已读过我们的作品。不过，他们在理性情绪行为疗法的自学上存在困难，一定次数的治疗为他们带来了帮助。你可能也是如此。如果你在练习本书列举的方法时遇到了困难，一定要找到一位高效的治疗师或辅导员，尤其是接受过理性情绪行为疗法或认知行为疗法培训的治疗师或辅导员，然后与他进行合作。专业指导也许是很有帮助的，也许可以节省你的时间！

正像我们强调的那样，合理的推理并不是解决一切问题的万能良药。不过，它可以很好地帮助你形成令人满意的情绪和令人愉快的行为。记住，你的感觉和行为会极大地影响你的思想。所以，你最好深刻地思考、感觉和行动，以增加你目前的和长远的快乐。请在整个人生中坚持这三件事！

作为作者，我们向你致以最美好的祝愿、鼓励和希望，希望你成功过上你想要的更加理性、更加快乐的生活。

參 考 文 獻

Note: The items preceded by an asterisk (*) in the following list of references are recommended for readers who want to obtain more details of Rational Emotive Behavior Therapy (REBT) and Cognitive Behavior Therapy (CBT). Those preceded by two asterisks (**) are REBT and CBT self-help books and materials. Many of these materials are obtainable from the Albert Ellis Institute, 45 East 65th Street, New York, NY 10021-6508. The Institute's free catalogue and the materials it distributes may be ordered on weekdays by phone (212-535-0822) or by FAX (212-249-3582). The Institute will continue to make available these and other materials, and it will offer talks, workshops, and training sessions, as well as other presentations in the area of human growth and healthy living, and list these in its regular free catalogue. Some of the references listed here are not referred to in the text, especially a number of the self-help materials.

*Abrams, M., & Ellis, A. (1994). Rational emotive behavior therapy in the treatment of stress. *British Journal of Guidance and Counseling, 22*, 39-50.

**Adler, A. (1927). *Understanding human nature.* Garden City, NY: Greenberg.

**Adler, A. (1958). *What life should mean to you.* New York: Capricorn.

*Adler, A. (1964). *Social interest: A challenge to mankind.* New York: Capricorn.

**Alberti, R. F., & Emmons, M. L. (1995). *Your perfect right,* 7th rev. ed. San Luis Obispo, CA: Impact.

*Ansbacher, H. L., & Ansbacher, R. (1956). *The individual psychology of Alfred Adler.* New York: Basic Books.

**Baldon, A., & Ellis, A. (1993). *RET problem solving workbook.* New York: Institute for Rational-Emotive Therapy.

*Bandura, A. (1986). *Social foundations of thought and action: A social cognitive theory.* Englewood Cliffs, NJ: Prentice-Hall.

*Barlow, D. H. (1989). *Anxiety and its disorders: The nature and treatment of anxiety and panic.* New York: Guilford.

**Barlow, D. H., & Craske, M. G. (1989). *Mastery of your anxiety and panic.* Albany, NY: Center for Stress and Anxiety Disorders.

*Bard, J. (1980). *Rational-emotive therapy in practice.* Champaign, IL: Research Press.

Basic Behavioral Science Task Force of the National Advisory Mental Health Council. (1996). Basic behavioral science research for mental health: Social influence and social cognition. *American Psychologist, 51*, 478-484.

**Beal, D., Kopec, A., & DiGiuseppe, R. (1996). Disputing client's irrational beliefs. In manuscript.

*Beck, A. T. (1976). *Cognitive therapy and the emotional disorders.* New York: International Universities Press.

**Beck, A. T. (1988). *Love is not enough.* New York: Harper & Row.

*Beck, A. T., & Emery, G. (1985). *Anxiety disorders and phobias.* New York: Basic Books.

*Beck, A. T., Freeman, A., & Associates. (1990). *Cognitive therapy of personality disorders.* New York: Guilford.

*Beck, A. T., Rush, A. J., Shaw, B. F., & Emery, G. (1979). *Cognitive therapy of depression.* New York: Guilford.

Beck, J. S. (1995). *Cognitive therapy: Basics and beyond.* New York: Guilford.

**Benson, H. (1975). *The relaxation response.* New York: Morrow.

*Bernard, M. E. (Ed.). (1991). *Using rational-emotive therapy effectively: A practitioner's guide.* New York: Plenum.

**Bernard, M. E. (1993). *Staying rational in an irrational world.* New York: Carol Publishing.

*Bernard, M. E., & DiGiuseppe, R. (Eds.). (1989). *Inside RET: A critical appraisal of the theory and therapy of Albert Ellis.* San Diego, CA: Academic Press.

*Bernard, M. E., & Joyce, M. R. (1995). *Rational-emotive therapy with children and adolescents,* 2nd ed. New York: Wiley.

*Bernard, M. E., & Wolfe, J. L., (Eds.). (1993). *The RET resource book for practitioners.* New York: Institute for Rational-Emotive Therapy.

**Bishop, F. M. (1996). *Relapse prevention with REBT.* New York: Institute for Rational-Emotive Therapy.

*Blau, S. F. (1993). Cognitive darwinism: rational-emotive therapy and the theory of neuronal group selection. *ETC: A Review of General Semantics, 50,* 403-441.

**Bloomfield, H. H., & McWilliams, P. (1994). *How to heal depression.* Los Angeles: Prelude Press.

*Bricault, L. (1992). Cherchez le 'should'! Cherchez le 'must'! Une entrevue avec Albert Ellis, l'initiateur de la méthode emotivo-rationelle. *Confrontation, 14,* 3-12.

**Broder, M. S. (1990). *The art of living.* New York: Avon.

**Broder, M. S. (1994). *The art of staying together.* New York: Avon.

**Broder, M. (Speaker). (1995a). *Overcoming your anger in the shortest period of time.* Cassette recording. New York: Institute for Rational-Emotive Therapy.

**Broder, M. (Speaker). (1995b). *Overcoming your anxiety in the shortest period of time.* Cassette recording. New York: Institute for Rational-Emotive Therapy.

**Broder, M. (Speaker). (1995c). *Overcoming your depression in the shortest period of time.* Cassette recording. New York: Institute for Rational-

Emotive Therapy.
**Burns, D. D. (1980). *Feeling good: The new mood therapy*. New York: Morrow.
**Burns, D. D. (1984). *Intimate connections*. New York: Morrow.
**Burns, D. D. (1989). *Feeling good handbook*. New York: Morrow.
**Burns, D. D. (1993). *Ten days to self-esteem*. New York: Morrow.
**Coué, E. (1923). *My method*. New York: Doubleday, Page.
**Covery, S. R. (1992). *The seven habits of highly effective people*. New York: Simon & Schuster.
**Crawford, T. (1988). *The five coordinates for a good relationship and better communication*. Santa Barbara, CA: Author.
**Crawford, T. (1993). *Changing a frog into a prince or princess*. Santa Barbara, CA: Author.
*Crawford, T., & Ellis, A. (1989). A dictionary of rational-emotive feelings and behaviors. *Journal of Rational-Emotive and Cognitive-Behavioral Therapy, 7*(1), 3-27.
**Csikszentmihalyi, M. (1990). *Flow: The psychology of optimal experience*. San Francisco: Harper Perennial.
**Danysh, J. (1974). *Stop without quitting*. San Francisco: International Society for General Semantics.
**DeBono, E. (1991). *I am right—You are wrong: From rock logic to water logic*. New York: Viking.
*Dengelegi, L. (1990, April 25). Don't judge yourself. *New York Times*, p.C3.
*deShazer, S. (1985). *Keys to solution in brief therapy*. New York: Norton.
*DiGiuseppe, R. (1986). The implication of the philosophy of science for rational-emotive theory and therapy. *Psychotherapy, 23,* 634-639.
**DiGiuseppe, R. (Speaker) (1990). *What do I do with my anger: Hold it in or let it out?* Cassette recording. New York: Institute for Rational-Emotive Therapy.
*DiGiuseppe, R. (1991a). Comprehensive cognitive disputing in RET. In M. E. Bernard, (Ed.), *Using rational-emotive therapy effectively*, pp. 173-196. New York: Plenum.
**DiGiuseppe, R. (Speaker). (1991b). *Maximizing the moment: How to have more fun and happiness in life*. Cassette recording. New York: Institute for Rational-Emotive Therapy.
*DiGiuseppe, R., Leaf, R., & Linscott, J. (1993). The therapeutic relationship in rational-emotive therapy: A preliminary analysis. *Journal of Rational-Emotive and Cognitive Behavior Therapy, 11,* 223-233.
*DiGiuseppe, R. A., & Muran, J. C. (1992). The use of metaphor in rational-emotive psychotherapy. *Psychotherapy in Private Practice, 10,* 151-165.
*DiGiuseppe, R. A., Miller, N. J., & Trexler, L. D. (1979). A review of rational-emotive psychotherapy out come studies. In A. Ellis & J. M. Whiteley (Eds.), *Theoretical and empirical foundations of rational-emotive therapy* (pp.218-235). Monterey, CA: Brooks/Cole.

*DiGiuseppe, R., Tafrate, R., & Eckhardt, C. (1994). Critical issues in the treatment of anger. *Cognitive and Behavioral Practice, 1*, 111-132.

**DiMattia, D. (1991). *Rational effectiveness training.* New York: Institute for Rational-Emotive Therapy.

*DiMattia, D., & Ijzermans, T. (1996). *Reaching their minds: A trainer's manual for rational effectiveness training.* New York: Institute for Rational-Emotive Therapy.

*DiMattia, D., & Lega, L. (Eds.). (1990). *Will the real Albert Ellis please stand up? Anecdotes by his colleagues, students and friends celebrating his 75th birthday.* New York: Institute for Rational-Emotive Therapy.

**DiMattia, D. J., & others.(Speakers). (1987). *Mind over myths: Handling difficult situations in the workplace.* Cassette recording. New York: Institute for Rational-Emotive Therapy.

*Dobson, K. S. (1989). A meta-analysis of cognitive therapy for depression. *Journal of Consulting and Clinical Psychology, 57*, 414-419.

*Dryden, W. (1990). *Dealing with anger problems: Rational-emotive therapeutic interventions.* Sarasota, FL: Professional Resource Exchange.

*Dryden, W. (1994a). *Invitation to rational-emotive psychology.* London: Whurr.

*Dryden, W. (1994b). *Progress in rational emotive behavior therapy.* London: Whurr.

**Dryden, W. (1994c). *Overcoming guilt!* London: Sheldon.

*Dryden, W. (1995a). *Brief rational emotive behaviour therapy.* London: Wiley.

*Dryden, W. (Ed.). (1995b). *Rational emotive behaviour therapy: A Reader.* London: Sage.

Dryden, W. (1996). *Learning from demonstration sessions.* London: Whurr.

*Dryden, W., Backx, W., & Ellis, A. (1987). Problems in living: The Friday Night Workshop. In W. Dryden, *Current issues in rational-emotive therapy* (pp.154-170). London and New York: Croom Helm.

*Dryden, W., & DiGiuseppe, R. (1990). *A primer on rational-emotive therapy.* Champaign,IL: Research Press.

*Dryden, W., & Ellis, A. (1989). Albert Ellis: An efficient and passionate life. *Journal of Counseling and Development, 67*, 539-546. Reprinted: New York: Institute for Rational-Emotive Therapy.

**Dryden, W., & Gordon, J. (1991). *Think your way to happiness.* London: Sheldon Press.

**Dryden, W., & Gordon, J. (1993). *Peak performance.* Oxfordshire, England: Mercury.

*Dryden, W., & Hill, L. K. (Eds.). (1993). *Innovations in rational-emotive therapy.* Newbury Park, CA: Sage.

*Dryden, W., & Neenan, M. (1995). *Dictionary of rational emotive behavior therapy.* London: Whurr Publishers.

*Dryden, W., & Yankura, J. (1992). *Daring to be myself: A case study in rational-emotive therapy*. Buckingham, England and Philadelphia, PA: Open University Press.

*Dryden, W., & Yankura, J. (1994). *Albert Ellis*. London: Sage.

**Dyer, W. (1977). *Your erroneous zones*. New York: Avon.

*D'Zurilla, J. (1986). *Problem-solving therapy*. New York: Springer.

*Elkin, I. (1994). The NIMH treatment of depression collaborative research program: Where we began and where we are. In A. E. Bergin and S. L. Garfield (Eds.), *Handbook of psychotherapy and behavior change* (pp.114-139). New York: Wiley.

*Elkin, I., Shea, M. T., Watkins, J. T., Imber, S. D., Glass, D.R., Pilkonis, P. A., Leber, W. R., Doherty, W. R., Fiester, S. J., & Parloff, M. B. (1989). National Institute of Mental Health Treatment of Depression Collaborative Research Program: General effectiveness of treatments. *Archives of General Psychiatry, 46*, 971-982.

*Elliott, J. E. (1993). Using releasing statements to challenge shoulds. *Journal of Cognitive Psychotherapy, 7*, 291-295.

**Ellis, A. (1957a). *How to live with a neurotic: At home and at work*. New York: Crown, rev. ed., Hollywood, CA: Wilshire Book Company, 1975.

*Ellis, A. (1957b). Outcome of employing three techniques of psychotherapy. *Journal of Clinical Psychology, 13*, 344-350.

*Ellis, A. (1962). *Reason and emotion in psychotherapy*. Secaucus, NJ: Citadel.

*Ellis, A. (1968). Is psychoanalysis harmful? *Psychiatric Opinion, 5*, 16-25. Reprinted: New York: Institute for Rational-Emotive Therapy.

*Ellis, A. (1971). *Growth through reason*. North Hollywood, CA: Wilshire Book Company.

**Ellis, A. (1972a). *Executive leadership: The rational-emotive approach*. New York: Institute for Rational-Emotive Therapy.

*Ellis, A. (1972b). Helping people get better rather than merely feel better. *Rational Living, 7*(2), 2-9.

**Ellis, A. (1972c). *How to master your fear of flying*. New York: Institute for Rational-Emotive Therapy.

**Ellis, A. (Speaker). (1973a). *How to stubbornly refuse to be ashamed of anything*. Cassette recording. New York: Institute for Rational-Emotive Therapy.

*Ellis, A. (1973b). *Humanistic psychotherapy: The rational-emotive approach*. New York: McGraw-Hill.

**Ellis, A. (Speaker). (1973c). *Twenty-one ways to stop worrying*. Cassette recording. New York: Institute for Rational-Emotive Therapy.

*Ellis, A. (1974a). Cognitive aspects of abreactive therapy. *Voices, 10*(1), 48-56. Reprinted: New York: Institute for Rational-Emotive Therapy. Rev. ed., 1992.

**Ellis, A. (Speaker). (1974b). *Rational living in an irrational world*. Cassette recording. New York: Institute for Rational-Emotive Therapy.

*Ellis, A. (1974c). *Techniques of disputing irrational beliefs (DIBs)*. New York: Institute for Rational-Emotive Therapy.

*Ellis, A. (1976a). The biological basis of human irrationality. *Journal of Individual Psychology, 32*, 145-168. Reprinted: New York: Institute for Rational-Emotive Therapy.

**Ellis, A. (Speaker). (1976b). *Conquering low frustration tolerance.* Cassette recording. New York: Institute for Rational-Emotive Therapy.

*Ellis, A. (1976c). RET abolishes most of the human ego. *Psychotherapy, 13*, 343-348. Reprinted: New York: Institute for Rational-Emotive Therapy. Rev. ed., 1991.

**Ellis, A. (Speaker). (1977a). *Conquering the dire need for love.* Cassette recording. New York: Institute for Rational-Emotive Therapy.

*Ellis, A. (1977b). Fun as psychotherapy. *Rational Living, 12*(1), 2-6. Also: Cassette recording. New York: Institute for Rational-Emotive Therapy.

**Ellis, A. (Speaker). (1977c). *A garland of rational humorous songs.* Cassette recording and songbook. New York: Institute for Rational-Emotive Therapy.

**Ellis, A. (1978). *I'd like to stop but...Dealing with addictions.* Cassette recording. New York: Institute for Rational-Emotive Therapy.

*Ellis, A. (1979a). Discomfort anxiety: A new cognitive behavioral construct. Part 1. *Rational Living, 14*(2), 3-8.

**Ellis, A. (1979b). *The intelligent woman's guide to dating and mating.* Secaucus, NJ: Lyle Stuart.

*Ellis, A. (1979c). A note on the treatment of agoraphobia with cognitive modification versus prolonged exposure. *Behavior Research and Therapy, 17*, 162-164.

*Ellis, A. (1979d). Rational-emotive therapy: Research data that support the clinical and personality hypotheses of RET and other modes of cognitive-behavior therapy. In A. Ellis & J. M. Whiteley (Eds.), Theoretical and empirical foundations *of rational-emotive therapy* (pp. 101-173). Monterey, CA: Brooks/Cole.

*Ellis, A. (1980a). Discomfort anxiety: A new cognitive behavioral construct. Part 2. *Rational Living, 15*(1), 25-30.

*Ellis, A. (1980b). Rational-emotive therapy and cognitive behavior therapy: Similarities and differences. *Cognitive Therapy and Research, 4*, 325-340.

**Ellis, A. (Speaker). (1980c). *Twenty-two ways to brighten up your love life.* Cassette recording. New York: Institute for Rational-Emotive Therapy.

*Ellis, A. (1980d). The value of efficiency in psychotherapy. *Psychotherapy, 17*, 414-419. Reprinted in A. Ellis & W. Dryden, (1990). *The essential Albert Ellis* (pp. 237-247). New York: Springer.

**Ellis, A. (Speaker). (1982). *Solving emotional problems.* Cassette recording.

New York: Institute for Rational-Emotive Therapy.
**Ellis, A. (1985a). *Intellectual fascism*. New York: Institute for Rational-Emotive Therapy. Rev., 1991.
*Ellis, A. (1985b). *Overcoming resistance: Rational-emotive therapy with difficult clients*. New York: Springer.
*Ellis, A. (1987a). The evolution of rational-emotive therapy (RET) and cognitive-behavior therapy (CBT). In J. K. Zeig, *The evolution of psychotherapy* (pp. 107-132). New York: Brunner/Mazel.
*Ellis, A. (1987b). The impossibility of achieving consistently good mental health. *American Psychologist, 42*, 364-375.
*Ellis, A. (1987c). Integrative developments in rational-emotive therapy (RET). *Journal of Integrative and Eclectic Psychotherapy, 6*, 470-479.
*Ellis, A. (1987d). A sadly neglected cognitive element in depression. *Cognitive Therapy and Research, 11*, 121-146.
*Ellis, A. (1987e). The use of rational humorous songs in psychotherapy. In W. F. Fry, Jr. & W. A. Salamed (Eds.), *Handbook of humor and psychotherapy* (pp. 265-287). Sarasota, FL: Professional Resource Exchange.
*Ellis, A. (1988a). *How to stubbornly refuse to make yourself miserable about anything yes, anything!* Secaucus, NJ: Lyle Stuart.
**Ellis, A. (1988b). How to live with a neurotic man. *Journal of Rational-Emotive and Cognitive-Behavior Therapy, 6*, 129-136.
**Ellis, A. (Speaker). (1988c). *Unconditionally accepting yourself and others*. Cassette recording. New York: Institute for Rational-Emotive Therapy.
*Ellis, A. (1989a). Comments on my critics. In M. E. Bernard & R. DiGiuseppe (Eds.), *Inside rational-emotive therapy* (pp.199-233). San Diego, CA: Academic Press.
*Ellis, A. (1989b). The history of cognition in psychotherapy. In A. Freeman, K. M. Simon, L. E. Beutler & H. Aronowitz (Eds.), *Comprehensive handbook of cognitive therapy* (pp. 5-19). New York: Plenum.
**Ellis, A. (Speaker). (1990a). *Albert Ellis live at the Learning Annex*. 2 cassettes. New York: Institute for Rational-Emotive Therapy.
*Ellis, A. (1990b). My life in clinical psychology. In C. E. Walker (Eds.), *History of clinical psychology in autobiography*. Homewood, IL: Dorsey.
*Ellis, A. (1991a). Achieving self-actualization. *Journal of Social Behavior and Personality, 6*(5), 1-18. Reprinted: New York: Institute for Rational-Emotive Therapy.
**Ellis, A. (Speaker). (1991b). *How to get along with difficult people*. Cassette recording. New York: Institute for Rational-Emotive Therapy.
**Ellis, A. (Speaker). (1991c). *How to refuse to be angry, vindictive, and unforgiving*. Cassette recording. New York: Institute for Rational-Emotive Therapy.

*Ellis, A. (1991d). *Rational-emotive family therapy*. In A. M. Horne & J. L. Passmore (Eds.), *Family counseling and therapy*, 2nd edition (pp. 403-434). Itasca, IL: F. E. Peacock.

*Ellis, A. (1991d). The revised ABCs of rational-emotive therapy. In J. Zeig (Ed.), *The evolution of psychotherapy: The second conference* (pp. 79-99). New York: Brunner/ Mazel. Expanded version: *Journal of Rational-Emotive and Cognitive-Behavior Therapy, 9,* 139-172.

**Ellis, A. (1991f). *Self-management workbook: Strategies for personal success*. NY: Institute Rational-Emotive Therapy.

*Ellis, A. (1991g). Using RET effectively: Reflections and interview. In M. E. Bernard (Ed.), *Using rational-emotive therapy effectively* (pp. 1-33). New York: Plenum.

*Ellis, A. (1992a). Brief therapy: The rational-emotive method. In S. H. Budman, M. F. Hoyt, & S. Fiedman (Eds.), *The first session in brief therapy* (pp. 36-58). New York: Guilford.

*Ellis, A. (1992b). Foreword to Paul Hauck, *Overcoming the rating game* (pp. 1-4). Louisville, KY: Westminster/John Knox.

**Ellis, A. (Speaker). (1992c). *How to age with style*. Cassette recording. New York: Institute for Rational-Emotive Therapy.

*Ellis, A. (1992d). Group rational-emotive and cognitive-behavioral therapy. *International Journal of Group Psychotherapy, 42,* 63-80.

*Ellis, A. (1992e). Rational-emotive approaches to peace. *Journal of Cognitive Psychotherapy, 6,* 79-104.

*Ellis, A. (1993a). The advantages and disadvantages of self-help therapy materials. *Professional Psychology: Research and Practice, 24,* 335-339.

*Ellis, A. (1993b). Changing rational-emotive therapy (RET) to rational emotive behavior therapy (REBT). *Behavior Therapist, 16,* 257-258.

*Ellis, A. (Speaker). (1993c). *Coping with the suicide of a loved one*. Video cassette. New York: Institute for Rational-Emotive Therapy.

*Ellis, A. (1993d). Fundamentals of rational-emotive therapy for the 1990s. In W. Dryden & L. K. Hill, (Eds.), *Innovations in rational-emotive therapy* (pp. 1-32). Newbury Park, CA: Sage Publications.

*Ellis, A. (1993e). General semantics and rational emotive behavior therapy. *Bulletin of General Semantics,* No. 58, 12-28. Also in P. D. Johnston, D. D. Bourland, Jr., & J. Klein, (Eds.), *More E-prime* (pp. 213-240). Concord, CA: International Society for General Semantics.

**Ellis, A. (Speaker). (1993f). *How to be a perfect non-perfectionist*. Cassette recording. New York: Institute for Rational-Emotive Therapy.

**Ellis, A. (Speaker). (1993g). *Living fully and in balance: This isn't a dress rehearsal This is it!* Cassette recording. New York: Institute for Rational-Emotive Therapy.

*Ellis, A. (1993h). Rational-emotive therapy and hypnosis. In J. W. Rhue, S. J. Lynn, & I. Kirsh, (Eds.), *Handbook of clinical hypnosis* (pp. 173-186). Washington, DC: American Psychological Association.

*Ellis, A. (1993i). The rational-emotive therapy (RET) approach to marriage and family therapy. *Family Journal: Counseling and Therapy for Couples and Families, 1*, 292-307.

*Ellis, A. (1993j). Rational emotive imagery: RET version. In M. E. Bernard & J. L. Wolfe, Eds.), *The RET source book for practitioners* (pp. II8-II10). New York: Institute for Rational-Emotive Therapy.

*Ellis, A. (1993k). Reflections on rational-emotive therapy. *Journal of Consulting and Clinical Psychology, 61*, 199-201.

**Ellis, A. (Speaker). (1993l). *Releasing your creative energy*. Cassette recording. New York: Institute for Rational-Emotive Therapy.

*Ellis, A. (1993m). Vigorous RET disputing. In M. E. Bernard & J. L. Wolfe (Eds.), *The RET resource book for practitioners* (p. II7). New York: Institute for Rational-Emotive Therapy.

*Ellis, A. (Speaker). (1993n). *Rational-emotive approach to brief therapy*. 2 cassette recordings. Phoenix, AZ: Milton Erickson Foundation.

*Ellis, A. (1994a). Rational emotive behavior therapy approaches to obsessive-compulsive disorder (OCD). *Journal of Rational-Emotive and Cognitive-Behavior Therapy, 12*, 121-141.

*Ellis, A. (1994b). *Reason and emotion in psychotherapy*. Revised and updated. New York: Birch Lane Press.

*Ellis, A. (1994c). The treatment of borderline personalities with rational emotive behavior therapy. *Journal of Rational-Emotive and Cognitive-Behavior Therapy, 12*, 101-119.

*Ellis, A. (1994d). Life in a box. Review of D. W. Bjork, *B. F. Skinner: A Life. Readings, 9*(4), 16-21.

*Ellis, A. (1995a). Rational emotive behavior therapy. In R. Corsini & D. Wedding (Eds.), *Current psychotherapies* (pp. 162-196). Itasca, IL: Peacock.

*Ellis, A. (1996a). A social constructionist position for mental health counseling: A response to Jeffrey A. Guterman. *Journal of Mental Health Counseling, 18*, 16-28.

*Ellis, A. (1996b). Transcript of demonstration session II. In W. Dryden, *Learning from demonstration sessions* (pp. 91-117). London: Whurr.

*Ellis, A. (1996c). The treatment of morbid jealousy: A rational emotive behavior approach. *Journal of Cognitive Therapy, 10*, 23-33.

**Ellis, A., & Abrams, M. (1994). *How to cope with a fatal illness*. New York: Barricade Books.

**Ellis, A., Abrams, M., & Dengelegi, L. (1992). *The art and science of rational eating*. New York: Barricade Books.

**Ellis, A., & Becker, I. (1982). *A guide to personal happiness*. North Hollywood, CA: Wilshire Book Company.

*Ellis, A., & Bernard, M. E. (Eds.). (1983). *Rational-emotive approaches to the problems of childhood*. New York: Plenum.

*Ellis, A., & Bernard, M. E. (Eds.). (1985). *Clinical application of rational-emotive therapy*. New York: Plenum.

*Ellis, A., & DiGiuseppe, R. (Speaker). (1994). *Dealing with addictions.* Videotape. New York: Institute for Rational-Emotive Therapy.

**Ellis, A., & DiMattia, D. (1991). *Self-management: Strategies for personal success.* New York: Institute for Rational-Emotive Therapy.

*Ellis, A., & Dryden, W. (1990). *The essential Albert Ellis.* New York: Springer.

*Ellis, A., & Dryden, W. (1991). *A dialogue with Albert Ellis: Against dogma.* Philadelphia: Open University Press.

*Ellis, A., & Dryden, W. (1997). *The practice of rational emotive behavior therapy.* New York: Springer.

Ellis, A., Gordon, J., Neenan, M., & Palmer, S. (1997). *Stress counseling: A rational emotive behaviour approach.* London: Cassell. New York: Springer.

*Ellis, A., & Grieger, R. (Eds.). (1977). *Handbook of rational-emotive therapy,* vol. 1. New York: Springer.

*Ellis, A., & Grieger, R. (Eds.). (1986). *Handbook of rational-emotive therapy,* vol. 2. New York: Springer.

**Ellis, A., & Harper, R. A. (1961). *A guide to successful marriage.* North Hollywood, CA: Wilshire Book Company.

**Ellis, A., & Harper, R. A. (1997). *A guide to rational living.* 3rd revised edition. North Hollywood, CA: Wilshire Books.

**Ellis, A., & Knaus, W. (1977). *Overcoming procrastination.* New York: New American Library.

**Ellis, A., Krasner, P., & Wilson, R. A. (1960). An impolite interview with Dr. Albert Ellis. *Realist,* Issue *16,* 1, 9-14; Issue *17,* 7-12. Rev. ed., New York: Institute for Rational-Emotive Therapy. Rev. ed., 1985.

**Ellis, A., & Lange, A. (1994). *How to keep people from pushing your buttons.* New York: Carol Publishing.

*Ellis, A., McInerny, J. F., DiGiuseppe, R., & Yeager, R. J. (1988). *Rational-emotive therapy with alcoholics and substance abusers.* Needham, MA: Allyn & Bacon.

*Ellis, A., & Robb, H. (1994). Acceptance in rational-emotive therapy. In S. C. Hayes, N. S. Jacobson, V. M. Follette, & M. J. Dougher (Eds.), *Acceptance and change: Content and context in psychotherapy* (pp. 91-102). Reno, NV: Context Press.

*Ellis, A., Sichel, J., Leaf, R. C., & Mass, R. (1989). Countering perfectionism in research on clinical practice. I: Surveying rationality changes after a single intensive RET intervention. *Journal of Rational-Emotive & Cognitive-Behavior Therapy, 7,* 197-218.

*Ellis, A., Sichel, J. L., Yeager, R. J., DiMattia, D. J., & DiGiuseppe, R. A. (1989). *Rational-emotive couples therapy.* Needham, MA: Allyn & Bacon.

Ellis, A., & Tafrate, R. C. (1997). *Anger—How to live with and without it.* New York: Carol Publishing.

**Ellis, A., & Velten, E. (1992). *When AA doesn't work for you: Rational*

steps for quitting alcohol. New York: Barricade Books.

*Ellis, A., & Whiteley, J. M. (1979). *Theoretical and empirical foundations of rational-emotive therapy.* Monterey, CA: Brooks/Cole.

**Ellis, A., Wolfe, J. L., & Moseley, S. (1966). *How to raise an emotionally healthy, happy child.* North Hollywood, CA: Wilshire Book Company.

*Engels, G. I., Garnefski, N., & Diekstra, R. F. W. (1993). Efficacy of rational-emotive therapy: A quantitative analysis. *Journal of Consulting and Clinical Psychology, 61,* 1083-1090.

**Epictetus. (1890). *The collected works of Epictetus.* Boston: Little, Brown.

**Epicurus. (1994). *Letter on happiness.* San Francisco: Chronicle Books.

**Epstein, S. (1993). *You're smarter than you think.* New York: Simon & Schuster.

*Fitz Maurice, K. (1994). *Introducing the 12 steps of emotional disturbances.* Omaha, NE: Author.

**Foa, E. B., & Wilson, R. (1991). *Stop obsessing: How to overcome your obsessions and compulsions.* New York: Bantam.

Foster, S. (1996, May). Self-help or self-denial? *Counseling Today,21,* 24, 29.

*Frank, J. D., & Frank, J. B. (1991). *Persuasion and healing.* Baltimore, MD: Johns Hopkins University Press.

*Frankl, V. (1959). *Man's search for meaning.* New York: Pocket Books.

**Franklin, R. (1993). *Overcoming the myth of self-worth.* Appleton, WI: Focus Press.

*Freeman, A., & Dattillo, F. W. (1992). *Comprehensive casebook of cognitive therapy.* New York: Plenum.

**Freeman, A., & DeWolfe, R. (1993). *The ten dumbest mistakes smart people make and how to avoid them.* New York: Harper Perennial.

Freud, S. (1965). *Standard edition of the complete psychological works of Sigmund Freud.* New York: Basic Books.

**Froggatt, W. (1993). *Choose to be happy.* New Zealand: Harper-Collins.

*Gandy, G. L. (1995). *Mental health rehabilitation: Disputing irrational beliefs.* Springfield, IL: Thomas.

*Gerald, M., & Eyman, W. (1981). *Thinking straight and talking sense: An emotional education program.* New York: Institute for Rational-Emotive Therapy.

*Glasser, W. (1965). *Reality therapy.* New York: Harper & Row.

*Goldfried, M. R., & Davison, G. C. (1994). *Clinical behavior therapy,* 3rd ed. New York: Holt Rinehart & Winston.

**Gordon, S. (1994). *"Is there anything I can do?" Helping a friend when times are tough.* New York: Delacorte.

*Granvold, D. K. (Ed.). (1994). *Cognitive and behavioral treatment: Methods and applications.* Pacific Grove, CA: Brooks/Cole.

*Greenberg, L. S., & Safran, J. D. (1987). *Emotion in psychotherapy.* New York: Guilford.

*Greenwald, H. (1987). *Direct decision therapy.* San Diego, CA: Edits.

*Grieger, R. M. (1988). From a linear to a contextual model of the ABCs of RET. In W. Dryden and P. Trower, (Eds.), *Developments in cognitive psychotherapy* (pp. 71-105). London: Sage.

*Grieger, R., & Boyd, J. (1980). *Rational-emotive therapy: A skills-based approach.* New York: Van Nostrand Reinhold.

**Grieger, R. M., & Woods, P. J. (1993). *The rational-emotive therapy companion.* Roanoke, VA: Scholars Press.

*Guidano, V. F. (1991). *The self in progress.* New York: Guilford.

*Haaga, D. A., & Davison, G. C. (1989). Outcome studies of rational-emotive therapy. In M. E. Bernard & R. DiGiuseppe (Eds.), *Inside rational-emotive therapy* (pp. 155-197). San Diego, CA: Academic Press.

*Hajzler, D., & Bernard, M. E. (1991). A review of rational-emotive outcome studies. *School Psychology Quarterly, 6*(1), 27-49.

*Haley, J. (1990). *Problem solving therapy.* San Francisco: Jossey-Bass.

**Hauck, P. A. (1973). *Overcoming depression.* Philadelphia: Westminster.

**Hauck, P. A. (1974). *Overcoming frustration and anger.* Philadelphia: Westminster.

**Hauck, P. A. (1977). *Marriage is a loving business.* Philadelphia: Westminster.

**Hauck, P. A. (1991). *Overcoming the rating game: Beyond self-love. Beyond self-esteem.* Louisville, KY: Westminster/John Knox.

*Hayes, S. C., McCurry, S. M., Afan, N., & Wilson, K. (1991). *Acceptance and commitment therapy (ACT).* Reno, NV: University of Nevada.

Heidegger, M. (1962). *Being and time.* New York: Harper & Row.

*Herzberg, A. (1945). *Active psychotherapy.* New York: Grune & Stratton.

*Hollon, S. D., & Beck, A. T. (1994). Cognitive and cognitive/behavioral therapies. In A. E. Bergin & S. L. Garfield (Eds.), *Handbook of psychotherapy and behavior change* (pp.428-466). New York: Wiley.

Horney, K. (1950). *Neurosis and human growth.* New York: Norton.

*Huber, C. H., & Baruth, L. G. (1989). *Rational-emotive and systems family therapy.* New York: Springer.

*Janet, P. (1898). *Neurosis et idée fixes.* 2 vols. Paris: Alcan.

*Janis, I. L. (1983). *Short-term counseling.* New Haven, CT: Yale University Press.

*Jacobson, N. S. (1992). Behavioral couple therapy: A new beginning. *Behavior Therapy, 23,* 491-506.

*Johnson, W. (1946). *People in quandaries.* New York: Harper & Row.

*Johnson, W. R. (1981). *So desperate the fight.* New York: Institute for Rational-Emotive Therapy.

*Kanfer, F. H., & Schefft, B. K. (1988). *Guiding the process of therapeutic change.* New York: Pergamon.

Kassinove, H. (Ed.). (1995). *Anger disorders: Definition, diagnosis, and treatment.* Washington, DC: Taylor & Francis.

*Kelly, G. (1955). *The psychology of personal constructs.* 2 vols. New York:

Norton.

*Knaus, W. (1974). *Rational-emotive education*. New York: Institute for Rational-Emotive Therapy.

Knaus, W. (1995). *Smart recovery: A sensible primer*. Longmeadow, MA: Author.

*Kopec, A. M., Beal, D., & DiGiuseppe, R. (1994). Training in RET: Disputational strategies. *Journal of Rational-Emotive and Cognitive-Behavior Therapy, 12*, 47-60.

Korzybski, A. (1933). *Science and sanity*. San Francisco: International Society of General Semantics. Kramer, P. D. (1993). *Listening to prozac*. New York: Penguin.

*Kuehlwein, K. T., & Rosen, H. (Eds.). (1993). *Cognitive therapies in action*. San Francisco: Jossey-Bass.

Kurtz, P. (1986). *The transcendental temptation*. Buffalo, NY: Prometheus.

*Kwee, M. G. T. (1982). Psychotherapy and the practice of general semantics. *Methodology and Science, 15*, 236-256.

*Kwee, M. (1991). Cognitive and behavioral approaches to meditation. In M. G. Kwee, *Psychotherapy, meditation and health* (pp. 36-53). London: East/West Publications.

*Kwee, M. G. T. (1991). *Psychotherapy, meditation, and health: A cognitive behavioral perspective*. London: East/West Publication.

*Lange, A., & Jakubowski, P. (1976). *Responsible assertive behavior*. Champaign, IL: Research Press.

*Lazarus, A. A. (1977). Toward an egoless state of being. In A. Ellis & R. Grieger, (Eds.), *Handbook of rational-emotive therapy*. Vol. 1 (pp. 113-116). New York: Springer.

**Lazarus, A. A. (1985). *Marital myths*. San Luis Obispo, CA: Impact.

*Lazarus, A. A. (1989). *The practice of multimodal therapy*. Baltimore, MD: Johns Hopkins.

**Lazarus, A. A, Lazarus, C., & Fay, A. (1993). *Don't believe it for a minute: Forty toxic ideas that are driving you crazy*. San Luis Obispo, CA: Impact Publishers.

*Lazarus, R. S., & Folkman, S. (1984). *Stress, appraisal, and coping*. New York: Springer.

**Lewinsohn, P., Antonuccio, D., Breckenridge, J., & Teri, L. (1984). *The "coping with depression course."* Eugene, OR: Castalia.

*Lipsey, M. W., & Wilson, D. B. (1993). The efficacy of psychological, educational, and behavior treatment: Confirmation from meta-analysis. *American Psychologist, 48*, 1181-1209.

**London, T. (1995). *REBT questions: A study quide to the general/clinical theory, philosophy, and techniques of rational emotive behavior therapy*. Chicago: Garfield Press.

**Low, A. A. (1952). *Mental health through will training*. Boston: Christopher.

*Lyons, L. C., & Woods, P. J. (1991). The efficacy of rational-emotive therapy: A quantitative review of the outcome research. *Clinical Psychology Review, 11*, 357-369.

*Mahoney, M. J. (1991). *Human change processes*. New York: Basic Books.

*Mahoney, M. J. (Ed.). (1995). *Cognitive and constructive psychotherapies: Theory, research and practice*. New York: Springer.

**Marcus Aurelius. (1890). *Meditations*. Boston: Little, Brown.

*Marlatt, G. A., & Gordon, J. R. (Eds). (1989). *Relapse prevention: Maintenance strategies in the treatment of addictive behaviors*. New York: Guilford.

Marmor, J. (1962). A re-evaluation of certain aspects of psychoanalytic theory and practice. In L. Salzman & J. H. Masserman (Eds.), *Modern concepts of psychoanalysis* (pp. 189-205). New York: Philosophical Library.

*Marmor, J. (1987). The psychotherapeutic process: Common denominators on diverse approaches. In J. Zeig (Ed.), *The evolution of psychotherapy* (pp. 266-282). New York: Brunner/Mazel.

Marmor, J. (1992). The essence of dynamic psychotherapy. In J. K. Zeig (Ed.), *The evolution of psychotherapy: The second conference.* (pp. 189-200).

Maslow, A. H. (1973). *The farther reaches of human nature*. Harmondsworth, UK: Penguin.

Masters, W. H., Johnson, V. E., & Kolodny, R. C. (1982). *Human sexuality*. Boston: Houghton Mifflin.

*Maultsby, M. C., Jr. (1971a). Rational emotive imagery. *Rational Living, 6*(1), 24-27.

*Maultsby, M. C., Jr. (1971b). Systematic written homework in psychotherapy. *Psychotherapy, 8*, 195-198.

*Maultsby, M. C., Jr. (1984). *Rational behavior therapy*. Englewood Cliffs, NJ: Prentice-Hall.

May, R. (1986). Transpersonal. *APA Monitor, 17*(5), 2.

McCrae, R. R., & Costa, P. T., Jr. (1994). The stability of personality: Observations and evaluations. *Current Directions in Psychological Science, 3*, 173-15.

*McGovern, T. E., & Silverman, M. S. (1984). A review of outcome studies of rational-emotive therapy from 1977 to 1982. *Journal of Rational-Emotive Therapy, 2*(1), 7-18.

**McKay, G. D., & Dinkmeyer, D. (1994). *How you feel is up to you*. San Luis Obispo, CA: Impact Publishers.

*McMullin, R. (1986). *Handbook of cognitive therapy techniques*. New York: Norton.

*Meichenbaum, D. (1977). *Cognitive-behavior modification*. New York: Plenum.

*Meichenbaum, D., & Cameron, R. (1983). Stress inoculation training. In D. Meichenbaum & M. E. Jaremko, (Eds.), *Stress reduction and prevention* (pp. 115-154). New York: Plenum.

**Miller, T. (1986). *The unfair advantage.* Manlius, NY: Horsesense, Inc.

**Mills, D. (1993). *Overcoming self-esteem.* New York: Institute for Rational-Emotive Therapy.

*Muran, J. C. (1991). A reformation of the ABC model in cognitive psycho-therapies: Implications for assessment and treatment. *Clinical Psychology Review, 11,* 399-418.

*Norcross, J. C., & Goldfried, M. R. (1992). *Handbook of psychotherapy integration.* New York: Basic Books.

**Nottingham, E. (1992). *It's not as bad as it seems: A thinking approach to happiness.* Memphis, TN: Castle Books.

**Nye, B. (1993). *Understanding and managing your anger and aggression.* Federal Way, WA: BCA Publishing.

*Olevitch, B. A. (1995). *Using cognitive approaches to the seriously mentally ill.* Westport, CT: Praeger.

*Palmer, S., Dryden, W., Ellis, A., & Yapp, R. (1995). *Rational interviews.* London: Centre for Rational Emotive Behavior Therapy.

*Palmer, S., & Ellis, A. (1994). In the counselor's chair. *The Rational Emotive Therapist, 2*(1), 6-15. From *Counseling Journal,* 1993, 4, 171-174.

*Peterson, C., Maier, S. F., & Seligman, M. E. P. (1993). *Learned helplessness.* New York: Oxford.

*Phadke, K. M. (1982). Some innovations in RET theory and practice. *Rational Living, 17*(2), 25-30.

*Pietsch. W. V. (1993). *The serenity prayer.* San Francisco: Harper San Francisco.

**Powell, J. (1976). *Fully human, fully alive.* Niles, IL: Argus.

*Prochaska, J. O., DiClemente, C. C., & Norcross, J. C. (1992). In search of how people change: Applications to addictive behaviors. *American Psychologist, 47,* 1102-1114.

**Robb, H. (1991). *How to stop driving yourself crazy with help from the Bible.* Lake Oswego, OR: Hank Robb.

**Robin, M. W., & Balter, R. (1995). *Performance anxiety.* Holbrook, MA: Adams.

*Robin, M. W., & DiGiuseppe, R. (1993). Rational-emotive therapy with an avoidant personality. In K. T. Kuehlwein & H. Rosen (Eds.), *Cognitive therapies in action* (pp. 143-159).

Rogers, C. R. (1961). *On becoming a person.* Boston: Houghton-Mifflin.

*Rorer, L. G. (1989). Rational-emotive theory: I. An integrated psychological and philosophic basis. II. Explication and evaluation. *Cognitive Therapy and Research, 13,* 475-492; 531-48.

**Russell, B. (1950). *The conquest of happiness.* New York: New American Library.

*Ruth, W. J. (1992). Irrational thinking in humans: An evolutionary proposal for Ellis' genetic postulate. *Journal of Rational-Emotive & Cognitive-Behavior Therapy, 10,* 3-20.

*Safran, J. D., & Greenberg, L. S.(Eds.). (1991). *Emotion, psychotherapy, and change*. New York: Guilford.

*Salter, A. (1949). *Conditioned reflex therapy*. New York: Creative Age.

Sarmiento, R. F. (1993). *Reality check: Twenty questions to screw your head on straight*. Houston, TX: Bunker Hill Press.

*Schwartz, R. (1993). The idea of balance and integrative psychotherapy. *Journal of Psychotherapy Integration, 3*, 159-181.

**Seligman, M. E. P. (1991). *Learned optimism*. New York: Knopf.

**Seligman, M. E. P., Revich, K., Jaycox, L., & Gillham, J. (1995). *The optimistic child*. New York: Houghton Mifflin.

**Sichel, J., & Ellis, A. (1984). *REBT self-help form*. New York: Institute for Rational-Emotive Therapy.

*Silverman, M. S., McCarthy, M., & McGovern, T. (1992). A review of outcome studies of rational-emotive therapy from 1982-1989. *Journal of Rational-Emotive and Cognitive-Behavior Therapy, 10*(3), 111-186.

**Simon, J. L. (1993). *Good mood*. LaSalle, IL: Open Court.

*Smith, M. L., & Glass, G. V. (1977). Meta-analysis of psychotherapy outcome studies. *American Psychologist, 32*, 752-760.

**Spillane, R. (1985). *Achieving peak performance: A psychology of success in the organization*. Sydney, Australia: Harper & Row.

*Spivack, G., Platt, J., & Shure, M. (1976). *The problem-solving approach to adjustment*. San Francisco: Jossey-Bass.

*Stanton, H. (1977). The utilization of suggestions derived from rational-emotive therapy. *International Journal of Clinical and Experimental Hypnosis, 25*, 18-26.

*Stanton, H. E. (1989). Hypnosis and rational-emotive therapy—A de-stressing combination. *International Journal of Clinical and Experimental Hypnosis, 37*, 95-99.

*Stroud, W. L., Jr. (1994). A cognitive-behavioral view of agency and freedom. *American Psychologist, 44*, 142-143.

Sullivan, H. S. (1953). *The interpersonal theory of psychiatry*. New York: Norton.

Tate, P. (1993). *Alcohol: How to give it up and be glad you did*. Altamonte Springs, FL: Rational Self-Help Press.

Tillich, P. (1953). *The courage to be*. New York: Oxford.

*Tosi, D. J., & Murphy, M. A. (1995). *The effect of cognitive experimental therapy on selected psychobiological and behavioral disorders*. Columbus, OH: Authors.

**Trimpey, J. (1989). *Rational recovery from alcoholism: The small book*. New York: Delacorte.

**Trimpey, J., & Trimpey, L. (1990). *Rational recovery from fatness*. Lotus, CA: Lotus Press.

**Velten, E. (Speaker). (1987). *How to be unhappy at work*. Cassette recording. New York: Institute for Rational-Emotive Therapy.

*Vernon, A. (1989). *Thinking, feeling, behaving: An emotional education curriculum for children*. Champaign, IL: Research Press.

*Walen, S., DiGiuseppe, R., & Dryden, W. (1992). *A practitioner's guide to rational-emotive therapy*. New York: Oxford University Press.

*Walen, S. R., & Rader, M. W. (1991). Depression and RET. In M. E. Bernard, (Ed.), *Using rational-emotive therapy effectively* (pp. 219-264). New York: Plenum.

**Walter, M. (1994). Personal resilience. Kanata, Ontario, Canada: Resilience Training International.

*Warga, C. (1988, September). Profile of psychologist Albert Ellis. *Psychology Today*, pp. 18-33. Rev. ed., New York: Institute for Rational-Emotive Therapy, 1989.

*Warren, R., & Zgourides, G. D. (1991). *Anxiety disorders: A rational-emotive perspective*. Des Moines, IA: Longwood Division Allyn & Bacon.

**Watson, D., & Tharp, R. (1993). *Self-directed behavior*, 6th ed. Pacific Grove: Brooks/Cole.

*Weinrach, S. G. (1980). Unconventional therapist: Albert Ellis. *Personnel and Guidance Journal, 59*, 152-160.

*Weinrach, S. G. (1995). Rational emotive behavior therapy: A tough-minded therapy for a tender-minded profession. *Journal of Counseling and Development, 73*, 296-300. Also: In W. Dryden (Ed.), *Rational emotive behaviour therapy: A reader* (pp. 303-312). London: Sage.

*Wessler, R. L. (1988). Affect and nonconscious processes in cognitive psychotherapy. In W. Dryden & P. Trower (Eds.), *Developments in cognitive psychotherapy* (pp. 23-40). London: Sage.

*Wessler, R. A., & Wessler, R. L. (1980). *The principles and practice of rational-emotive therapy*. San Francisco, CA: Jossey-Bass.

*Wiener, D. (1988). *Albert Ellis: Passionate skeptic*. New York: Praeger.

*Wilson, P. H. (1992). *Principles and practice of relapse prevention*. New York: Guilford.

*Wolfe, J. L. (1977). *Assertiveness training for women*. Cassette recording. New York: BMA Audio Cassettes.

*Wolfe, J. L. (Speaker). (1980). *Woman assert yourself*. Cassette recording. New York: Institute for Rational-Emotive Therapy.

**Wolfe, J. L. (1992). *What to do when he has a headache*. New York: Hyperion.

**Wolfe, J. L. (1993). *How not to give yourself a headache when your partner isn't acting the way you'd like*. New York: Institute for Rational-Emotive Therapy.

**Wolfe, J. L. (Speaker). (1993). *Overcoming low frustration tolerance*. Video Cassette. New York: Institute for Rational-Emotive Therapy.

*Wolfe, J. L., & Naimark, H. (1991). Psychological messages and social context. Strategies for increasing RET's effectiveness with women.

In M. Bernard (Ed.), *Using rational-emotive therapy effectively*. New York: Plenum.

Wolpe, J. (1990). *The practice behavior therapy*, 4th ed. Needham Heights, MA: Allyn & Bacon.

**Woods, P. J. (1990). *Controlling your smoking: A comprehensive set of strategies for smoking reduction*. Roanoke, VA: Scholars Press.

*Woods, P. J. (1992). A study of belief and non-belief items from the Jones' irrational beliefs test with implications for the theory of RET. *Journal of Rational-Emotive and Cognitive-Behavior Therapy, 10*, 41-52.

*Woods, P. J. (1993). Building positive self-regard. In M. E. Bernard & J. L. Wolfe (Eds.), *The RET resource book for practitioners* (158-161).

*Yankura, J., & Dryden, W. (1990). *Doing RET: Albert Ellis in action*. New York: Springer.

*Yankura, J., & Dryden, W. (1994). *Albert Ellis*. Thousand Oaks, CA: Sage.

*Yankura, J., & Dryden, W. (1997). *Special applications of REBT*. New York: Springer.

*Yankura, J., & Dryden, W. (1997). *Using REBT with common psychological disorders*. New York: Springer.

**Young, H. S. (1974). *A rational counseling primer*. New York: Institute for Rational-Emotive Therapy.

*Young, H. S. (1984). Special issue: The work of Howard S. Young. *British Journal of Cognitive Psychotherapy, 2*(2), 1-101.